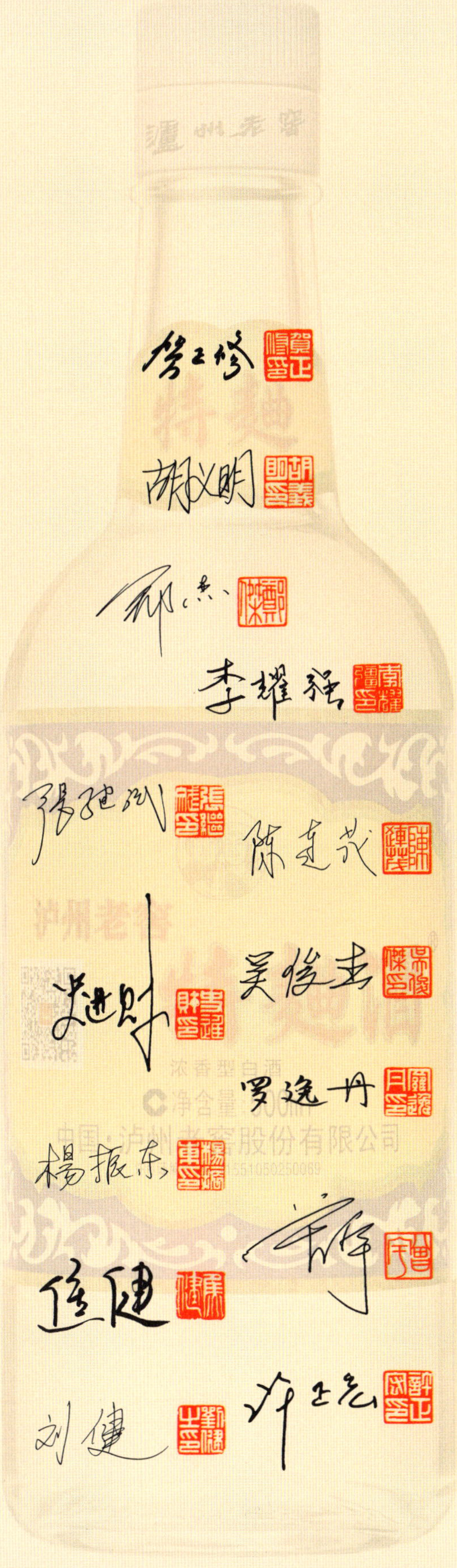

泸州老窖特曲酒瓶上的签名：

舒国修　贺正
胡义明
郁杰
李耀强
张建刚　陈建茂
关建财　吴俊孝
　　　　罗逸丹
杨振东
　　　　宋评
徐健
刘健　林玉龙

以物鉴史 传承在人

寻找岁月陈酿的酒

沈才洪 何诚 张宿义 主编

中国轻工业出版社

图书在版编目（CIP）数据

寻找岁月陈酿的酒 / 沈才洪，何诚，张宿义主编. -- 北京：中国轻工业出版社, 2025.3. -- ISBN 978-7-5184-5191-3

Ⅰ. TS971.22

中国国家版本馆CIP数据核字第2024DQ2961号

责任编辑：狄宇航

策划编辑：江　娟　　　　责任终审：劳国强　　封面设计：晓　吾
版式设计：锋尚设计　　　责任校对：朱燕春　　责任监印：张京华

出版发行：中国轻工业出版社（北京鲁谷东街5号，邮编：100040）

印　　刷：鸿博昊天科技有限公司

经　　销：各地新华书店

版　　次：2025年3月第1版第2次印刷

开　　本：710×1000　1/16　印张：22.75

字　　数：393千字

书　　号：ISBN 978-7-5184-5191-3　定价：168.00元

邮购电话：010-85119873

发行电话：010-85119832　010-85119912

网　　址：http://www.chlip.com.cn

Email：club@chlip.com.cn

版权所有　侵权必究

如发现图书残缺请与我社邮购联系调换

250466K9C102HBW

本书编委会

编　委
刘　淼　　林　锋　　任中榕　　陈学军　　唐栋良
沈才洪　　谢　红　　何　诚　　张宿义　　熊娉婷
李　勇　　赵丙坤　　杨　平　　苏王辉

主　编
沈才洪　　何　诚　　张宿义

统　筹
李　宾　　牟雪莹　　谢若兰

参　编
熊开刚　　李光杰　　游　涛　　陈　浪　　熊燕飞
舒志军　　邓　波　　罗　洋　　王泽全　　郑　星
师　岩　　李小强　　罗　杰　　崔可言　　杨　琳
戴静文　　肖桂兰　　杨建辉　　王　伟　　梁文波
周艺鑫　　杲占强　　郭素君　　姚宇峰　　王苏阳

序言一
老而弥香　春山可望

拿到泸州老窖这本《寻找岁月陈酿的酒》，我感到很亲切也很振奋。泸州老窖是我的老朋友了，书中一些老师我们也是熟识的，看着他们的老酒故事，我似乎回到了过去，重温老酒发展的那段"传奇"岁月。

中国一直以老为尊，比如尊称老李、老张，更大的叫李老、张老，还有老妈、老爸、老兄、老弟，并不是指年龄多大，而是表示尊敬，暗示资格老、资历深、本事大。

在中国，"老"代表着一种资本、资产、地位、荣誉、权威、信誉、成熟。老革命、老前辈、老爷子、老黄牛、老江湖、老东家，老当益壮、老而弥坚……都是尊敬。

白酒，是老的好陈的香，窖池，也是老的好，表示悠久、陈香、味甘、绵长、顺口、厚重、优质。因此出现了年份酒、老酒热。

可以说，老酒是穿越"时间隧道"的产物，是在"时间隧道"中发酵、陈酿、收藏的饮品，连接昨天、今天和明天，产生的是"时变场能"，能辐射人体、人心和人性。

我们在多年实践和理论研究基础上，提出了评价老酒的"七度要素"标准体系，就是"时间的长度（时度）、酒精的浓度、原料的纯度、瓶装的密度、窖藏的温度、环境的湿度、光照的强度（光度）"。好酒都是"三分酿、七分藏"，因此"七度"比较合适。打造一瓶老酒，必须把握"七度要素"要求。

优质老酒必须满足"透、香、甜、绵、酽、顺、韵"七大指标，就是透明、香正、甜净、绵长、挂杯、顺口、韵足，这是"色香味格"要求的拓展，也是"五觉悦变"（视觉、嗅觉、味觉、听觉、触觉）理论的生动应用。总之，老酒要香气突出，酒体优雅，回味绵长，不带刺激。

川酒具有不可替代的地理环境优势，名优品牌众多、工艺成熟、设备先进、人才充足、产能巨大，产量、收入、利润依然占据着中国白酒的半壁江山，以老酒为突破口抓好川酒产业的发展振兴具有方向和路径的特殊意义。目前，四川老酒正处于"价值洼地"。2023年7月，我们召开了首届四川老酒产业发展大会，这场"老酒大会"聚集了很多老酒专业从业人员，规格之高足以证明川酒对老酒产业的重视程度。基于川酒的产区、品牌、存量等优势，要抓住老酒这个价值洼地，有希望在未来5年内大幅提升市场占比，夺回老酒市场话语权，让川酒再度辉煌。

更为重要的是，在四川老酒价值被严重低估的今天，泸州老窖作为中国白酒行业的老大哥，能主动承担起自己的责任，坚定不移地推进瓶储年份酒的宣传工作，确实对四川老酒发展做出了重要贡献。

泸州老窖始于公元1573年，是国内浓香型白酒的鼻祖和老师，在以营沟头、小市、罗汉等为代表的明清36家老作坊的基础上不断发展，成为中国老牌的白酒企业。1996年依托老泥、老窖，1573国宝窖池群被国务院颁布为行业首家全国重点文物保护单位。此后，1619口明清窖池、16处明清酿酒作坊、3个藏酒洞均被国务院颁布为全国重点文物保护单位，泸州老窖在白酒行业内的"活文物"数量、文物类别均位列全国之首。口传心授的泸州老匠人继承发扬古江阳的老窖酒酿造的老手艺，其传统酿制技艺2006年又入选首批国家级非物质文化遗产名录，泸州老窖被称为"双国宝单位"。

可以说，泸州老窖拥有重要的"五老"。社会上的"五老"是指老干部、老战士、老专家、老教师、老模范，这些人员具有政治、威望、经验、时空、亲情五大优势。泸州老窖的"五老"是指老作坊、老窖池、老匠人、老手艺、老美酒，同样具有这些优势，其老酒具有"文物性"，越老越值钱，越老越香。

从这个角度讲，泸州老窖的这个"老"字，不仅是一个时间的概念，还与时间级数、时变函数、时变场论、时间隧道，与相对论、微生物动力学、微生物社会学等关系密切，因此泸州老窖也被业界誉为老黄牛、老前辈、老东家、老寿星、老字号、老夫子、老爷子、老太爷、老江湖、老师傅，具有老成持重、老马识途、老当益壮、老树新枝等特点。

"千年老窖万年糟，好酒全凭窖池老"，回首700余年泸州老窖浓香型白酒的活态传承史，一个"老"字，既是过去深厚底蕴的积淀，也是面向未来蓄势待发的底气。

中共四川省委四川省人民政府决策咨询委员会副主任
四川省社会科学院二级教授、博士生导师
成都市社会科学界联合会主席

序言二
老酒里的华夏历史与文化传承

酒文化是中国文化的重要组成部分，与中华五千年的文明史息息相关。古往今来，多少文人墨客对酒当歌，多少壮士将领醉卧沙场，更有以酒入药、把酒会友、祀酒祭天等习俗，在人们生活发展中都占有重要的位置。毫不夸张地说，如果把白酒从历史文化中去掉，中国历史就会失去很多重要的内容和色彩。

酒是水火交融最完美的产物

水和火是自然界中最基本的元素之一，它们代表着相互对立的两种力量。水代表着柔和、湿润，而火则代表着炽烈、燃烧。酒的味道和口感也是水火相容的体现，既有清爽的口感，又有浓郁的香气和味道。在文化上，酒也是水火相容的象征，代表着人们对生命的热爱和追求，同时也寓意着人们对自然的敬畏和感恩。

酒不仅是一种物质的存在，更是一种精神的寄托，体现了中华民族的智慧和情感，中国人赋予了酒太多的文化内涵。首先，体现在"敬天法祖"，古代人心中认为安居乐业得益于祖先的保佑，酿一杯好酒首先是要敬给上天的；其次，体现在酒有纳威助兴之用，勇士壮行需要酒，关乎国家民族的兴盛安危，才思全凭一口酒，方有"呼儿将出换美酒，与尔同销万古愁"的千古诗句；最后，体现在酒中礼仪方面，中国是一个"礼仪之邦"，在大国外交、商务洽谈、人情礼往间，酒是必不可少的社交佳品。康熙帝就曾曰："以酒食会友，有何妨碍，此不足言。"

老酒是人与文化交流的桥梁

老酒作为一种具有历史沉淀的饮品，承载着丰富的文化内涵，更是一种文化的传承和交流方式。

通过品饮老酒，人们可以感受到传统文化的韵味和历史的厚重感，这种感受无疑促进了人们对我国博大精深的传统文化的认知和尊重。同时，老酒作为一种情感的纽带，让人们能够跨越时空的限制，与古人进行心灵的对话。在品尝老酒的过程中，我们不仅可以感受到古人的智慧和情感，更可以在心灵深处与古人产生共鸣和交融。这种情感的纽带让我们更加珍惜和传承传统文化，也让我们的心灵得到了滋养和升华。通过研究老酒，人们能够准确判断当时的人文环境和时代的变迁。

泸州老窖"活态双国宝"正是我们的祖先智慧的结晶，它直观地反映了人类社会发展的这一重要过程，是社会发展不可或缺的物证。守护和传承好珍贵的"活态双国宝"，就是维护文化的多样性和创造性。近年来，泸州老窖在技术创新、产品创新、市场创新等方面为老酒赋能，持续为品牌发展注入新的活力。

行远自迩，赓续前行，方能让老酒飘香至世界更远的地方，让老酒故事沉淀为成长和进步的源泉。

收藏老酒的本质是留住历史

收藏老酒，就是收藏中华民族的历史和文脉。从古老的黄酒到现代的白酒，从宫廷御酒到民间佳酿，老酒的种类繁多，每一种都记录着中华民族酿酒工艺的发展历程。它们见证了不同历史时期的社会风貌、生活方式和审美观念。通过收藏老酒，我们能够穿越时空，感受历史的厚重和文化的瑰丽。

收藏老酒也是一种对传统文化的传承和保护。在现代社会，随着科技的进步和生活方式的改变，许多传统的手工艺和文化逐渐消失。而老酒作为传统酿酒工艺的呈现方式之一，通过收藏和品鉴，我们可以更好地了解和传承这一传统文化，让更多的人了解和欣赏它的魅力。

老酒也不仅仅是一件活态文物,它的稀缺性和不可复制性,为酿酒技艺、历史研究以及社会经济状况提供了重要参考和有力依据。

"城下人家水上城,酒楼红处一江明。"泸州自古以来,就是饱含江风酒韵的历史文化名城。前有麒麟酒神、舒聚源、温永盛的传奇故事,孕育出这座千年酒城的独特浓香,今有辈出的匠人和老酒藏家,谱写着继往开来的篇章。饮大国之酿,品百味人生,时光沉淀里的那些浓香美酒,记录着祖祖辈辈生命中的难忘时光。

在老酒人眼中,老酒不仅仅是一种饮品,更是一份热爱和珍视的情怀,一份对历史与文化的尊重。老酒不仅仅是投资和升值的工具,更代表了一种财富态度和品质追求。

与老酒结缘的人生是幸运的,故事有了酒方得滋味。

同时,珍视老酒之人也是可敬的,酒到深处又何尝不是人生。

中国民生研究院特约研究员
CCTV-10《百家讲坛》栏目主讲人之一

前言

本书的创作灵感来源于2021年《泸州老窖藏典》的编撰过程中。

以物鉴史，传承在人。2021年，《泸州老窖藏典》编委会在收集和整理泸州老窖历代产品期间，走访了数十位为中国酒文化的赓续传承贡献力量的国内知名老酒藏家，并记录拍摄了藏家手里的珍稀藏品及珍贵的老资料，部分收纳于本书中。

在这个过程中，除了看到收藏家手里的珍稀老酒让我们赞叹不已外，我们最感兴趣也最感动的恰恰是这些藏品背后的故事，提到自己珍爱的酒，藏家们如数家珍、滔滔不绝，眼里充满了光芒，我们也止不住地想要了解更多。

究竟是什么支撑着他们一步步走到现在？那是一种怎样的热爱？

正如书名所言，我们在寻找岁月陈酿的酒，其实寻找的不仅仅是一瓶瓶老酒，更是在寻找其背后真实发生的故事、经历与感悟。

那些或励志，或惊险，或活色生香，或跌宕起伏的片段，描绘勾勒出不同时代的光影，谱写出中国酒文化在历史洪流中的浮沉，也刻画出形形色色的人生路。

老酒不只是文物，更沁入了鲜活的人生。每一瓶老酒，都是悠悠岁月的精酿，也是款款生命的赞歌。

本书灵感由此而来。

2023年，泸州老窖《寻找岁月陈酿的酒》正式立项，并设立了"寻9"编委会，就是要留住这些文化遗产，以老酒为媒，寻找真正爱酒、藏酒、懂酒之人，讲述老酒圈自己的故事。

"寻9"的"9"，包含三层含义：

其一，9为酒，顾名思义，我们首先是要寻找已存世无多堪称稀世珍品的老酒。

其二，9为九，九是数之大者，有众多、丰盛、完整的象征，表达了我们力求尽善尽美的寻找过程。

其三，9为久，即长长久久，蕴含着我国酒文化源远流长的寓意。

"寻9"编委会就这样，以寻找精彩的老酒人生为目标，带着满满诚意、空杯心态和质疑精神启程了。泸州出发，周边环至成都、自贡、重庆，北至北京，南至潮州，东至上海，途经南京、无锡、南昌等地，探访了十三位目标对象。

他们中有白酒收藏与投资的顶尖大咖，有深耕酒业多年的大商，有热爱并深入研究酒文化的学者，也有单纯热爱年份酒的收藏者，还有专门做酒体研究的科研人员，其中当然不乏泸州老窖的忠实拥趸……我们这一程无疑是一次破圈之举，以开放的步伐探寻真实的老酒故事、客观的老酒市场和流动的老酒之美。

起初，我们也像很多不喝酒或不好酒的朋友一样，心中带着很多疑惑，甚至是偏见，踏上了"寻9"的征程找寻答案——

酒究竟有什么样的魔力，得以在古今中外的历史长河中历久弥新？

白酒在不同时代潮流中起伏与变迁，是营销导向还是文化导向？

老酒的魅力，在于物超所值还是情怀加分？

老酒人的成功之道，是出于偶然还是必然？

……

读过本书，也许不能解答您所有的疑问，但寻找的途中，您会看到一个个鲜活的故事，领略到一个行业的方兴未艾，以及沉浮其中个人命运的起承转合，答案也跃然纸上。

希望本书能够满足您对老酒的一部分好奇心，多一份对老酒圈这个群体的同理心，感受寻找的力量。

本书编委会

目录

贺正修·让泸州老窖被更多人了解和喜爱　　1
四川泸州人。资深老酒收藏爱好者,泸州老窖忠实拥趸。
延伸阅读:泸州老窖品牌简史　　21

胡义明·大国工匠的老酒人生　　33
四川成都人。全国第五届白酒品评专家委员、酿造高级工程师,现任中国酒业协会名酒收藏委员会副主席,全国白酒标准化技术委员会委员、中国酒业协会白酒年份酒管理委员会副主席,荣获"大国工匠"称号。
延伸阅读:酒界泰斗周恒刚与泸州老窖的浓香岁月　　58

郑杰·路漫漫而心有所依　　65
四川自贡人。中国陈年白酒著名藏家,老酒圈副会长,中国酒业协会名酒收藏委员会常务理事,一级品酒师。
延伸阅读:泸州老窖为何被称为酒界"黄埔军校"?　　87

李耀强·海派与老酒　　　　　　　　　　　　　　93

上海人。上海著名陈年白酒收藏家,上海市收藏协会酒文化专业委员会会长,上海海派白酒文化艺术馆馆长。

延伸阅读:泸州老窖持续深耕年份酒市场　　　　　114

张继斌·一位新闻人的老酒文化进行曲　　　　121

江苏南京人。中国酒业协会名酒收藏委员会兼职副秘书长,江苏省收藏家协会酒类收藏专业委员会会长,江苏汎号门文创发展有限公司董事长。

延伸阅读:芥子、须弥、诗和远方　　　　　　　138

陈连茂·跨界与蜕变　　　　　　　　　　　　141

福建漳州人。中国酒业协会名酒收藏委员会常务理事,中外名酒福建研究会会长,中国名酒、世界名酒收藏大家,南源酒庄董事长。

延伸阅读:泸州老窖博物馆简史　　　　　　　155

吴俊杰、罗逸丹·老酒伉俪　　　　　　　　　163

吴俊杰:广东潮州人。中国酒业协会名酒收藏委员会常务理事,潮州市酒类行业协会执行会长,一级酿酒师、一级品酒师,丹姐陈年老酒收藏馆馆长。

罗逸丹：广东潮州人。著名老酒收藏家，广东省潮州市老酒贸易商，潮州市丹姐酒类贸易有限公司董事长。

延伸阅读：泸州老窖是瓶储年份酒的开拓者和领航者   180

史进财·一路追寻   185

河北张家口人。"老酒圈"创始人，北京老酒传奇电子商务有限公司董事长，原北京国际酒类交易所中国老酒交易平台总经理，酒体设计师、酒类策划师。

延伸阅读：如果你收藏过一瓶泸州老窖   205

杨振东·始终瞄准行业最高端   211

黑龙江安达人。著名老酒收藏家，北京恩典名扬轩贸易公司董事长。

延伸阅读：泸州老窖特曲外观鉴别要点   227

曾宇·使命与征程   233

江西南昌人。曾品堂创始人，曾品堂老酒博物馆馆长，中国酒类流通协会老酒收藏与市场专业委员会副会长兼执行秘书长，《陈年白酒收藏评价标准》制定者，二十余年老酒收藏、研究、投资经验。

延伸阅读：温永盛酒坊   255

焦健·今朝有酒醉今朝　不负热爱的酒痴一个　261

四川成都人。著名酒类收藏鉴定专家，中国酒业协会名酒收藏委员会兼职副秘书长、鉴定委员会专家委员，川酿白酒体验馆馆长。

延伸阅读：北纬28°的浓香　285

刘健·用心做好一介匠人　293

重庆人。中国酒业协会名酒收藏委员会常务理事、鉴定委员会专家委员，中国酒业协会价格评估会委员，高级酿酒师、一级品酒师。

延伸阅读：让中国白酒的质量看得见　312

许正宏·老酒陈香的科学密码　319

江苏泰州人。四川大学先进酿造科技创新中心主任、教授、博士生导师。

延伸阅读：老窖浓香的科学验证　336

后记　342

让泸州老窖被更多人了解和喜爱

泸州老窖的忠实拥趸

贺正修

- 四川泸州人。资深老酒收藏爱好者,收藏老酒五十余年。

楔子

四川泸州，酒城大道，龙腾社区的一户人家中，传出欢声笑语。

这里住着一位热情好客的老爷子，家中可谓"天天迎来八方客，日日不虚座中宾。"

走过一座石桥，穿过石桥旁那一丛花树，就来到了老爷子的家，他的家不算大，在老式家具的映衬下，更显古朴整洁。

一进门左手边的客厅正中是一张并不起眼的铺有白色桌布的圆形餐桌，右手边是一个长条茶桌。这便是老爷子摆"龙门阵"①的根据地了。

餐桌的主位往往留给重要客人，老爷子偕夫人笑盈盈地坐在旁边，周边围坐着八方宾客。

对于全国各地来到泸州的老酒爱好者来说，最高规格的礼遇不是去高档酒店吃大餐，而是来老爷子家吃上一顿私房菜：泸州特色卤鸭子、肥而不腻的烧白、甜美南瓜汤……油炸花生米更是下酒必备。品几盅老爷子珍藏的泸州老酒，是老酒圈公认的荣幸。

尤其令人难忘的是，在老爷子孩童般的热情中，为你奉上的68度的原浆酒，保你终生难忘。

当浓香在味蕾中绽放，家的味道在舌尖滑过，融洽的气氛在餐厅蔓延，大家逐渐放下拘谨，畅所欲言。人言鼎沸处偶有家中鹦鹉打岔，温馨、眷恋的感觉油然而生。

围坐在餐桌边的人之前可能并不熟识，一顿饭过后便也成了朋友。

这个餐桌已经不是一个简单吃饭的地方，它更成为酒友们笑谈江湖的舞台，启迪心灵的驿站，释放本心的后花园。"江湖三杯酒，大业一壶茶"，酒过三杯后长幼尊卑让位于欢声笑语，这是专属于老酒人的江湖温暖。

所有来过泸州的老酒爱好者都念念不忘那张回味无穷的餐桌。

---

① 龙门阵，四川的一种方言，意为聊天。据说，它得名于唐朝薛仁贵东征时所摆的阵势。明清以来，川渝各地的民间艺人多爱摆谈薛某人的这一故事，而且摆得和薛仁贵的阵势一样曲折离奇、变幻莫测，久而久之，"龙门阵"便成了一个专有名词。

酒城泸州

四川盆地，西眺青藏高原，南接云贵高原，背靠秦岭，东邻大巴山脉。独特的地理位置形成了一道天然的四面屏障，自古以来就是一个天然的"酿酒发酵池"。

位于四川盆地西南腹地的泸州，似乎格外受上天优待，成为浓香型白酒的发源地。

风过泸州带酒香。

北纬28度，地处亚热带地区；日照充足、四季分明、降水丰沛，年平均气温在18℃左右。其湿热环境尤其适合酿酒微生物生长，被联合国教科文组织与联合国粮食及农业组织认定为"地球同纬度上最适合酿造优质纯正蒸馏白酒的地区"。

泸州酿酒，肇自远古。秦汉时期，"酒以成礼"；唐宋时代，"蜀中士子莫不酤酒"；元明两代，郭怀玉制成"甘醇曲"，舒承宗始建1573国宝窖池；1915年，温筱泉携300年老窖大曲酒获国际金奖，让中国白酒香飘世界。

两江交汇处的泸州

酒以城名,城以酒兴。两千多年的酿酒历史赋予泸州当之无愧的"酒城"地位。奔腾不息的长江和沱江更是孕育了泸州深厚的酒文化底蕴,也把爱酒基因刻到了每一个泸州人的骨子里。

那次醉酒

贺正修,一位土生土长的泸州人,如今已是耄耋之年,被大家亲切地尊称为"贺老爷子"。他热情好客、广交好友,正是那张迎来送往、络绎不绝的餐桌主人。

作为一位有着五十余年收藏经历的老酒超级玩家,谈起自己家乡的泸州老窖,他充满感情,泸州老窖之于他就像多年陪伴的老友:年少相识,年轻相知,年壮相惜,年老相伴……

1942年初秋,贺正修出身酒城泸州城南的一户书香门第,父母都是中华人民共和国成立前的大学生,贺正修从小便接受了良好的教育。后来贺正修又陆续有了五个弟弟妹妹,作为家中长子,他自然而然地担负起照看弟弟妹妹的职责,一家人的生活静谧而幸福。

家有少年初长成,16岁的贺正修去了本地皮革厂工作。少年贺正修勤奋聪慧,擅于总结方法,工作表现突出,入职不久就被提拔为车间主任、工会副主席,不到两年时间便获得了"泸州市劳模"和"五四青年红旗手"的荣誉称号。

在家与皮革厂之间,有一个泸州市曲酒厂①的生产车间,贺正修每天往返途中总会闻见阵阵酒香。作为酒城人,他打小就知道这是一家全国知名的名酒厂。每天在酒香中行走,贺正修总想探寻其中的奥秘。

惊喜的是,就在他刚满17岁不久,就获得了一个进入泸州市曲酒厂帮工并品饮原浆酒的机会。

1959年,由于酒厂任务繁重,上级政府要求从工业系统中抽调30人协助完成泸州市曲酒厂花酒车间的生产目标,17岁的贺正修有幸成为其中之一。

---

① 1961—1964年,泸州老窖的厂名为"泸州市曲酒厂"。

那时的酒厂没有自来水，生产用水都来自长江江心，他们30人的任务就是负责挑水。贺正修说："从上午八点上班一直要挑到十一点半吃饭，中午休息一会又开始挑，没停过，那时候年轻，我的体力还是很好的。"

这一年他与一众年轻人在泸州老窖花酒车间留下了辛勤的汗水，最终协助酒厂圆满完成了上级下达的酿酒任务。

为答谢这帮年轻人的努力付出，厂里领导设宴，贺正修终于品尝到了心心念念的美酒，淳朴的少年只觉喝到了人间美味，并不善于饮酒的他在一番开怀畅饮后，抵挡不住烈酒的热情，醉倒了。

美酒飘香专列

参军报国支援国家建设是义务，也是荣誉。1962年12月，贺正修参军了，加入了铁道兵九师42团。他在大连参加新兵训练后，到吉林柳河担任军需保管员，三年之后便成功入党并提干。

1968年的某天，贺正修从部队回家探亲，想给战友们带些家乡特产。部队首长的一句话提醒了他："回家如果要带土特产就要泸州老窖，其他都可以不用带。"

原来泸州老窖就是泸州一张响当当的名片，无人不知无人不晓。

自那时起一直到退伍，贺正修每次回家探亲，必给战友们带泸州老窖生产的美酒。

在计划经济时期，买酒需凭酒票，为给战友们带去更多的泸州老窖，贺正修让家人将酒票积攒到一块，以便能多购买几瓶酒。

1972年，30岁的贺正修照例将购买的5瓶"工农牌"泸州老窖特曲酒带回部队，在四川隆昌到河北承德的列车上，因车厢人多拥挤，其中一瓶酒被挤碎了，这可把他心疼坏了。为了防止其他酒受损，他把4瓶酒都抱在胸前保护起来。破损的酒瓶香气四溢，瞬间布满了整节车厢。很多人纷纷上前询问："什么东西那么香？"贺正修也乐此不疲地和车上乘客解释道："这是泸州老窖特曲酒，是我家乡的酒。"正是这次"美酒飘香专列"事件，让他对泸州老窖的"香"产生了浓厚的兴趣，这也成为他今后深入研究泸州老窖的一个原动力。

1976年唐山大地震，贺正修参与到救援行动中，因表现优异被部队授予三等功。

作为一个土生土长的泸州人,贺正修顺理成章地成为了泸州老窖的代言人,泸州老窖也成了贺正修在战友们心目中的代名词。战友们一想到贺正修就会想到泸州老窖,看到、喝到泸州老窖也会想念起老战友贺正修。泸州老窖为贺正修寻常军旅生活增添了不寻常的色彩。

从某种程度上说,贺正修对泸州老窖的认同感,一部分也来源于当时战友和朋友们的喜爱及认可。泸州老窖不仅代表着贺正修对战友们的诚挚心意,还承载着他礼尚往来、尊师重友的满满诚意,成了他的社交密码。

"因为泸州老窖,我结识了很多志同道合的朋友,有酒、有朋友、有快乐,所以我很珍惜与泸州老窖的缘分。"贺正修发自内心地感慨道,感恩和自豪溢于言表。

1978年,贺正修在部队留影

时至今日,他对泸州老窖的情怀已融入骨髓,泸州老窖已成为他日常生活的一个重要组成部分。

以藏养藏

1981年,贺正修正式从部队转业回到泸州老家。

转业后的贺正修先是在泸州市人民法院民事法庭当庭长,后转为办公室主任,先后分管过人事、纪检、财务等方面的工作。在二十年的司法工作中,可谓看惯风云变幻,看尽人生百态,但贺正修始终恪守底线,遵守身为党组成员的纪律规范,严谨严肃执法,规规矩矩做人,在单位内外树立了不俗的口碑。即便退休多年后,各界只要提起贺正修,都对他刚正不阿的工作作风赞赏有加。也正是因为耿直、乐于助人的性格,贺正修结交了很多朋友,人脉很广,大家也都对他的人品信得过，这对他后来收藏老酒起到了很大的促进作用。

20世纪80年代，由于泸州老窖逢年过节的职工福利就是发酒，贺正修也会从一些职工手里抢购几瓶，那时一瓶"工农牌"泸州老窖特曲酒40元左右，对于贺正修来说真是一笔不小的开销，但他总是毫不犹豫地将自己攒的体己全部拿出来购买酒。

一路走来，不论是作为社交载体，还是日常口粮，抑或是收藏爱好，泸州老窖都一直陪伴着贺正修，理所当然成为了他收藏老酒的首要品牌。可以说，贺正修收藏泸州老窖是自然而然的事。

2000年以后，网络交流开始通畅，信息获取也变得便捷，贺正修逐渐认识了一些志同道合的朋友，对老酒的认识也慢慢加深，开始走上更加专业的收藏之路。遗憾的是，由于贺正修收藏的经济来源只有他的工资收入，全靠"以藏养藏"①来周转，以至于现在收藏的品类主要以泸州老窖为主。

"当时，我在法院就那点工资，娃儿还在成都上学，剩下那点钱来做收藏，看到喜欢的老酒都不敢买，错过的好机会太多了，很多东西是机不可失，时不再来，错过就没得了。"贺正修感慨地讲。

20世纪70年代，贺正修一家留影纪念

---

① 以藏养藏：即把以前收藏的老酒转手卖掉，以回笼资金再收更有增值潜力的老酒。

2022年,贺正修夫妇在小区散步赏花

他收藏的老酒中以泸州老窖为主,其中又以20世纪70年代的"工农牌"泸州老窖特曲酒居多,给别人经常推荐的老酒也是这款。尤其是在他的餐桌上,每当跟别人聊起泸州老窖时,他总是滔滔不绝,一边手握"工农牌"泸州老窖特曲酒轻轻摇晃观察,一边从饮用、收藏、投资等各角度娓娓道来,可以说是一名资深的泸州老窖老酒收藏爱好者。

收藏泸州老窖的同时,贺正修也默默关注着泸州老窖企业的发展。"泸州老窖在科研、宣传等各方面来讲,是创新最多的。"作为泸州老窖的忠实拥趸,贺正修是自豪的,并娓娓道来:"泸州老窖坚持传统,但不封闭保守,泸州老窖的胸怀是很开阔的。如今泸州老窖的生产模式和销售模式,都走上了一条正向、健康、可持续的道路。现在的产量也比较大,能够满足市场需求,接下来还要在综合组织管理和定向产品创新上有所提升。这需要酒企协同各方力量共同推进,包括政府的政策、领导班子的决心、技术人员的创新和销售团队的推广宣传等。"

"希望泸州老窖坚持品质,然后在继承传统的基础上开拓创新。"这是他在对泸州老窖的深度了解和建立起深厚情谊的基础上,发表的肺腑之言。

老酒顾问

21世纪以来,泸州老窖愈发认识到年份酒产品的价值及重要性,并在这种理念上一直走在前列。2016年,泸州老窖首创瓶储年份酒概念及定价策略。2018年,泸州老窖面向全国启动了针对泸州老窖陈年白酒(年份酒)的回购计划。

年份酒回购战略的提出,给泸州老窖知识产权保护中心(以下简称"知保中心")的工作带来了不小的挑战。毕竟在以往的工作中他们主要负责鉴定打假2000年以后生产的酒,而2000年之前生产的年份酒(老酒)需要特殊的经验,亟需找到一些资深且可靠的老酒专家,帮助他们填补老酒鉴定的专业空白。

由于知保中心负责泸州老窖的鉴定和维权等工作,日常免不了和本地政法系统联系。幸运的是,工作人员曾耳闻政法系统内有一位酷爱收藏老酒又偏爱泸州老窖的退休老干部,对老酒研究很有一套。

贺正修正以泸州老窖特曲酒为例,向大家讲解老酒鉴别技巧

一番联络之后,知保中心员工找到了这位老爷子,正是本文主人公贺正修。当时贺正修虽已高龄,但知保中心员工与其接触后发现,眼前的老前辈是个老酒知识专家,对老酒的工作有方向性引领作用。

贺正修很认同泸州老窖即将推行的瓶储年份酒计划,得知知保中心员工对于老酒的真假辨别方面存在短板,便将自己多年来实践总结的鉴别老酒的技巧及老酒收藏知识倾囊相授,毫无保留,大大支持了企业接下来的工作。

贺正修以时间为脉络,详细讲解了泸州老窖不同品牌发展历程中,产品所经历的从瓶形到瓶盖、从商标到酒标、从厂址乃至字体等细节的变迁,并总结出一套辨析方法,以供企业工作人员能够快速上手并可举一反三。

由巴蜀书社出版的《泸州老窖藏典》《国窖1573藏典》书籍,是研究泸州老窖系列产品的百科全书

2022年，贺正修被泸州老窖股份有限公司聘为《泸州老窖藏典》高级顾问并合影留念［图中从左到右依次为泸州老窖销售有限公司综合运营部部长陈浪，泸州老窖销售有限公司副总经理熊开刚，老酒藏家、《泸州老窖藏典》高级顾问贺正修，泸州老窖股份有限公司副总经理、安全环境保护总监张宿义，泸州老窖股份有限公司企业文化中心总经理李宾］

正直、磊落的贺正修，一直与老酒行业中的以假乱真、以次充好等行为划清界限，尤其是对制假贩假更是深恶痛绝。当然，他在收藏过程中也买到过假酒，但他宁可自己吃亏，也绝不让假酒再在市场上流通。

"我现在这把年纪，对很多事都已经看得很开了，也不会计较什么，唯独假酒这个事情，我是坚决抵制的。"贺正修坦言，"当然，不仅是针对老酒，但凡产生利润的地方就会有假货滋生。长远来看，制假贩假对老酒行业发展有百害而无一利：其一，假酒破坏了酒厂声誉；其二，不健康的酒会给群众的身体带来很大的影响；其三，制假贩假是社会发展的倒退。"

后来，在贺正修等老酒收藏家的帮助与支持下，泸州老窖编撰了《泸州老窖藏典》《国窖1573藏典》系列图书，进一步传播老酒文化、挖掘品牌价值，贺正修也被泸州老窖聘为《泸州老窖藏典》高级顾问。此外，他讲解的老酒辨析方法也被系统收录到了《泸州老窖藏典》中，供更多人查阅。

回味无穷的餐桌

如果说过硬的专业技能是使人慕名而来的理由，那么通透达观的处世哲学、睿智淡定的处事态度和幽默风趣的言谈，大概是他能结交天下好友的重要原因。用现在的网络热词来说，贺正修是名副其实的"社牛"。

正因如此，贺正修家的餐桌上，时常是高朋满座，形成了别具一格的凝聚力。在这三米见方的小小客厅里，留下过不少酒界大商的酒后真言，也定格下很多资深藏家的开怀笑容。凡是来到泸州的老酒藏家必然会去拜访贺正修，大家戏称"拜码头"。而贺正修也无一例外地拿出珍藏多年的泸州老窖老酒，款待来自远方的朋友们。

对此，贺正修谦虚地说道："大家到我这个地方来玩，是一种情感，是老酒圈的情结。大家看我年纪比较大，来拜访只是对我的一种关心和爱护，'拜码头'是江湖话。"

2023年，泸州老窖年份酒尊享品鉴活动期间，老酒藏家贺正修（右）与胡义明（左）参观泸州老窖基酒酒库

2023年，诸多老酒藏家齐聚泸州老窖乾坤酒堡参加泸州老窖年份酒尊享品鉴活动

如今，贺正修已经把宣传和推广泸州老窖当成了一种生活习惯。他经常说："身为一个泸州人，理应把泸州悠久的酒文化传播出去，让泸州老窖被更多人所了解和喜爱。"他从来都不避讳对泸州老窖品牌的偏爱与维护。在这张回味无穷的餐桌上，贺正修也总是会下意识地向八方来客推广泸州酒文化，推荐泸州老窖。因此，在客人那里，贺正修也成了泸州老窖的代言人。

为了帮助酒企进一步推行瓶储年份酒及举办相关活动，贺正修还将很多老酒圈里的人脉资源，引荐给了泸州老窖相关部门。

"老爷子给我们介绍了很多老酒圈大咖，让我们快速进入老酒领域。我们从心底里敬佩老爷子的胸怀，他做的很多事情都是不求回报的，这是一种对家乡深沉的情感和对泸州老窖的钟爱。"一名知保中心的员工如是说到。

在泸州老窖开展老酒相关活动的伊始，贺正修毫无保留地引荐了一大批热爱泸州老窖老酒收藏的藏家，为泸州老窖瓶储年份酒推广起到了至关重要的作用。同时助推了泸州老窖博物馆、泸州老窖企业文化中心等相关部门稀有资料的搜集与收藏鉴定书籍的出版。

传帮带

作为老酒圈中德高望重的前辈,贺正修不仅在推广宣传老酒文化方面毫无保留,尤其是在提携后辈方面,也总是尽己所能地做好"传帮带"工作,帮助年轻人成长,堪称老酒圈内的大师级人物。对此贺正修特意强调道:"我并不是大师级别的,我年纪大了精力也有限,从没想过做大生意这种事情。年轻人起步最大的问题主要有两方面:一是社会资源匮乏,二是经济实力不足。我就是能做好多少事情就做多少,重点是要把老酒宣传好,给年轻后辈们提供一种扶持,就是老一辈对小一辈的关怀。"

泸州陈年名酒收藏馆馆主杨林便受到过贺正修给予的莫大帮助。作为川渝一代老酒圈内有名的泸州老窖鉴别高手,杨林专注收藏泸州老窖老酒近20年,并通过多年实践形成了一套"观酒听声"的独门秘诀——通过观看和倾听酒花的破裂样态和声音判断老酒的度数、存放时间等。也正是在杨林的支持与帮助下,《泸州老窖藏典》得以收录了历史上不同阶段产品的酒花变化形态。

正是凭借这门独家手艺,以往很多年间杨林成为了贺正修收酒的助手,两人在专业上共同切磋,生意上相互帮衬。就这样从一点一滴做起,杨林从几万块钱的初始资金发展到现在拥有价值数千万的陈年名酒收藏馆,这离不开他的勤勉好学,更离不开贺正修的提携和帮扶。

同样受到贺老影响的,当然还有泸州老窖自己的员工。

1977年出生的廖宇,是泸州老窖原辅料处理部门的员工,是根正苗红的泸州老窖国窖人,家中几代人都是泸州老窖的职工。廖宇也是泸州老窖老酒的收藏爱好者。在企业推出瓶储年份酒之前,廖宇与贺正修就是老熟人了。也正是在以贺正修为代表的几位资深收藏者的感染和引导下,让廖宇发觉到了收藏之美,也增强了自己收藏老酒的动力和信心。

令廖宇印象深刻的一次经历,是在一次与"贺老爷子"的聚会上。老爷子拿出一瓶1975年的"工农牌"泸州老窖特曲酒供大家品尝,这是廖宇第一次喝比自己年龄还要大的"哥哥酒",一杯酒下肚,味蕾顿时被征服,脑海里也浮想联翩。

一瓶酒仿佛有了生命,历经岁月抑或辗转过大江南北,最终在这样一个场合,在这些懂它的人面前绽放了自己的生命。廖宇至今感怀于贺老的慷慨款待,让他的品饮体验有了前所未有的升华。平日里,廖宇在收藏方面遇到棘手问题时,总是第一个想到贺老。20世纪80年代,泸州老窖曾出品过一套特曲七彩盒,起初廖宇手中只有其中一部分,为了集齐七彩家族,苦寻两年未果。一筹莫展之际,他想到了寻求贺老的帮助。在贺老的协调联络下,短短半年之内廖宇就如愿集齐了这套特曲七彩盒,目前放置在他的展示柜顶层中央。

与廖宇同样是"酒二代"的老酒收藏爱好者,还有泸州老窖生产管理部工艺组组长徐志。

从入职泸州老窖至今,徐志一直深耕于技术研发领域。

就产品研发这方面,徐志与贺老两人多次探讨,贺老曾说过:"配合市场发展研发新产品,正是以后产品开发的出路。现在年轻人对酒的需求量很大,酒企要针对年轻人的口感和需求,创新一部分产品。同时,泸州老窖在国外市场拓展上还有很大空间,其中口感和酒度是核心要素。"这与徐志的观点不谋而合,在需求日益多元化的今天,徐志主张以市场定研发,以需求谋创新,企业各个部门要通力配合,做更符合时代气质的产品。

20世纪80年代,"泸州牌"泸州老窖特曲七彩盒

就这样,贺老以他春风化雨般的熏染,与年轻一辈的老酒收藏爱好者"打成一片"。他们在一起互通有无,探讨专业知识,交流收藏心得,形成了不同年龄段的收藏梯队,让老酒收藏文化传承后继有人。

此外,对于有志于收藏老酒的朋友,贺老有如下建议:

要收藏品牌主流产品,比如泸州老窖酒以特曲、窖龄酒、国窖1573等为优先选择;

尽可能收藏高度酒,因为高度酒才会随着时间的推移口感更加醇厚,且不易降度;

年轻人可以从自己关注的角度收藏老酒,这样可以增加收藏的趣味性,比如收藏自己的"生日酒""生肖酒"等。

老朋友

一瓶老酒,收藏岁月,往事历历在目,在瓶中久久回响。

半个多世纪的收藏经历让贺老见证了泸州白酒的发展,一瓶瓶老酒也记录着时代发展的变迁。泸州老窖对于贺老已经不是一般的饮品,而是不可或缺的家人、老朋友。

2022年7月16日,正值"名酒70年 荣耀鉴新篇——'家有老酒'泸州老窖专场鉴评会"活动举行,贺正修应泸州老窖邀请,来到了活动现场,数百人共同庆祝这位耄耋老人的八十大寿。

如今贺老已是八十有余,泸州老窖也已相伴他六十多年,他对泸州老窖的热爱仍然不减当年。每当有人否定泸州老窖时,贺老总会不疾不徐地说:"大家可以品一下,用事实来说话嘛!"他对泸州老窖的品质非常有信心,总会耐心地为他人介绍泸州老窖的特点,客观地指出酒之间的一些差异,用事实说服别人。当然,他始终认为名酒各具特色,"各美其美、美美与共",就看自己的喜好了。

现在,收藏成了贺老生命中的一部分,追求完整性[①]收藏似乎就是自己应该做的事。或许外人很难理解,自己藏品中缺失一部分的那种失落和遗憾。

---

① 收藏"完整性"在我们访谈的十几位老酒藏家中,几乎达成了一个共识。

2022年7月16日,贺正修八十大寿现场,泸州老窖股份有限公司党委副书记、总经理林锋(右二)为贺老(左二)祝寿

在贺老的收藏生涯中,与两瓶20世纪60年代生产的"麦穗牌"泸州老窖大曲酒擦肩而过的经历,让他十分感慨。

众所周知"以藏养藏"是老酒圈内大多数藏家支撑收藏的一种方式,然而很多时候因为要回笼资金,不得不卖掉一些珍藏的老酒,也实属无奈之举。2019年,贺老把手里两瓶20世纪60年代生产、"泸州老窖"四个字为繁体字印刷的"麦穗牌"大曲酒卖给了另外一位藏家,当时他认为一定还会再收到这样的酒,就没有太在意,但自那之后便再也没有见到过。

2021年泸州老窖出版了《泸州老窖藏典》,意在收录20世纪50年代至2001年间的所有泸州老窖老酒,在编撰期间,编委会专门找过这款酒,贺正修也向当初那位买家询问过酒的下落,得知对方已将酒喝掉,不禁遗憾万分。

贺正修珍藏的"工农牌"泸州老窖特曲酒

生活便是这样，总是遗憾和惊喜相伴。入伍期间，贺正修曾经送给战友一瓶1977年的"工农牌"泸州老窖特曲酒，由于战友不喝酒便一直留存着。经过岁月的沉淀，战友又将这瓶承载着兄弟情谊的老酒送还给了贺正修。真挚情感在这一送一还中流转，泸州老窖也正好成了搭载这段美好情谊的桥梁。

平凡的一天

清晨是一天中最美好的时光。

在这座川南的小山城中，一位八旬老人每天都会准时出发，无论严寒酷暑，前往自己工作的地方。

这是一间位于飞跃街居民楼里的工作室。自从退休以后，如果没有特殊的事情，每天早晨八点，贺老都会像上班一样来到这里，带着三两个年轻人，在自己专属的酿酒工作室研究勾调技术，以酒为乐。

耄耋之年的贺老，爱酒之心不减反增。他现在的生活惬意且悠然，乐在当下。

中午，贺老会简单吃一点东西，然后午休一下。

虽已入耄耋之年，但贺老仍坚持吸收新鲜事物，秉持着"活到老学到老"的态度，也乐于结识年轻朋友，结交了天南地北的"忘年交"酒友。

这天下午，贺老送走了一个朋友，正在和楼下饭店的老板聊天。他看到了几天前来自北京的两位年轻人，他们是为编撰《泸州老窖藏典》而来，是由泸州老窖企业文化中心介绍认识的。

"你们好呀。"

"贺老，我们去图书馆查一些资料，刚好路过这里。"

"上去聊会儿吧。"

"太麻烦您了。"

"不会的，看你们还有什么不清楚的，咱们聊聊。"

"好的，正好有一些问题我们还不太清楚。"

……

到了晚饭的时间，在贺老家的餐桌上，依然宾朋满座，酒自然是少不了的，纵然他时常把酒言欢，但从不放纵不羁，每天最多三杯老酒是多年以来不变的规矩，自律和节制在贺正修这位军人出身的老人身上体现得淋漓尽致。

当夜幕逐渐降临，灯火点亮国窖广场，营沟头那历经百年的1573国宝窖池依然产出着浓香的白酒，酒香在这座千年酒城上空飘荡。

在酒城大道的一户人家中，传出欢声笑语。

在那个回味无穷的餐桌上，正在讲述着那些关于泸州老窖的精彩故事……

"寻9"札记

2023年8月25日，贺老在他的工作室接待了我们。他的工作室是在一栋居民楼里，屋内客厅里有沙发和茶桌，大家围坐在四周谈天说地。

在交谈中，门始终是敞开的，屋内的谈笑声，会不时引起上下楼邻居的好奇，探头朝屋内看一眼，又习以为常地走开。也不时有年轻人进出，打个简单的招呼就各自忙碌起来。

贺老似乎并不介意邻居的观望，随着谈话的不断进行，他也放松下来，脱了鞋子舒服地蜷在实木沙发里，不时地呷一口茶，开始摆"龙门阵"。

这就是他现在的生活。

在访谈之初，我们最大的疑问就是，为什么贺老被泸州老窖奉为"熊猫级"藏家。

经过了解之后，发现贺老不是收藏泸州老窖老酒最多的，也不是拥有最贵老酒的，更不是最会做老酒收藏生意的，这就有趣了，贺老又是凭什么受到白酒收藏界人士的一致推荐与尊崇的呢？

通过多次的接触之后，我们头上的疑云渐渐散去，贺老除了年纪较长之外，更核心的原因在于他的人格魅力，他对老酒的热爱，他对家乡酒文化发自内心的自豪，对老酒行业的密切关注，对藏品背后历史与文化的如数家珍，对藏家们的无私帮助，一点一滴、举手投足，都透露出一位智者的质朴、亲切和豁达。

恰如一杯陈年的泸州老窖特曲酒——醇香浓郁、清洌甘爽、饮后尤香、回味悠长。

  时间入酒,代代传承,生生不息。时间是一个缥缈的概念,但在老酒里,时间却可以被品味到。酒是好友,也是纸笔,每一瓶老酒,都装满了回不去的岁月和情怀。寻找岁月陈酿的酒,其实并非只是在找酒,更是在找人,我们要寻找的正是真正爱酒、懂酒、藏酒之人。

  贺老正是这样的人。

  让我们为他的情怀、无私与自律,干杯!

泸州老窖品牌简史

1996年，始建于明万历年间（公元1573年）连续不间断使用的泸州老窖1573国宝窖池群，被国务院确定为白酒行业首家全国重点文物保护单位，开创了中国文物保护在白酒行业的先例；2006年，自公元1324年起"师徒相承、口传心授"的方式不间断传承至今的泸州老窖酒传统酿制技艺，被评为国家级非物质文化遗产。二者共同构成了泸州老窖的"活态双国宝"，相互依存、相互成就，是泸州老窖珍贵的文化遗产，让泸州老窖充满活力地延绵至今。

2025年，国宝窖池群已连续不间断酿造450余年，泸州老窖酒传统酿制技艺已代代传承700余年。在过去的700余年里，泸州老窖已经及正在引领中国白酒实现四次大的历史跨越：

第一次是引领中国白酒迈入大曲时代。发明甘醇曲，实现白酒酿造从个体经验到系统专业的升级，首开人类科学利用生物酶实现固态发酵酿造的先河。

第二次是引领中国白酒迈向泥窖发酵时代。始建"1573国宝窖池群"，开创了人类首次利用土壤微生物发酵生香的酿造历史。

第三次是引领中国白酒迈入产业时代。泸州老窖出版了中华人民共和国成立以

1996年1月8日，新华社《香！"中国第一窖"泸州400年老窖池列为重点文物》刊发在《解放日报》

2006年6月5日，《现代快报》刊发报道《稀有技艺 中国魅力——泸州老窖酒传统酿造技艺当选中国非物质文化遗产》

后第一本酿酒教科书,实现白酒生产从分散落后到工业分工的升级,完成产业模式从传统作坊到现代企业的跨越,开启了中国白酒规范化、标准化、产业化的浪潮。

第四次是引领中国白酒迈入全球化时代。代表着中国文化、中国创造、中国品牌和中国生活方式的泸州老窖,让世界品味中国,让民族品牌走出深深酒巷、走向世界。

自1952年第一届全国评酒会以来,泸州老窖经历了70余年的发展历程。其中,有一往无前、引领行业发展的时期,成就了"浓香鼻祖""酒界黄埔"的浓香天下格局;也有沉浮跌宕、艰难前行的摸索时期,最终实现了泸州老窖文化引领、品牌重塑的凤凰涅槃。

回顾这70余年,泸州老窖大致经历了如下几个阶段:

❧ "名酒立业、品牌初创"期 ☙

时　　间:20世纪50年代到1978年
关 键 词:公私合营、四大名酒、定义浓香、三大试点
主要品牌:白塔牌、工农牌、麦穗牌(出口)

民国时期温永盛酒厂酒标、广告及酒厂标签

泸州老窖是中华人民共和国成立之后在明清36家酿酒作坊的基础上发展起来的。在这之前，36家作坊中的温永盛、天成生、爱仁堂等酿酒作坊以其卓越的品质和悠久的历史而闻名海内外。但从严格意义上讲，此时的"温永盛""天成生""爱仁堂"等名称，还不能称为现代意义上的"品牌"，只能称之为"商号"。20世纪50年代初，在陆续完成公私合营改造后，就不能再以某一家"商号"为品牌名称了。于是，泸州老窖历史上的第一个品牌——"白塔牌"诞生了。所谓"白塔"，即位于泸州市区的全国重点文物保护单位——报恩塔。以"白塔"为品牌名，是取"报恩塔、感恩酒"之意。"白塔牌"泸州老窖大曲（特曲）在上市后，渐渐成为整个泸州酒的品牌形象。可以说，"白塔牌"是泸州老窖自主创立的第一个品牌。

1952年，"白塔牌"泸州老窖大曲酒与茅台、汾酒、西凤酒一道获得第一届全国评酒会"中国名酒"称号，开启了中国白酒的名酒时代。

1957年，为提升中国白酒整体酿酒工艺水平，以陈茂椿、熊子书为代表的专家组驻点泸州老窖，对泸型酒工艺进行了全面查定总结（史称"泸州老窖试点"），1959年查定成果被整合成《泸州老窖大曲酒》一书经轻工业出版社出版。甫一出版，即成为行业的教材，为此后浓香工艺在全国的普及奠定了基础。

泸州老窖"白塔牌"商标

泸州老窖"麦穗牌"商标

泸州老窖"工农牌"商标

1963年，轻工业部在北京举行了第二届评酒会，泸州老窖再度入选"中国名酒"。1964—1966年，专家组入驻泸州老窖进行了第二次泸州老窖试点。

品牌名称除了是产品的标签外，往往也是时代的印迹。1966年，在那个言必称"工农"的时代，各行各业都冠以"工农"二字，如"工农牌"缝纫机、"工农牌"自行车、"工农牌"香烟等遍地开花。泸州老窖也不例外，推出了"工农牌"泸州老窖特曲，而"白塔"被认为带有"封建"的印迹，逐步退出了市场，"工农牌"以时代元素齿轮和麦穗为商标图案，充分体现了时代潮流。

"浓香天下，品质立基"期

时　　间：1979—1989年
关 键 词：酒界黄埔、五届名酒、国家质量奖
主要品牌：工农牌、泸州牌

自20世纪60年代开始，尤其第三届全国评酒会后，为响应国务院"提高名酒质量"的号召，全国掀起"学名酒、创品牌"的热潮。泸州老窖义不容辞承担起白酒龙头企业的责任，先后撰写150余万字培训教材，对全国300余家企业进行了浓香工艺培训和生产指导，极大地推动了浓香型大曲酒在全国的普及推广。

1981年，有人提出，泸州是全国独一无二的酒城，酒是这座城市的灵魂，所谓"城以酒兴"，而"酒以城名"，何不以"泸州"作为品牌名呢？此言一出，几乎得到了当时所有泸州人的认同。很快，"泸州牌"顺势而生。同年，为准确创意表达邓小平同志提出的知识分子中的绝大多数"已经是工人阶级自己的一部分"，泸

2019年，在四川泸州举办的第十三届中国国际酒业博览会开幕式上，中国轻工业联合会、中国酒业协会正式授予泸州"中国酒城·泸州"称号

1991年,"泸州牌"商标荣获首届"中国(十大)驰名商标"称号

"泸州牌"和"国窖牌"商标

州老窖将传统的手榴弹造型瓶形改为墨水瓶形,成就了中国白酒计划经济时代的又一经典。1991年,泸州老窖"泸州牌"荣获首届"中国(十大)驰名商标"称号。

1979年,在第三届全国评酒会上,泸州老窖第三度入选"中国名酒","工农牌"泸州老窖特曲成为评酒会指定的浓香型白酒标准。1984年、1989年,"泸州牌"泸州老窖特曲蝉联全国评酒会"中国名酒",成为浓香型白酒唯一蝉联历届"中国名酒"的品牌。1989年,酒界泰斗周恒刚莅临泸州老窖,为泸州老窖题写了"浓香正宗"四字。同年,为纪念泸州老窖特曲作为浓香标准10周年,泸州老窖将原特曲白方瓶(墨水瓶形)改为刀币(布币)酒标瓶形,以秦国时期通行之刀币(布币)代表"标准"之寓意,该经典瓶形一直流行至今。

自1966年推出到1989年12月30日最后一批停产,"工农牌"泸州老窖特曲畅销20余年,可以说是中国白酒计划经济时期的第一大单品。泸州老窖也以其品质和产量优势,成为当时行业的第一代领军名牌;1988年,泸州老窖利税突破一亿元大关,位列全国首位,比同时期川酒其他"五朵金花"销售总额加起来还多。

"探索前行,改革兴业"期

时　　间:1990—2000年
关　键　词:变名酒为民酒、国宝窖池、市场经济浪潮
主要品牌:泸州牌

1988年7月,国家正式放开了名酒商品的专卖价格和流通渠道,但1989年又紧急出台了"名酒不准上公务宴席"的政策。

在计划经济到市场经济转变的特殊时期,不同的企业采取了不同的应对策略。泸州老窖、古井贡酒、山西汾酒等采取了"名酒变民酒"的策略。1990—1998年,泸州老窖特曲8年间仅涨19元,选择了"降价降度"的古井贡酒涨幅仅12元;而茅台、五粮液、剑南春等坚持逆势涨价,1990年茅台为95元,到1998年涨至312元,五粮液从45元涨至300元,剑南春从35元涨至138元。殊不知,在市场经济浪潮的带动下,以沿海经济开放地区为代表,掀起了一场白酒消费升级的蝴蝶效应。

白酒的销售不再是计划经济时期的"酒香不怕巷子深",不再是简单的"批条子",不再是"供小于求"时代的"产量即销量",而是"供大于求"的激烈市场竞争,需要综合考量品质口感、文化底蕴、品牌价值以及价格表现等一整套市场营销手段。通常认为高价格即代表了高品质,体现了消费档次和身份面子。

此时,实施"变名酒为民酒"战略的泸州老窖渐渐失去了市场的主导地位。然而,下一个时代的历史机遇往往孕育于上一个时代的危机之中。1994年,泸州

1998年,泸州老窖企业发展史上具有重要意义的"长沙会战"团队合影

1999年9月9日,泸州老窖世纪出酒大典仪式现场

老窖已深刻认识到这点，成立专营销售公司。1998年，公司挑选精英人才开启了向市场主动出击的"长沙会战"。

在文化塑造上，1996年，持续不间断酿造400余年的泸州大曲老窖池群，被评为行业首家全国重点文物保护单位。在品牌策略上，时任泸州老窖总经理的袁秀平提出"统治酒类消费的是文化"这一理念，并先后创意推出"国宝酒""国窖酒"，1999年9月9日，大手笔策划世纪出酒大典。这些都为其后国窖1573的横空出世奠定了坚实的基础。

"文化引领，品牌重塑"期

时　　间：2001—2015年
关 键 词：国窖1573、双品牌塑造、品牌金字塔
主要品牌：泸州牌、国窖牌

2001年，国窖1573横空出世，对于泸州老窖来说，这一年是破茧重生、品牌重塑的元年。

完全跳出泸州老窖传统的包装，国窖1573以其时尚、高贵、大气、深富寓意内涵的设计风格，至今仍被奉为白酒包装设计的经典。"你能听到的历史，124年；你能看到的历史，162年；你能品味的历史，428年"的广告，已成为广告创意成功案例编入教材，那支熟悉的音乐旋律也将持续播放，成为永恒的经典。

国窖1573也被周恒刚、沈怡方、梁邦昌等白酒泰斗推荐为中国白酒鉴赏标准级酒品。

2006年，泸州老窖酒传统酿制技艺入选首批国家级非物质文化遗产名录；2008年，

国窖1573产品图

与茅台、汾酒酿制技艺一道入选联合国"人类口头与非物质文化遗产预备名录"。由文化遗产"活态双国宝"酿造的国窖1573与茅台、五粮液并肩，成为中国白酒的超高端代表之一。

以国窖1573品牌的成功塑造为基础，泸州老窖构建起了"国窖牌""泸州牌"的双品牌架构。

2003年，泸州老窖博士后科研工作站正式设立；2004年，《国窖酒生产工艺研究》荣获四川省人民政府科技进步一等奖；2008年，泸州老窖恢复传统礼制，首创泸州老窖·国窖1573封藏大典，同年，国窖1573成为中国首款浓香型有机白酒；2009年，固态酿造行业唯

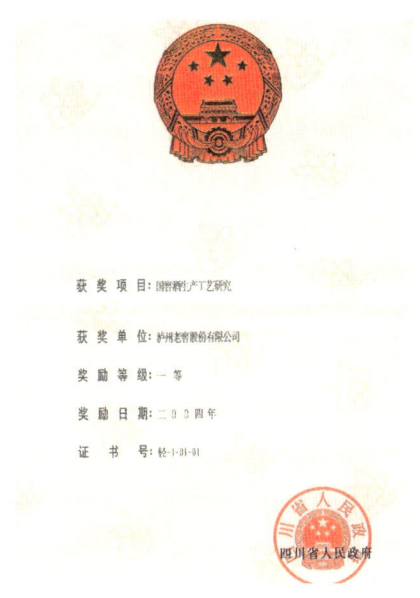

2004年，《国窖酒生产工艺研究》荣获四川省人民政府科技进步一等奖

一的"国家固态酿造工程技术研究中心"落户泸州老窖；2013年，泸州老窖1619口明清老窖池、16处古老酿酒作坊以及3大天然藏酒洞全部入选全国重点文物保护单位。

借着中国白酒黄金十年①的东风，泸州老窖以文化为引领，锐意改革、守正创新，实现了品牌再造重塑和复兴。

❧ "大单品战略，高质量发展"期 ❧

时　　间：2015年至今
关 键 词：大单品战略、品牌引领、品质立基、文化铸魂、六位一体
主要品牌：泸州牌、国窖牌

---

① 21世纪白酒黄金十年发展期（2003—2015年），引用自2021年中国酒业协会宋书玉理事长在《中国酒业现状及科技发展趋向》主题报告。

如果说2003年开启了中国白酒的黄金十年，那么，始于2012年的行业调整，实际上是行业自身规律"熵增"的必然，是中国白酒从规模扩张型到高质量发展型转变的必然，其突出表现为中国白酒向原产地集中、向名酒集中、向品牌集中、向文化集中的明显趋势。

2015年，泸州老窖因势利导，果断调整，以刮骨疗伤的魄力解决了品牌含金量被稀释的顽疾，坚持品牌的清晰、聚焦与活化，不断提升文化底蕴、含金量和美誉度。泸州老窖进行品牌瘦身，实施"双品牌、大单品、三品系"品牌战略，启动"品牌复兴"工程。

在供给侧——提升品质，制定全产业链研发战略，开展高水平技术攻关，投建国内规模最大的智能化酿酒技改项目——泸州老窖黄舣酿酒生态园；积极开展白酒领域关键共性技术研究支撑中国白酒高质量发展，2015—2024年实施科技项目342项，制定标准176项，获得科技奖励54项，其中包括中国专利优秀奖1项、四川省科技进步一等奖1项、四川省专利一等奖1项。在消费侧——将品牌传播的核心聚焦于"以消费者为中心"，塑造了"让世界品味中国"全球文化之

近年来，泸州老窖先后在世界超过70个国家和地区开启"让世界品味中国"全球文化之旅

旅、"国际诗酒文化大会""2018年俄罗斯世界杯指定用酒""澳网冠名""国窖1573七星盛宴""故事里的中国""非遗里的中国"等一系列具有全国、全球影响力的文化IP和品牌工程，大大提升了品牌形象，并深深烙进了消费者心里。

2020年年底，在"十三五"末，"十四五"初，公司适时提出"136"战略目标，即坚定一个发展目标（坚定重回中国白酒行业前三目标），坚持品牌引领、品质立基、文化铸魂三大发展原则，建设"品牌""品质""文化""创新""数智""和谐"六位一体泸州老窖。

2019年，国窖1573单品销量破100亿元；2021年，泸州老窖营业收入突破200亿元，市值峰值突破4000亿元；2022年，泸州老窖荣登"2022全球最具价值烈酒品牌50强"，位居全球前三，同年，泸州老窖再次荣登"2022中国企业500强"；2024年，国窖1573上榜胡润品牌榜最具价值中国品牌十强，同时上榜TOP10价值增长品牌。

今天是一个供大于求、产品严重过剩的时代，市场竞争显著加剧，而市场竞争的核心是品牌竞争；今天同时是一个信息超载的时代，信息超载就意味着消费者的注意力稀缺，而消费者购买的前提是有效沟通。因此，除了让品牌随处可见外，我们还要善于与消费者进行无处不在的沟通，讲好700余年技艺传承和24代酿酒名门的品牌故事。

寻找岁月
陈酿的酒

THE STORY OF AGED BAIJIU COLLECTORS

大国工匠的老酒人生
老酒藏家中的白酒品评酿造专家

胡义明

- 四川成都人。从事白酒酿造品评勾调40余年。全国第五届白酒品评专家委员、酿造高级工程师，1993年荣获国务院颁发的"国家突出贡献专家"称号，享受国务院政府特殊津贴。现任中国酒业协会名酒收藏委员会副主席，全国白酒标准化技术委员会委员、中国酒业协会白酒年份酒管理委员会副主席，荣获"大国工匠"称号。

楔子

2023年4月27日，由泸州老窖股份有限公司副总经理、安全环境保护总监张宿义带队赴成都拜访一位酒界大师。

成都青羊区，金沙遗址博物馆西南侧的一家饭店，集古典元素与现代风格于一体。院里潺潺流水、绿树翠竹，屋内质朴典雅、古香古色。

位于饭店二楼的一间雅间，屋内呈现出阁楼式的三角空间，三角顶端悬挂着五组枝形吊灯，两边斜斜的墙面点缀着柔和的射灯。

一进门，宽敞的外间放置着沙发和茶几，旁边是一张桌子，往里走靠窗户的地方，是一张可以容纳20人吃饭的大圆桌。

此刻，在候餐区的沙发处围坐着六七位宾客，一边啜茶，一边惬意地聊天。

一个年轻人问道："您曾经说自己是泸州老窖的编外职工，其中有何故事呢？"

只见一位温文尔雅的长者回答道："是啊，我和泸州老窖有很深的渊源啊！"

"您能讲讲过去的那些事吗？"

"好啊，这可是一个很长的故事呢。"

长者坐在沙发上，面带微笑、若有所思。

他便是我们本篇的主人公——胡义明。

那是他一生最难忘的一段时光，在泸州老窖的求学经历曲折而精彩，周围一干人也不时发出赞叹的声音。

他的尊师好学赢得了师父们的青睐，在泸州老窖他不仅学到了酿酒技术，也感受到了泸州老窖国窖人的慷慨与温暖。

一如他后来所展现的那样，谦和、亲切又略带一丝严谨和威严。

在胡义明的讲述中，四十多年前的一幕幕慢慢浮现在大家眼前……

2023年，泸州老窖股份有限公司副总经理、安全环境保护总监张宿义（右）与胡义明（左）沟通交流

创业之初

1978年12月，党的十一届三中全会在北京胜利召开，拉开了中国改革开放的大幕。

次年，改革开放全面推进，发展轻工业成为当时最重要的国家战略。四川省作为中国白酒核心产区之一，素有"川酒甲天下"的美誉，大力发展白酒产业成为四川各个地区发展轻工业的不二选择。

在这样的背景下，作为四川省成都市双流县政府乡镇企业局的工作人员，年仅23岁的胡义明受命在二峨山下创办酒厂。

据胡义明回忆："当时我不太情愿去，因为我根本就不知道酒厂是干什么的，我的梦想是当一名大学生，再继续进修，但最后我还是应上级指示答应了，上级拨给我4个转业军人，加上我共5个人，让我去指定地方考察。"

1979年冬天，二峨山下籍田镇。

横在胡义明面前的是一条小河,指定考察地点就在河的对岸。他举目四望,没有桥。没有其他办法,他只好脱掉鞋子准备蹚水过去。冬天的河水冰冷刺骨,正当他做足心理准备要踏入小河的时候,突然瞥见不远处有一位年纪大概七八十岁的老大娘也准备蹚过去。

他心里嘀咕:这么大年纪,这么刺骨的水,这样蹚过去可还行?

于是,胡义明过去询问老大娘,得知她有要事着急过河。胡义明就主动背起老大娘过河,寒冷的河水让他头脑异常清醒,他边走边琢磨建酒厂的事。设身处地来想,如果酒厂建在河对岸,工人冬天需要蹚水过河,此外夏天万一涨水了,工人也上不了班。

带着这样的思考,胡义明送完老大娘到对岸后又折返回去,重点考察河这边的地理情况。在河的这边他惊喜地发现有一股很旺的泉水,足以满足酒厂的用水之需。就此胡义明专门向领导请示。领导们综合意见并多方考察后,采纳了他的提议,将酒厂建在了不用过河的这边——二峨曲酒厂就此诞生。

酒厂离二峨山很近,周边是农业区,只生产粮食,经济发展不是很理想。最初,酒厂就地取材,以高粱为原料,泉水由河边挖井、铺设800米左右的管道直接引到厂里。起初二峨曲酒厂生产小曲烧酒,由于小曲酒有7天的发酵期,就建了7个窖池轮换作业。

虽然条件很简陋,技术也有限,但大家的酿酒热情都很高涨。胡义明说:"当时我们5个人吃饭都是每天自带大米,有的人带豆瓣,有的人带腌菜,蒸粮①的时候就把米放在里面。粮食蒸好了,饭也蒸好了,我们就着豆瓣和腌菜来吃。我记得当时我妈做的豆瓣特别受大家欢迎。"

由于技术条件有限,二峨曲酒厂生产的白酒并没有特别的优势,也不赚钱。胡义明开始静下心来观察白酒市场,他发现随着人们生活水平和消费水平的提高,普通散白酒不再受欢迎,反而是瓶装酒开始蔚然成风。他下功夫和糖酒公司交流,打听到瓶装的大曲酒既好卖,售卖价格又高,还容易拿到生产计划。

于是,经过深思熟虑后,胡义明决定学习酿造大曲酒。

---

① 川法高粱小曲酒酿造共有蒸粮、糖化、发酵和蒸馏四个工序。其中蒸粮是酿造白酒的关键一步,分为浸泡、初蒸、焖粮、复蒸几个阶段。我们经常会听到酿酒的老师父说"大火蒸粮,中火蒸酒"这句话。

1992年全国著名白酒专家沈怡方（居中）一行考察二峨曲酒厂

艺从泸州老窖

到哪儿去学大曲酒酿造技术呢？成了困扰胡义明的新问题。

当时双流县就有一家酒厂，但隶属于商业局，而胡义明是供销社[①]的工作人员。他自忖道："这是两个系统，一旦学成就是竞争对手。所以，这条路行不通。"

一番思考下，胡义明直接去四川省糖酒公司申请了介绍信，带着介绍信可以去四川知名酒厂学习。

---

① 20世纪80年代，商业局管城市流通，供销社管农村流通，二者在经济中联系紧密，曾经在时代的浪潮中经历过"三分三合"。

几经周转，胡义明联系上了泸州老窖的赖高淮①总工程师，说明了原委，没想到赖总工十分爽快地应下了，这给了胡义明很大的鼓舞。到了泸州老窖后，张福成②副厂长接待了他，并安排他到营沟头车间（现泸州老窖酒国家非遗传承中心，下同）学习，车间主任是赵子成。

1982年，胡义明（第二排右二）参加宜宾地区③首届大曲工艺技术培训班时留影（时任泸州老窖生产厂长的赖高淮位于前排右三）

---

① 赖高淮（1934年2月—2023年4月20日），四川泸州人，1951年7月毕业于泸州农校，之后考入军校，曾参加抗美援朝战争。1955年转业到泸州老窖曲酒厂工作，历任该厂化验员、技术员、助理工程师、科长、副厂长、高级工程师、总工程师等职务，为我国白酒行业和科研单位培养了大批人才。赖高淮1991年被美国酒业董事会授予"国际酿酒大师"最高荣誉称号。1984年四川省政府授予其"为四川发展名酒，提高名酒质量作出重大贡献"荣誉证书，其享受国务院有突出贡献科技专家的政府特殊津贴。

② 张福成、赵子成、李友澄均是泸州老窖酒传统酿制技艺第十七代传承人，他们被称为"酒城三成"。20世纪50年代，他们所发明和总结的酿酒技艺"三成操作法"后来成为中华人民共和国成立后泸州老窖和全国众多酒厂采用的白酒酿造技艺。

③ 1960年，国务院批复撤销泸州专区，所属市县划归宜宾专区；1983年，国务院批复同意将地辖泸州市改为省辖市。

胡义明非常珍惜来之不易的学习机会，对师父赵子成非常尊重和感恩，工作十分卖力，夜以继日地学习，很快就得到了师父的认可。泸州有唯一一家卖卤鸭子的店铺，深受消费者喜欢，为了表示对师父的感谢，胡义明常常把他的微薄工资全部拿出来，晚上下班后请师父吃卤鸭子，作为下酒菜。

胡义明只身在外，师父赵子成非常关心他的生活，便让他搬来和自己一起住。

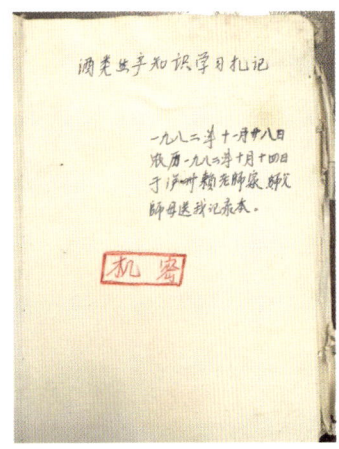

胡义明珍藏的1982年赖高淮夫妇赠送的记录本，本子上写满了酒类生产的学习笔记与心得

胡义明在泸州老窖参加培训班时获得的学习资料

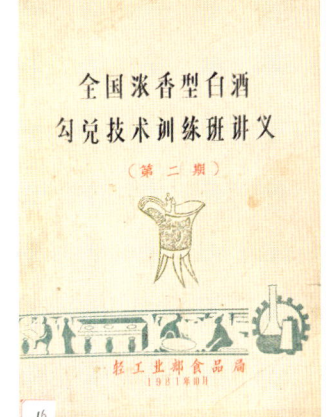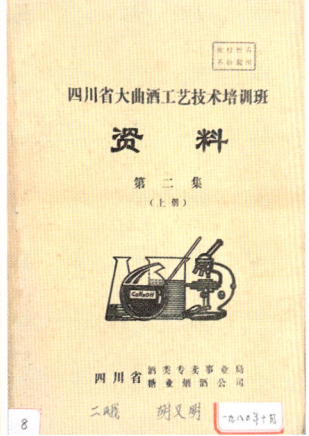

20世纪80年代初，胡义明在泸州老窖国宝窖池（现泸州老窖酒国家非遗传承中心）学习酿酒、勾调、制曲技术时的部分学习资料

胡义明在泸州老窖学习期间所做的部分笔记

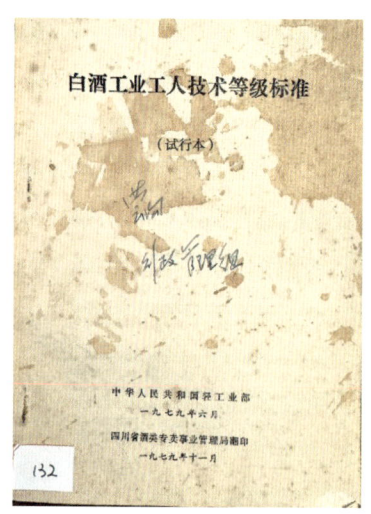

胡义明珍藏恩师赵子成赠送的学习资料,封面标注"营沟行政管理组"("营沟"即为泸州老窖国宝窖池所在地三星街"营沟头")

胡义明回忆道:"身为车间主任,师父在车间里是有一个房间的,在木楼楼上。后来我跟师父关系好到什么程度呢?他有一个每天记录生产情况的本子,毫无保留地给我看,后来还直接送给了我,我到现在都保留着呢!"

在营沟头车间学习了三个月的酿造技术后,胡义明想进一步学习勾调技术,于是厂里又让他到小市车间学习。学习勾调首先要学会品酒,胡义明原本是不喝酒的,但为了更好地学习,每天下了班都跟着师父们喝上二两。对此胡义明回忆道:"我的天,刚开始喝的那两天,走在从小市回营沟头的路上,我都是醉得左脚打右脚。"

那段日子,胡义明白天在小市车间学习勾调技术,晚上到营沟头车间参加体力劳动,他的身体明显消瘦。有一次他在厂里推鸡公车①,鸡公车很重,他体力

白酒酿制技艺传统工具——鸡公车

---

① 鸡公车:是西南地区一种手推式木制独轮车,因其形状像鸡,行进时又像鸡一样叽咕作响,因而得名。鸡公车系独轮着地,轻便灵活,无论是泥泞狭窄的小路还是平坦宽阔的大道皆可畅行无阻,是一种胜过人力担挑、畜力驮载,既经济又实用的交通运输工具。鸡公车存在的历史非常悠久,据说在三国时代就已经有了。

不够,差点栽到窖池里面去。一日,赖老的夫人钟老师在沱江桥遇见了胡义明,吓了一跳,说:"小胡,你怎么一下瘦那么多?"胡义明缓缓说道:"推鸡公车既考验了技术,也锻炼了身体,还是应验了酒行当的那句话,没有三百斤毛毛力,就不要进烤酒坊。"

一般来讲,酒厂调酒库是保密场所,不允许外人进入。但是师父们都没把胡义明当外人,也愿意栽培他,经常吩咐他去库里取样。

胡义明自豪地说:"别人是没有这个待遇的,那时候我就知道泸州老窖真有储存了50年的酒。"

每每回想,胡义明都感叹道:"泸州老窖的师父们都非常敬业,技术也过硬,对我是倾囊相授。"所以,他经常对外笑称:"我是泸州老窖的编外员工。"

"二峨"往事

学成归来,胡义明回到了"二峨",开始研究生产能够代表自家风格的二峨曲酒。

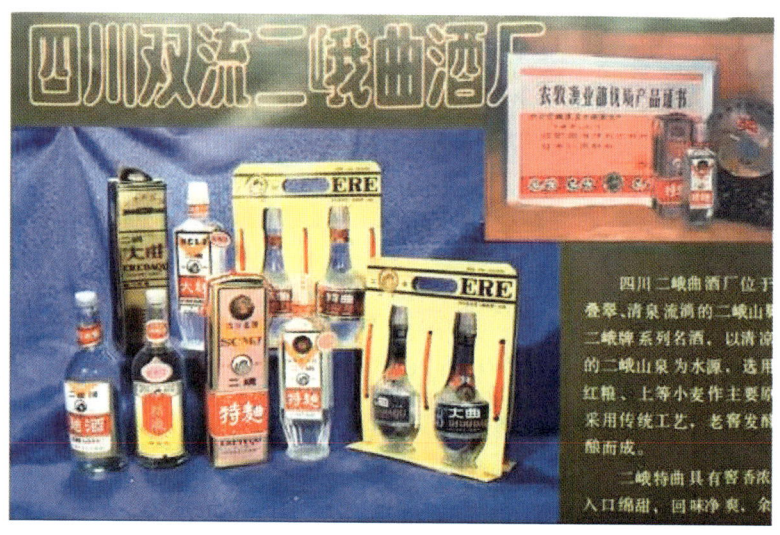

20世纪80年代,四川双流二峨曲酒厂介绍页

胡义明收藏的20世纪80年代四川省二峨曲酒厂生产的系列产品

  胡义明用从泸州老窖带回来的酒糟和窖泥起窖，亲自踩窖泥、勾调风味，用心钻研终于调制出了具有独特风格的酒。他得意地讲道："那时候我调的特曲酒，经常让吴晓萍①以为是泸州老窖，让范国琼②认为是五粮液。"

  回来后，胡义明随即把厂里四个车间主任全部派到泸州老窖去学习。这时还发生了一件啼笑皆非的事情。那是在这四个人到泸州学习1个月的时候，胡义明去看望，并请这四个车间主任在营沟头车间外面的一家火锅店吃火锅，那时二峨是没有火锅这一吃法的。火锅上来后，蔬菜、鳝鱼、猪腰等涮菜也上来了，这时胡义明的"大哥大"响了，他就去外面接电话了，由于通话时间比较长，就让大家先吃。结果他回去一看，好像有什么地方不对，就问他们是怎么吃的？他们回答说："直接吃的呗，这是什么火锅，怎么吃起来感觉怪怪的。"原来他们没有

---

① 吴晓萍，生于1953年，四川泸州人，国家级白酒评酒大师、高超技艺酒体设计大师。吴晓萍为中华人民共和国成立后的第一批女烤酒匠、第一批女评酒员。
② 范国琼，女，高级工程师，高级技师，1981年6月参加工作，跟随其父亲范玉平学习尝评勾调技术。

涮，把菜品和肉生吃了，胡义明听后哭笑不得。自那之后，"吃火锅"就成为二峨酒厂的内部梗流传至今。

这四个车间主任学成回来后都挑了大梁，所在的四个车间一直保持先进。后来，"二峨"的包装车间技术也是在泸州老窖培训的，包装女工一次就去了20个。就连胡义明的夫人也是在泸州老窖学习的勾调，后来被评为四川妇联先进人物，晋升为工程师。

"所以说，二峨曲酒厂的整个基础都是来自泸州老窖。"胡义明说。

正是在泸州老窖的大力支持下，二峨曲酒厂飞快发展。从1980年下半年胡义明带回泸州老窖的酿造技术，再到1988年二峨曲酒厂被评为名优白酒国家二级企业[1]，仅仅用了七八年时间。在省内参加评比时，二峨曲酒经常和泸州老窖一起获奖，而此时众多其他品牌的白酒尚处于起步阶段。

同时，二峨曲酒厂还先于其他厂家，在中央电视台和四川电视台上打广告，抢占了市场先机。据胡义明介绍，二峨曲酒从开始经营到走红，投入的广告费在400万元~500万元，仅仅在中央电视台黄金频道打了两个月广告，就花了75万元。这种先进的广告宣传意识让"二峨"品牌深入人心，二峨曲酒由此名声大噪。

谈起二峨曲酒厂曾经的辉煌，胡义明依然兴奋不已。他说，当时，籍田镇就只有这么一个大企业，很多本地青年人都想来二峨曲酒厂上班。二峨曲酒厂在鼎盛时期，厂门口排队买酒的车辆川流不息，直到深夜。

夕阳西下，天色逐渐暗下来。

这时，服务员进来，询问是否可以开餐。

胡义明招呼大家："来来来，我们一边吃饭，一边接着聊。"

在大餐桌前，大家纷纷落座。

勾调好的泸州老窖老酒，香气四溢，弥漫在整个屋中。

胡义明把酒杯拿起来习惯性地低头闻了闻，点点头，把酒杯高高举起说："感谢泸州老窖的朋友们来看我，来，干杯！"

"干杯！干杯！"

---

[1] 国家为提高乡镇企业素质、促进乡镇企业健康发展，1987年，开展了乡镇企业晋升国家级企业活动，所属关系由集体所有转为国有。

随着一杯杯美酒下肚，气氛逐渐升温。

有人问："全国评酒会是怎么回事？"

胡义明说："全国评酒会是酒类领域天花板级的盛会，第五届尤其盛大，我担任了这场评酒会的评委……"

第五届评酒会评委选拔的故事在胡义明的讲述中逐渐清晰起来……

大浪淘沙

中华人民共和国成立初期，百废待兴。白酒在中国有着悠久的历史，形成了独特的中国酒文化。1949年之前，整个酿酒行业满目疮痍，白酒生产基本停留在产量小、生产效率低的手工作坊水平，没有形成规模化生产。面对国家振兴工业的发展规划，尤其是提高人民物质生活的要求，有关部门为推动酒业发展，1952年，第一届全国评酒会应运而生。

全国评酒会的举办促进了中国酒类的技术进步和质量提升，对酒类行业起到了很好的提振作用。1952—1984年的三十多年间，共成功举办了四届全国评酒会，从最初的技术导向转化为市场导向和品牌导向，对地方经济发展起到巨大的带动作用，"当好县长，办好酒厂"成为各地普遍共识。因此，国家对于第五届全国评酒会的举办给予了莫大的重视与支持。

第五届全国评酒会于1989年1月在合肥举行，是历届评酒会中的最后一场。其筹备工作可以说从第四届之后就开始酝酿了。由中国食品工业协会牵头，从地方酒企中层层选拔专业人员作为评委，对评委的公正性和专业性有极高的要求。

作为二峨曲酒厂厂长的胡义明意识到："考上国家级评委既代表了考生个人最高荣誉，又代表了酒厂及所在地区的水平。"带着这份责任，胡义明踏上了参加评选第五届全国评酒

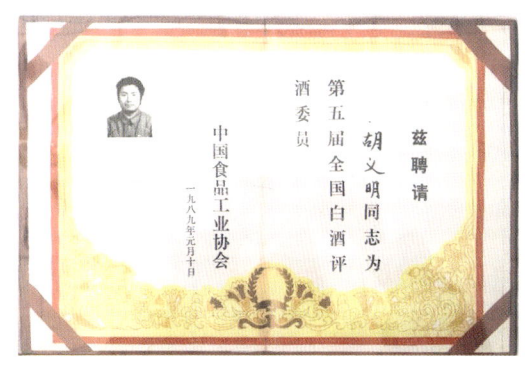

1989年，胡义明获得由中国食品工业协会颁发的"第五届全国白酒评酒委员"聘书

会评委的征程。

第五届全国评酒会评委需要经历县级、市级、省级和部级的四级考核认证。评委选拔有名额限制，如果地方推荐的产品或选拔出的评委在更高级的选拔中落选，便浪费了名额和机会。

当时，为了从全国各地的评酒高手中选拔出代表全国白酒行业水平的国家级评委，负责考评的老师们也是绞尽脑汁，设置了很多难题，目的就是把比分拉大，真正从好中选好、强中选强。

从1985年开始到1988年，胡义明先后经历了双流县、成都市、四川省和部级评委的四轮选拔，合计近五年时间。在这五年时间里，既要正常工作，还要为选拔评委做准备，胡义明几乎没有休息过一天，哪怕是春节。

第五届全国白酒评委和特约评委名单

胡义明回想当年："评委考试比高考严多了。我和季克良、吴晓萍、范国琼等是同一批考国家级评委的。"

当然，在这个过程中，国家也给予了极大的支持与帮助。比如商业部举办的制曲培训班，有45天的脱产学习课程，胡义明等学员不仅要学会制酱香、浓香、清香等不同香型的酒曲，还需要亲自粉碎粮食，粉碎程度要达到"梅花瓣状"，然后进行拌水、踩曲、称重等，每一块酒曲的重量要求非常精确，同样两块酒曲的重量相差不能够超过4两。

即便胡义明有之前在泸州老窖的学习基础，起初也相当困难。他讲道："开始我们的误差很容易就超过4两，后来经过反复练习，踩出来的两块曲子误差就

1989年，胡义明作为第五届全国白酒评委在评比会议现场留影

2两左右。然后还要观察发酵情况，评估发酵力，要是踩得不好或者是表面不光滑，导致水分挥发掉，表面可能就无法发酵，粮食就浪费了。"

那时候国家一培养就是30天、45天，也不用个人交钱。不像现在考品酒师5天、7天就结束了，可以说我们那一代人是国家培养的，因此我们一直心存感恩之心。

总体来看，第五届全国评酒会评委的选拔既严格又竞争激烈，既是对酒行业人才的一种鼓励，也是对全国评酒人才的一次公开选拔，更是体现了各级政府对于发展本地白酒行业以及培养酿酒人才的重视。

选拔结束时，时任四川射洪沱牌酒厂总工程师的岳光荣，得知自己考上之后，在房间里激动地高喊"中了"；还有的国家级评委在得知自己考上之后，躺在床上仰头大笑，这无疑是压力的释放。

从最终结果来看，第五届全国评酒会评委的选拔达到了预期目标，不仅选拔出了代表中国白酒行业最高水平的评委队伍，更重要的是这些人也都成为企业发

展的中坚力量，甚至很多担任了企业总工等职务。正如胡义明所言："那一届到最后仅选出44个人。里面大多数都是总工，很多总工后来都当了酒企董事长。"

令胡义明印象深刻的是，在国家级评委名单公布之后，《四川日报》头版头条对此进行了报道，把每一个人的名字都列上去了。

胡义明说："我们几个人回四川后，一下飞机就被戴上了大红花，《四川日报》头版头条也专项报道了我们。"后来，胡义明和范国琼还被评为"四川省十大杰出青年"，足见当时省委、省政府的重视程度。

此后，胡义明又当选为成都市劳动模范、优秀共产党员、人大代表。这一时期，《四川日报》《成都晚报》《华西都市报》等报纸经常把"胡义明"三字写在副标题上，刊载他带领酒厂又取得了何种成绩。

转职政界

由于胡义明入选为国家级评委、二峨曲酒也被评为国优产品，1993年他又荣获国务院颁发的"国家突出贡献专家"称号，享受国务院政府特殊津贴。成都市委非常认可胡义明的能力，专门开会研究，一致认为像胡义明这样的小伙子一定不能在企业上待太久，还是要给予其政治前途的。

刚开始调动时，胡义明还不愿意走，"我是真舍不得酒厂，那时候酒厂效益非常好，我们已经考虑在A股上市了。"

当时胡义明任二峨曲酒厂厂长，手下有两个副厂长。就在胡义明犹豫不决的阶段，其中一位副厂长被调到双流县委任常委，另一位副厂长隔了一年也被调走，后又到成都市中级人民法院经检委任职。

由于上级的一再要求和左膀右臂的相继调离，到了1994年，胡义明最终还是转职政界，直接从双流县委经成都市同意将其调到了省人民检察院。

酒过三巡。大家开始起身，逐次敬酒。此时是酒桌上最为融洽之时，美酒让每个人都有些醉意，相互敬酒使得大家都变得谦和，也让大家对于这份情谊，不得不表示回赠，将杯中的白酒一饮而尽。

迟来的收藏家

第五届全国评酒会是历届以来规格最高的。中央部委、各级政府全部参与其中，筹备过程全国总动员，历时三四年；选拔过程史上最规范、最严格；参选厂家竞争激烈，甚至到了严苛的程度；产品质量均是各厂家史上最高等级。"为了能在全国评酒会上脱颖而出，这些酒厂都筛选出最好的佳酿进行参选。"胡义明笑着回忆道。

现在看来，此次评酒会对于酒企和老酒收藏具有重要意义，评选出的名酒数量也创下了历史上的最高纪录。首先，这次评酒会的奖项数量是历届评酒会中最多的。参赛样品酒的种类达到了362种，其中浓香型198个，酱香型43个，清香型41个，米香型16个，其他香型64个。评酒会最后决出了17款金质奖酒（也被称为十七大名酒）和53款银质奖酒（也被称为五十三国优），堪称中国白酒传统文化的代表。

评酒会成功举办之后，会场留下了全国所有参赛厂家的评酒样品，均是各大酒厂的顶尖产品。胡义明为了进一步学习并充分吸收各家之长，以便研发二峨曲

2022年，泸州老窖集团（股份）公司党委书记、董事长刘淼（左）与胡义明（右）交流

2022年4月17日,"名酒70年 荣耀鉴新篇"泸州老窖全国巡回鉴评会启动仪式在泸州举行,由中国酒业协会理事长宋书玉(左五),泸州老窖集团(股份)公司党委书记、董事长刘淼(右四),胡义明(左四)等诸位领导共同开启启动仪式

酒厂的金牌产品为名头,将参赛的360余个品种全部买下,足足装满几个货车车厢,不远千里运回成都,存放在仓库的一个大展厅内。

后来因酒厂库房压力大,有一部分就搬到成都及双流的门市部卖了。胡义明实在舍不得,就掏出积蓄买了一部分评酒样品。几经搬迁,保存至今。

对此,胡义明笑谈:"改革开放以后,老酒市场兴起了,我怎么突然还成了收藏家了?"

不可否认的是,这些藏品似乎在冥冥中引领着他在走出酒业领域多年后再一次回归白酒行业。退休后的胡义明受邀加入中国酒业协会名酒收藏委员会①,

---

① 中国酒业协会,原名中国酿酒工业协会,是由从事全国酒类产品酿造、经销、科教、装备及为其服务的企事业单位、社会组织和个人自愿结成的全国性、行业性社会团体,是非营利性社会组织。该协会现下辖白酒分会、名酒收藏委员会等27个分支机构。

2023年6月13日,在胡义明老酒荟门前合影留念【四川中国白酒金三角酒业协会副会长陈吉福(前排左一)、泸州老窖股份有限公司副总经理、总工程师沈才洪(前排居中)、中国酒业协会名酒收藏委员会副主席胡义明(前排右一)、老酒收藏家王金海(后排右三),后排为泸州老窖公司相关人员】

胡义明名酒品藏馆一角

2024年，泸州老窖股份有限公司副总经理、安全环境保护总监张宿义（左）、泸州老窖股份有限公司企业文化中心总经理李宾（右）在胡义明（中）名酒品藏馆赠书并合影留念

担任副主席一职，以专业技能继续为白酒行业、老酒发展做出贡献。

毫无疑问，陈年白酒收藏已成为当下一个方兴未艾的行业。

比起"老酒"，胡义明更喜欢"陈年白酒"这个说法。他指出："'陈年白酒'这个提法最早是酒类生产企业提出的，名优白酒的生产普遍需要用陈年白酒来对基酒进行调味，加入少量的老酒就可以使基酒发生神奇的变化，醇厚陈香，对酒的口感起到画龙点睛的作用。各大酒企每年都要精选少量高质量白酒，形成时间梯次作为调味酒储备。因此，各大酒企均视陈年白酒为企业最宝贵的核心战略资源，非常稀缺。"调味属性，从生产端来讲，可以说是陈年白酒（老酒）最早的价值属性。

老酒收藏的五大要素

胡义明认为，一款白酒产品主要是由品牌、品质、价格构成其品牌价值。而品牌价值很大程度上取决于这款产品的质量、历史文化底蕴以及产品背后的故事。

从市场端来看，陈年白酒的价值属性还有饮用、历史、文化乃至金融、健康等。

2024年，胡义明在泸州老窖全国鉴评会活动上鉴评国窖1573

正如胡义明所讲："在饮用价值方面，由于时间的沉淀，酒体中挥发性物质含量降低，使得白酒香气更优雅、味道更醇厚、回味更舒适、对人体刺激更少，更加健康。这是陈年白酒之于中国白酒风味的一种完善。"

历史价值与文化价值则体现在岁月的传承上，这是无法复刻的。

一瓶存放10年以上的陈年白酒，承载着中华民族传统文化及社会发展各阶段的风俗文化，以其完美的成色，体现了珍贵的历史价值和文化价值。

"每一瓶老酒都是一个生动的故事演绎，比如一瓶20世纪60年代的泸州老窖特曲，我们第一印象就是当年的时代特征，连一个简单的商标都是时代印迹，代表着当年最高的商标手绘技艺水平，这些都是历史价值的展现，远远不是金钱所能衡量的。"

中国白酒实现金融属性，对于世界而言也是一个壮举、一次突破。

此外，白酒行业正在以陈年白酒为切入口，对中国白酒的健康属性进行研究，若真有一天其健康属性被确立，中国白酒不但实现跨越式发展，也为走向世界开启了一条坦途。

当然，从普通消费端来看，陈年白酒的收藏价值当属第一。

什么样的酒值得收藏？胡义明从五大要素具体阐述了收藏方向：

2024年3月23日，在泸州老窖"中国浓香七百年　荣耀传承鉴新篇"瓶储年份酒鉴评会泸州站活动现场，胡义明以"2024年泸州老窖瓶储年份酒收藏价值指数"为主题进行分享

一要看品牌：系出名门的名酒。首选全国第五届评酒会评出的17大名酒，53种优质酒。收藏酒和收藏字画是一样的道理，正如收藏字画应选名人，收藏酒亦应主选名企名酒。

二要看时间：存藏时间越久远越珍贵，价值越高。

三要看品相：品相是决定藏品价值的关键，岁月更迭，存留下来的老酒品相则参差不齐。另外瓶装酒作为非窖藏酒，其在灌装前已经过调制，完善了酒质和成分，在经过多年存储后，其酒质也非常稳定。

四要看存世量：现存数量越少的酒，越珍贵，价值越高。

五要看酒精度：一般50度以上为佳。高度优质酒适合陈藏。

讲好老酒故事

2023年4月20日上午10时03分,酿酒大师、泸州老窖原总工程师、泸州老窖酒传统酿制技艺第十九代传承人赖高淮先生在成都辞世,享年90岁。

2023年4月22日下午3时,赖高淮先生追悼会及遗体告别仪式在四川泸州海会堂殡仪馆举行,大厅外的道路两旁摆放着社会各界人士送的花圈。

在那个激情岁月辛勤耕耘的老一辈创业者和匠人们,如今都已是两鬓斑白。胡义明手持白菊花,顺次进入大厅,对着赖老遗容深深地三鞠躬。那一刻他在泸州老窖学习时的往事一幕幕涌上心头,眼泪夺眶而出。

他说:"非常感念赖老在我最困难的时候帮助了我,'二峨'的整个基础都是来自泸州老窖。"

虽然一代大师陨落,但大师谱写的老酒故事还将继续……

胡义明说:"我曾多次在公开场合呼吁,老酒价值被严重低估,老酒是讲好中国白酒故事最重要的组成部分。"

头部酒厂纷纷开展品牌价值提升工作。就老酒收藏而言,不管是领导个人意识还是企业运营策略,都比以往任何时候更加重视老酒,如2010年泸州老窖策划了"见证中国荣耀 老酒中国寻"活动,希望能够有效促进老酒市场健康发展,讲好中国老酒故事,促进老酒价值回归。

胡义明(右)在泸州老窖学习期间与时任泸州老窖生产厂长的赖高淮(左)的合影

2024年，胡义明正在给泸州老窖相关领导讲解其名酒品藏馆的藏品故事

2024年，泸州老窖赠送胡义明"立业尚在年少 师从泸香酿艺 鉴评古今佳酿 创建二峨 醇厚尤当酒老 回归诗酒田园 藏珍中外玉液 品重双流"的对联（李宾撰联，罗杰书）

但正如"百花齐放才是春"。对于老酒的认识，各个群体理念不一，有人当作是谋生手段，有人认为是文化遗产。胡义明坚持老酒收藏要走群众路线，才能充分发挥市场作用，形成健康的、符合市场规律的老酒价值体系。也因此胡义明特别反对商业炒作。他说："我不想参加只顾赚钱的工作，因为那拨人铜臭味太重了，太重利益了。我是要推动老酒这个产业的发展，促进中国白酒进一步地健康发展。"而短视的炒作获利行为，不仅会伤害到生产企业和真正收藏爱好者的长期利益，更不利于老酒价值体系的正常建立。

近年来，在"互联网+"趋势下，老酒逐步从小众圈子走到了大众的视野面前。老酒作为中国特有的酒文化传承载体之一，老酒文化成为中国传统文化中亟待开发的"沃土"，随着时间的推移，老酒必将绚烂多彩。

是的，弘扬中华传统酒文化，讲好中国白酒故事，当是以胡义明老先生为代表的酒业人的共同愿望。

"寻9"札记

随着胡义明老师的讲述，我们也仿佛穿越到了那个激情燃烧的岁月。

20世纪80~90年代，中国正从计划经济走向市场经济，以胡义明老师为代表的那一辈人，通过艰苦努力为改革开放后的中国经济发展贡献出重要力量。

在这个过程中，像"二峨"这样的地方白酒企业纷纷或重组或倒闭，这些品牌虽然可能发展良莠不齐，但留下的那些故事与文化依然值得关注。

同时，全国评酒会已不再举办，"中国名酒"成为"绝唱"，奠定了当下中国白酒行业格局。

胡老师正是这段历史的亲历者，通过他的故事，我们看到了那个时代的风云变化和艰苦卓绝。

在访谈的最后，我们问了胡老师一个问题："对于我们这些后辈来讲，回顾一生的经历，您能给我们什么样的人生建议？"

胡老师略作思忖，缓缓说道："第一，我主张人要干一行爱一行，你始终干那一行，很可能你就是专家。你看有些人经常跳槽，跳到老了，还是不知道自己想要做什么。第二，艺可养身。古人说的是真的，我学到了品酒的技术，现在还能很好地发挥我的作用。不一定都要去过独木桥，好好地学一门本事，学一技之长，一辈子受益。这是我的亲身经历，只要你精通一门技艺，这个技艺会给你带来一辈子的快乐。第三，要做一个正直善良、谦虚宽容、诚实守信的人。这是先贤的智慧，也是一个人一生的修行之路。"

酒界泰斗周恒刚与泸州老窖的浓香岁月

中华人民共和国成立后,共举行了五届全国名酒评酒会,分别为:1952年第一届,在北京举行;1963年第二届,在北京举行;1979年第三届,在辽宁大连举行;1984年第四届,在山西太原举行;1989年第五届,在安徽合肥举行。

五届全国评酒会对我国白酒产业,以及如今的老酒行业影响深远。在所有的白酒(老酒)赞誉中,大家最常听到的就是"四大名酒""老八大名酒""新八大名酒""十七大名酒"等,这些称号都是因全国评酒会而产生的。国内一线白酒品牌都曾上过榜,可见其影响力之大。此外,五届评酒会上评选出来的白酒,在今日的老酒行业中也都是被重点珍藏的产品。

作为唯一蝉联历届"中国名酒"称号的浓香型白酒,国内酒界泰斗们对泸州老窖有着至高评价。中国酒界泰斗秦含章曾说:"泸州老窖代表了中国酿酒工业的最高水平。""方法的建立,标准的建立,首先是从泸州老窖出发,所以说它是鼻祖。"

而酒界泰斗周恒刚老先生提及泸州老窖"浓香正宗"这几个字时,曾说:"这是有历史渊源的。"

1989年,泸州老窖蝉联五届国家名酒庆祝大会现场

泸州老窖是唯一蝉联五届"中国名酒"的浓香型白酒

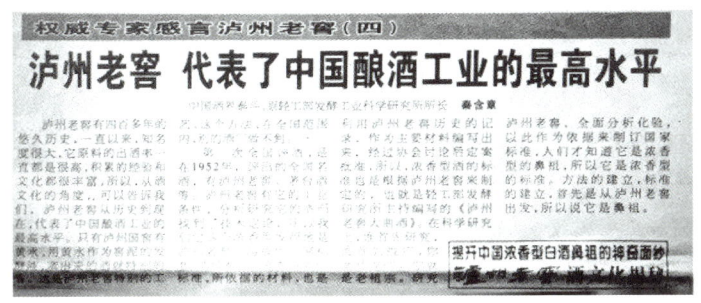

2005年12月1日,《四川工人日报》刊发酒界泰斗秦含章署名文章《泸州老窖代表了中国酿酒工业的最高水平》

  周恒刚对泸州老窖情深意重,为泸州老窖的发展做出了不可磨灭的贡献。2023年12月6日,由中国酒业协会指导,泸州老窖股份有限公司主办的"品味450年 名酒荣耀鉴新篇"泸州老窖专场鉴评会,在北京圆满收官。活动现场,中国食药促进会发酵食品专业委员会专家顾问、酒界泰斗周恒刚之女周心明,以《浓香里的岁月》为主题,倾情讲述了其父亲周恒刚与泸州老窖的动人故事和难忘记忆。

2023年，酒界泰斗周恒刚之女周心明女士在泸州老窖巡回鉴评会活动现场分享《浓香里的岁月》

周恒刚曾担任过第二、三、四届全国评酒会专家组组长，是连续三届给国家级评委出题打分的主考官，是划分白酒香型的开创者，也是名酒评选的见证者。他主持第二届全国评酒会，评选出八大名酒；他提议并起草了中国白酒香型标准，其中确立了以泸型酒为典型代表的泸州老窖特曲成为浓香型白酒的标杆。

1989年，周心明随同父亲来到了泸州老窖国宝窖池参观，周恒刚说："活文物是泸州老窖人的福祉，能酿出液体黄金，是你们的真功夫，这酒达到了天人合一的境界。"

在泸州老窖的泸型酒质控中心，周恒刚在调研质控中心的管理及人员情况后，给当时的管理层提出了一个要求："技术人员必须要下基层，到一线锻炼。"四十余年来，泸州老窖不管如何发展，仍然坚持这条铁律，并写进了企业管理规定中。

这一时期正值浓香型白酒销量爆发的黄金期，各地酒厂为了拓展自身销路，纷纷打着"浓香正宗"的旗号。周恒刚知道此情况后，便同相关专家研讨并表示："白酒香型可以再创，但标杆不容撼动，否则，企业就没有遵循的标准了。泸州老

酒界泰斗周恒刚与泸州老窖的浓香岁月 **延伸阅读**

1989年，白酒泰斗周恒刚先生（左一）亲笔题写了"浓香正宗"赠予泸州老窖

1989年，周恒刚（前排居中）与泸州老窖科研所成员合影

2001年，周心明（右一）随同父亲周恒刚（居中）考察泸州老窖

窖就是浓香型白酒的代表，是一面旗帜，一个标杆！"随后，他在泸州老窖的工作会议上肯定"浓香正宗"非泸州老窖莫属，并为泸州老窖题写了"浓香正宗"四个大字。

2002年，周老作为专家组组长，组织对泸州老窖酿制的"国窖1573"酒进行鉴评。他盛赞"'国窖1573'酒如一位美人，增之一分则长，减之一分则短，真是恰到好处……无可挑剔！"并将"国窖1573"酒确定为中国白酒鉴赏标准级酒品，强调必须推动中国白酒步入超高档消费品牌领域，走出国门与世界级知名蒸馏酒品牌争奇斗艳。

同年，60集大型纪录片《黄帝内经》上映，其中"对酒当歌"一集在泸州老窖拍摄，影片中，周老讲述了"医"的繁体字和酒有着密切关联，"酒药同源，古人也"，这次也是周老最后一次在业内授课，他的身影定格在泸州老窖的光影里，成为永恒的怀念。

2018年，泸州老窖在国窖广场隆重举行"纪念中国白酒泰斗周恒刚诞辰100周年"活动，包括中国酒业协会领导及全国各地的专家、学者皆出席了本次活动。

酒界泰斗周恒刚与泸州老窖的浓香岁月 **延伸阅读**

2002年,"国窖1573"鉴评会上,周恒刚对"国窖1573"给予高度评价,盛赞"国窖1573"酒"如一位美人,增之一分则长,减之一分为短,恰到好处……无可挑剔!"就此将"国窖1573"确定为中国白酒鉴赏标准级酒品

2018年,泸州老窖"纪念中国白酒泰斗周恒刚诞辰100周年"活动合影

寻找岁月
陈酿的酒

THE STORY OF AGED BAIJIU COLLECTORS

路漫漫而心有所依
极致的老酒收藏大咖

郑杰

- 四川自贡人。中国陈年白酒著名藏家，老酒圈副会长，中国酒业协会名酒收藏委员会常务理事，一级品酒师。收藏有老酒品种近万种，藏品遍及华夏名酒。

楔子

时间书写着历史,也沉淀成了老酒品质,老酒是唯一能喝的古董。

2013年,在天津的老酒市场上出现了一瓶20世纪50年代生产的泸州老窖大曲酒,这款酒也是首届全国白酒评酒会的获奖产品。

消息不胫而走,传到了四川一位老酒收藏大咖的耳朵里。

他便是川酒收藏大家郑杰,在老酒收藏圈中被戏称"饕餮"。饕餮者,好饮食,只入不出。

与很多"以藏养藏"的收藏爱好者不同,"只进不出"是郑杰收藏老酒的最大特点,在收藏老酒的20余年里,他从未售出过一瓶酒。不仅如此,他收酒从不还价,照单全收,堪称老酒收藏界的终极买家。

这瓶20世纪50年代的泸州老窖大曲酒,与这位收藏大家曾演绎了一段互相奔赴的动人故事,在老酒圈传为美谈。

当郑杰得知这瓶生产于20世纪50年代的泸州老窖大曲酒出现在天津市场时,便知此酒身价不凡,乃世间罕有。他没有半分犹豫和耽搁,第一时间托朋友迅速前去"验货"。经过反复查验确认其货真价实之后,为保万无一失,朋友李洪双、靳卫卫二人便亲自从天津出发,给远在自贡的郑杰送酒。

行程需要先从天津坐火车到重庆,到站后再换乘郑杰派来的专车前往自贡,全程约2100公里,持续20多个小时。

这二人同是收藏界的友人,深知这瓶酒的价值,在运输过程中,两人全程异常谨慎,生怕有任何闪失。李洪双始终将酒紧紧抱在怀里,靳卫卫全程守护,片刻不敢离身。二人连卫生间都不敢去。2000公里外的郑杰亦是翘首企盼,如坐针毡。

直到第二天的凌晨两点钟,二位友人将这瓶老酒亲自交到郑杰手中,三人才如释重负。

这瓶酒是已知的存世较早的一瓶泸州老窖大曲酒,价值连城,堪称"殿堂"级藏品,如今陈列于郑杰的"三开堂"中。时至今日,郑杰仍对当时的情形记忆犹新,并感怀于二位酒友的严谨负责。

数十年如一日的坚守与热爱,造就了在数万种藏品中,郑杰每瓶都亲自登记、鉴别、研究的习惯,而这,正是老酒人的极致浪漫。

"三开堂"收藏的20世纪50年代泸州老窖大曲酒

少年的收藏之乐

四川被称为中国白酒"金三角"、世界白酒的"波尔多",四大产区(泸州、宜宾、绵竹、邛崃)名酒辈出,六朵金花各具风韵。北纬28度特有的地理生态环境,赋予了四川酿造美酒的专属条件。

在这座天府之国有个面积最小的地级市,它就是自贡。自贡北靠成都产区,南邻泸州产区和宜宾产区。可以说,自贡人对川酒有着与生俱来的熟络。

自贡有"千年盐都"的别称。自贡人民采卤制盐的业态,可以追溯到公元76年,距今已有近2000年的历史。1939年因盐设市,"自贡"是由"自流井"和"贡井"两个盐井名字合称而来的。时至1957年,自贡共有自流井盐厂、贡井盐厂、邓关盐厂、大安盐厂这四大盐厂。

距离自贡市区35公里之远的邓关盐厂,是一个内部生活配套设施齐全、自成体系的工业小镇。工友们下了班,经常聚在一起递烟酌酒,谈笑风生。

20世纪60年代,我们本篇的主人公郑杰,就在这样其乐融融的氛围中长大。

由于烟、酒是厂区职工间最常见的社交物品,郑杰从小就对父辈们抽烟喝酒习以为常。最初,郑杰发现烟盒上精巧的图案很有趣,就攒起烟盒来把玩,同样的,酒标也理所当然成为郑杰着迷的玩具。由于烟、酒都属于生活中常见的流通品,这使郑杰的童年可以源源不断地收到"礼品"。

贯穿一生的爱好,常见之于童年。

据郑杰回忆,那时候很多名烟好酒需要特供的烟票、酒票,买不到也买不起,当地真正买得起、见得多的香烟有"红樱""飞雁""金沙江"等。常喝的酒就是国家优质酒和四川的二线名酒,比如尖庄酒、绵竹大曲、古蔺大曲、文君酒、玉蝉酒、宝莲酒等。一般工人喝翠屏春酒、泸州老窖三曲、沱牌三曲等。

烟盒、酒标虽小,其背后的文化价值不容小觑。这些设计考究的图案,展现了当时的社会风俗、历史文化、城市风貌,是浓缩的时代艺术。

就这样,随着烟盒、酒标图案的审美变化及其背后的风俗文化变迁,郑杰也在无意识间接受着传统美学的培养。转眼几十年过去,儿时玩的烟盒、烟标一直都在,陪伴郑杰度过人生的风风雨雨。

20世纪80年代,18岁的郑杰踏上了从军之路。3年后退伍归来,他被分配到了自贡市人民银行就职。这在当地可谓是十分体面多金的工作,也为他后期收藏

爱好的演变升级提供了更多的渠道。

郑杰从关注酒标到真正关注实体酒，大约是在20世纪80年代末。

众所周知，四川省是产酒大省，酒厂众多且产品丰富，堪称四川特产之最。三线建设时期[1]，邓关盐厂有许多来自北京和天津的工程师，他们放假回家时总会带点四川的土特产，泸州老窖、郎酒等经常是馈赠佳选。

这个细节给郑杰留下了深刻的印象，让他认识到除了酒标之外，一瓶酒还蕴含着多个层面的价值。就这样，他拓宽了他的收集目标，从单纯收酒标转向了实体酒。

起初，郑杰只是收集别人不要的酒，比如有人搬家，或者有人把不喜欢喝的酒进行处理，他就会及时把酒"抢救"下来，纳入自己的收藏库。这一时期酒价并不贵，对于郑杰来讲，收集白酒本质上与收集烟盒、酒标一样，纯粹为了有趣。有时到外地出差，也会顺手买一两瓶当地的特色好酒，这样日积月累，藏品便逐渐丰富起来。

在改革开放以前，中国有数不胜数的酒作坊，但有酒标的毕竟不算太多。因为那个年代不提倡创新，而且酒厂只负责酿酒，销售是供销社、糖烟酒公司的事儿。

直到改革开放后，国企改革下放了一定的自主经营权，酒厂自负盈亏，酒标才开始慢慢丰富起来。

每一瓶老酒都亲自过手

1999年，郑杰结束了14年的银行工作，乘着下海经商的浪潮，做起了建筑建材生意。从商之后的郑杰，资金更加充沛，对老酒的热爱也更加"疯狂"。得知哪里有他没有的品种，不惜代价、不远万里也要收入囊中。

步入21世纪之后，市场供应的老酒产品逐渐丰富，人到中年的郑杰也开始考虑系统梳理他的藏酒，对标五届全国评酒会的上榜名酒，进而有针对性地收藏。

---

[1] 四川在著名的"三线建设"范围之内，1964—1980年，三个五年计划的15年间，共计400多万学者专家、年轻干部、熟练工人以及成千上万的农民工，在"好人好马上三线"的号召下跋山涉水，来到川、贵、云、青等"大三线"地区支援"三线工程"。在"三线地区"，经常可以见到从异乡奔赴而来的国家栋梁。他们支援了地方的建设发展，而地方上出产的包括老酒在内的特产，无疑也是他们青春岁月的代表性印迹。

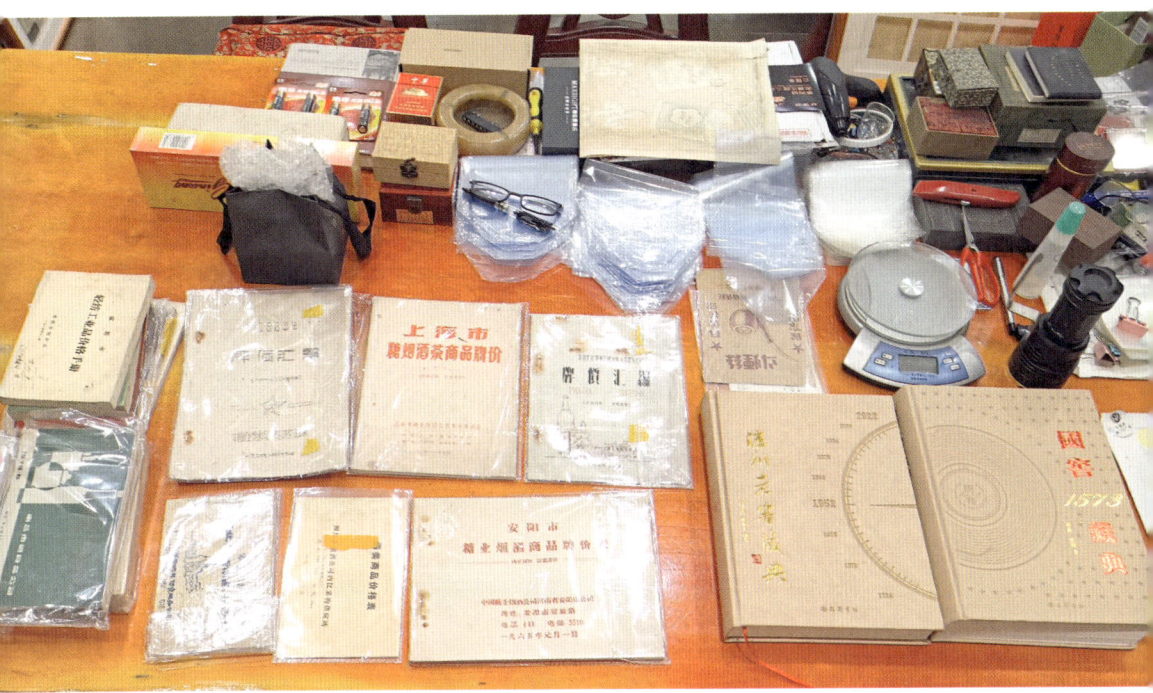

"三开堂"收藏的20世纪全国各地不同的商品价格、产量等资料

在收酒过程中,他也会注重收集藏品的相关文献资料,并孜孜不倦地学习老酒知识。可以说,那些详细记录着当时白酒生产背景、销售情况等珍贵的文献资料,为老酒的历史文化价值提供了有力的佐证。

发自内心的热爱都藏于实际行动的细微之处。每收回一瓶酒,郑杰都会亲手擦拭得干干净净,小心封膜,然后称重,记录酒瓶、酒标、酒体等特征,并将相关资料一一对应,登记归档。他知道每一瓶酒的放置位置,两三年后拿出来再称一称,看看有没有跑酒[①]。如果跑酒,就分析原因,摸索更好的贮存方式。他将藏品和相关老酒文献资料一一对应,并及时查漏补缺,其藏酒丰富度和系统性逐步迈上了新台阶。

一切琐碎庞杂的工程,在爱好者眼里都是享受的过程。郑杰对于他的宝贝们有着极大的耐性,一有空了就会欣赏把玩。不论名贵的高端品牌酒,还是平凡低

---

① 跑酒:指因保存不当或瓶口密封不严,导致瓶中酒体挥发、酒液减少、酒味变淡等情况。

"三开堂"收藏的泸州老窖大曲酒、泸州老窖莲桂香补酒酒标

调的小众酒,只要加入郑杰的收藏王国,每一瓶酒都有着自己的专属证明。

即便收藏酒十余年,那时的郑杰尚没有"老酒"的概念,喝酒的时候也不分新老。直到2010年前后,公众对于老酒的概念才有了更加清晰的认知。在此之前,老酒都是过期食品的概念,老酒交易中还停留在"二手货"的认知,很多时候老酒比新出厂的酒要便宜很多。

那么哪里的老酒比较多呢?郑杰认为,老酒在农村是不易收到的,一方面是因为农村不太会出现名酒的身影;另一方面,低端酒百姓拿着就喝掉了,留下来的非常少也非常分散。老酒大量集中的地方是城市,当然城市也有分布规律,像自贡这种三线建设的城市尤为集中。这里有来自全国各地的知识分子、产业工人,他们随着工厂而来,因此自贡的川酒供应指标相对更多,这也为郑杰早年间的收藏提供了得天独厚的优势。

此外,中国西北的新疆地区和广东、广西地区也比较多,那里很多地方酒是卖不掉的,所以大量积压在当地供销社。随着收藏热的兴起与扩散,供销社留存的这些老物件便被翻了出来,特别是新疆,天气比较干燥,具有天然的保存条件,十几二十几年前的东西都完好无损。现在品质保存较好、还可以抽的老烟很多都来自新疆,当然老酒也是如此。

品鉴与交流

酒文化作为一种特殊的文化形式，在中国传统文化中具有独特的地位。作为老酒圈资深藏家和品鉴家，近年来郑杰活跃于各大老酒品鉴会与酒文化推广传承活动中，致力于以自己的经验心得，向公众展示酒文化的深刻内涵和中国酒文化的现实意义，为推广提升老酒的文化价值贡献一己之力。

2017年前后，中国酒业协会提出"开瓶鉴酒"的建议，引起业界热议。对此，郑杰指出：我国目前老酒收藏的价值远未得到充分挖掘，老酒是一种特殊的藏品，也是唯一可以喝的古董。老酒经历了岁月的陈化，酒质变得更加丰满、口感也更好。喝惯老酒的人，很难接受新酒的味道。更为神奇的是，哪怕一滴老酒加到新酒里，整个新酒的酒质都会有很大提升，变得更加香醇、饱满。因此，从这个角度讲，一瓶老酒的饮用价值只有通过开瓶鉴定，专家才能以感官鉴别的方式，为这个酒的质量做更权威的背书，老酒的价值更能真正得以体现。

2020年6月18日，郑杰出席由自贡市收藏家协会主办的"知藏讲堂"活动，以"我的收藏之路"为题，向老酒收藏爱好者们分享了自己多年收藏老酒的心

2023年，中国酒业协会为郑杰颁发"中国酒业30年名酒收藏家"证书

得,也系统介绍了我国名酒的历史、评定、品鉴等藏识。

2022年7月16日,郑杰出席泸州第十七届中国国际酒业博览会,并与其他五位专家携手参与"圆桌论坛",从不同视角探讨陈年白酒的标准、价值、鉴评方法与市场前景,带领大家更深入、生动地了解陈年白酒的魅力。会上,郑杰以自己收藏的"麦穗牌"泸州老窖特曲酒为例,告诉与会嘉宾,不是每一瓶酒都值得收藏,只有类似泸州老窖这样的知名酒厂,在充分掌握高超的酿造技术基础上,传承大国工匠精神,生产出来的产品才更有价值。

提及当下对老酒文化的挖掘与整理,郑杰认为泸州老窖始终走在行业前列,做了许多实际的工作,如1999年首开中国白酒收藏先河、2010年首推中国投资理财白酒、2016年首创"瓶储年份酒及其定价标准"等系列活动,激发了广大民众对中国酒文化研究的热情,树立起头部酒企继承和弘扬中国酒文化的行业典范。此外,泸州老窖人对于老酒的尊重也让他钦佩不已。

"老酒中我最喜欢喝20世纪70年代末到80年代初的'工农牌'泸州老窖特曲酒,其次是80年代初的'麦穗牌'泸州老窖大曲酒,也被称作'外贸大曲',主供出口,不仅酒质极佳,包装也是泸州老窖产品里最好的。次新酒中最爱国窖1573·世界品味,这是浓香型白酒的天花板。"郑杰兴致勃勃地向我们分享他的品酒心得,他在品酒方面同样很有发言权。

"我们讲老酒是唯一能喝的古董,经悠悠时光,洗净铅华,时间沉淀为品质。"郑杰说。

针对当前的"存新酒、喝老酒"观念,郑杰认为,存新酒一定要选择大厂出的名酒,大厂在质量方面有充分保障。只有以质量为基础,才有恒定的价值保障。此外,虽说老酒存放后喝起来更香醇,但也需要分酒的类型。目前白酒香型分为12种[1],回归本质还是酱、浓、清三种香型。酱香型白酒至少要存放五年,这个时候的酱香型白酒口感才开始变得醇厚绵柔,到了一定的年份,酒体会发黄,口感会达到最佳状态;浓香型白酒一般在5~8年就能达到口感的最佳状态,越储藏越好;清香型白酒一般在3~5年内饮用,时间不宜太久。

---

[1] 包括浓香型、酱香型、清香型、兼香型、馥郁香型、凤香型、米香型、芝麻香型、老白干香型、药香型、特香型和豉香型12种。

"三开堂"收藏的"麦穗牌"泸州老窖特曲酒

三开堂

  几十年如一日的收藏,郑杰的收藏规模已是不容小觑,他在整个老酒圈内早已是赫赫有名的人物。圈内都习惯称呼他一声"郑杰大哥",不仅敬他为前辈,更敬他不为争名逐利,只为收藏本意的纯粹。

  2016年,52岁的郑杰精心打造了他的"三开堂",为他心爱的老物件安了家。

  问及"三开"的含义及由来,郑杰表示,"三开"是地方方言,按照当地的习惯说法,在计划经济时代,作为非生活必需品的烟、酒、茶,象征着生活条件的优越性,能实现"一开"自由就算条件很好了。如果烟、酒、茶三者都能消费得起,就是所谓的"三开","三开堂"名字由此而来。

  "三开堂"建设之前,藏品只是在老房子里堆放,保存并不严谨。随着"三开堂"的投入使用,藏品也得到了更妥善专业的安置。

郑杰收藏老酒的"三开堂"宝库正门

跨进"三开堂"的大门,再穿过古风古韵的玄关,里面别有洞天。偌大的场馆,全部墙面被通顶展柜包裹,场地间也横纵交错着不少展品矮柜。我们见过的大多数老酒藏馆的展柜中,都是每层摆放一排酒瓶。而郑杰展柜中的藏品可谓是里三层外三层,摆放得满满当当、密密匝匝,多到快要溢出来似的。另外也有大量的陈年实体烟放置在恒温箱里,保温保湿。

可以说,"三开堂"就是一个收纳"老味道"的地方,存放着郑杰甄选的不计其数的老酒、老烟、老茶。其中,老酒最是叹为观止,截至目前,就1949—1995年期间生产的老酒而言,无论是品种还是数量上,郑杰在全国都是名列前茅,目前他收藏的老酒已突破万种。

老酒已然成为郑杰一生的挚友,为他打开了民族文脉的大门,领略到中国传统文化的厚重。

同时,"三开堂"也成为了承载郑杰精神食粮的后花园,他可以宅在这里十几天不出门,为他的宝贝们做精心养护,深度研究老资料,仿佛与老朋友对话,

2021年8月20日,泸州老窖股份有限公司党委副书记、总经理林锋(左)带队参观"三开堂",并授予郑杰(右)收藏家顾问聘书

其乐无穷。富足的精神世界,经常让他沉浸其中,忘记时间。郑杰笑称:"有时出门都是因为要出去热车,时间太久车子都要放坏了。"

对郑杰来说,老酒在某种意义上比企业更加牵动着他的神经,占据着更深的牵挂。"老酒天天伴随着我,我也无时无刻不在关注着酒。在工作上,我反倒不需要天天盯着企业看。"郑杰道。

目前"三开堂"面积有800平方米,摆放出来的藏品,仅是郑杰收藏生涯的冰山一角。当我们还在为藏馆的壮观而感叹之时,郑杰老师略带不好意思地说:"现在的场地受限,实在是放不下了,摆放得很凌乱。"这真是我们听过的最诚恳的凡尔赛了。

最近郑杰正与多方洽谈,准备将"三开堂"迁址至更大的场地,并将其扩建为博物馆。未来场馆占地预计会比现在大很多,可以让他的宝贝们都展陈开来,绽放光芒。郑杰希望有朝一日可以将"三开堂"打造成一个面向公众的窗口,让老酒成为自贡市的又一张名片,让更多的人通过"三开堂"领略到中国多元的白酒文化。

"三开堂"收藏的"工农牌"泸州老窖特曲酒

"殿堂"级藏品

一瓶老酒,不论经过多少人的手,辗转过多少座城市,只要到了郑杰手里就不再流通,堪称老酒的终端收割机。因此,全国有很多人喜欢将老酒转给郑杰,而且任何时候来到郑杰这里,他们都能看到自己曾经珍贵的宝贝。

"我喜欢把老酒转手给郑杰,有一个重要的原因就是不想让川酒外流。"泸州老窖的忠实拥趸贺正修说道,"以藏养藏"是贺老早期收藏的重要方式。

"很多年前郑总把我家里的酒全部都收走了,后来到他的'三开堂'去做客,发现之前我的宝贝全部都在,一瓶不落。要是放到其他地方下一次去就不一定在了。"泸州老窖生产管理部工艺组组长徐志感慨地说到。

在所有老酒品牌当中,郑杰对泸州老窖颇具好感。"陈年泸州老窖白酒是岁月的馈赠,更是品质的代名词,时间铸造老酒品质,浓香正宗的卓然,在老酒里历久弥香。"郑杰说,"收藏泸州老窖酒二三十年,藏品由单一到丰富,我不断地

"三开堂"收藏的1992年泸州老窖超豪华特曲(金爵士)

探索浓香鼻祖的名酒基因,感受收藏老酒的快乐与美妙。"

因着对泸州老窖的偏爱,郑杰的藏品中不乏泸州老窖的稀缺珍品。熟悉泸州老窖产品发展史的白酒爱好者都知道,泸州老窖的"工农牌"特曲采取了手榴弹瓶形,郑杰手上有一瓶炮弹形"'工农牌'泸州老窖特曲酒",是瓶形更迭时期留下的过渡品种,数量极为稀少。

此外,郑杰有一瓶1992年生产的泸州老窖超豪华特曲(金爵士),俗称"东方第一瓶",是当年泸州老窖结合传统理念与时代流行的一次创新尝试。在做了几瓶光面瓶试制品后,到真正量产时,厂里认为瓶身的工艺还应当进一步升级,故而以磨砂瓶取代光面瓶。现如今,社会面已知的光面瓶泸州老窖超豪华特曲只有几瓶,其中,一瓶在泸州老窖博物馆,一瓶就在郑杰手中。

中国幅员辽阔,藏品众多,也许还有更老的宝贝等待挖掘、重见天日,郑杰也不能确认他手中的一些得意藏品算不算"孤品"。但可以肯定的是,那些极具特殊历史意义的珍品,连酒厂内部都罕见。

"三开堂"收藏的国窖酒（居中放置的为当时编号为"0"号的试制品）

1999年9月9日，国窖酒诞生了①，容量为1999毫升，数量为1999瓶。编号为0001号的国窖酒目前藏于泸州老窖博物馆，等候台湾问题的解决，0002号和0003号分别送给了香港和澳门的特首，0004号在国家博物馆永久保存。而郑杰手中的是"0号"商品，即当时的试制品。论资排辈的话，可以称得上是"老佛爷"级别了。这件藏品让泸州老窖的领导们兴奋不已，他们惊叹："你这里居然有这个宝贝。"

可以说，郑杰对泸州老窖的稀有品种的收藏达到了痴迷的程度。只要听说稀有的极品信息，就算远隔千里，就算价高如山，他都毫不犹豫纳入"麾下"。

---

① 1996年11月，始建于1573年的泸州老窖"活文物"窖池群入选白酒行业首家"全国重点文物保护单位"。这是中国白酒业第一次真正拥有国家正式命名的"国宝"。为此泸州老窖开发了"国宝酒"，第一次把"国"字概念运用在产品命名中。1999年9月9日，在四川省第二届名酒文化节暨泸州市第九届国际名酒节上，泸州老窖隆重举行国窖酒"世纪出酒大典"，首次推出了以"国窖"命名的高端白酒产品。此后，2001年3月18日，以袁秀平董事长为首的管理团队共同推出了我国白酒行业第一个以"中文+数字"组合命名的高端白酒品牌——国窖1573。国窖酒即国窖1573的前身。

文化无价

将北纬28度的酒香尽数典藏,将川酒文化发扬光大,郑杰是这样计划的,他也是这样行动的。

在川酒生产历史中,20世纪90年代以前的品种至少有5000种以上,后来随着市场的发展很多品种慢慢消失。这些杂牌小酒不宜用经济价值作为衡量标准,每一瓶酒都有它自身包含的地域文化和时代特色。郑杰收藏酒看重文化价值,不分品牌大小,一视同仁。物品有价,文化无价。

"三开堂"收藏的若酒(左一、左二)

随着信息技术的进步,郑杰获取老酒信息的渠道也变得更加多元。一方面,郑杰经常借助互联网的便利在各大网站上搜罗老酒;另一方面,全国各地的酒友都知道了郑杰的爱好,一有稀缺的资源就会第一时间发给他。如果正好是郑杰没有的,他就果断拿下。久而久之,郑杰的藏酒体系逐步完善。

"三开堂"收藏的1980年泸州老窖特曲荣获国家金质奖的宣传画册

郑杰回忆起一次满载而归的经历,是在1989年第五届全国评酒会后。

当年评委会要求每个参选的酒厂提前一个月将样品酒送到会址合肥,但是后来评委会发现送过来的酒必然是优中选优、精中选精,甚至有些小酒厂为了创出品牌,参赛酒和流通酒"两张皮"。针对这个状况,评委会制定了一个应对机制:到市面上买到相应品牌的成箱酒,从中随机抽取一瓶与参选样品做对比。这样,大量的拆封参选酒齐聚参选地。

"三开堂"收藏的泸州生产的各类绿豆大曲酒

当时,参选品牌共计362个。赛后,获选

"三开堂"收藏的20世纪90年代的泸州老窖鸡尾酒

的十七大名酒被当地人抢购一空,而那些不甚知名的小酒以10块钱一箱的价格被甩卖,滞留当地。那时候交通不便利,很少有人会花精力、花运费将酒拉回去。后来,郑杰发现当地还留存不少那个时期的老酒,便陆陆续续收了200多种,目前他还在不断努力,希望能把第五届全国评酒会的全部参选品牌收齐。

他还收过两瓶小杂酒,一瓶叫沫酒,一瓶叫若酒。没错,大文豪郭沫若的名字与这酒名有异曲同工之妙。郭沫若祖籍四川乐山人,乐山脚下有两条河,一条是沫水(即大渡河),另一条是若水。郭沫若少年时饮二水长大,所以就用"沫若"作为笔名。

严格说这两瓶小酒仅价值几百元钱,但郑杰一路兜兜转转连打听带雇人,总共花费了4000元钱才将其收下。

郑杰喜欢藏酒,不仅仅是收藏酒本身,更是收集一个故事、记录一段历史、传承一种文化。类似于这样选择当地名胜古迹、名山大川来命名的老酒,多见于20世纪90年代中前期。到了90年代中后期,就开始流行用名人或者造型来命名,比如曹雪芹酒。

"我确实是想把这种传统的工业文明留一点看得见的实物,我可能会花比别人多十倍价格去购买一些小杂酒。"郑杰又随手指向一瓶展柜上的贵州习水大曲。

这是20世纪70年代的贵州习水大曲,瓶身有"最高指示,发展经济保证供给"字样,时代特征鲜明,目前在全中国不超过5瓶。2016年的某天晚上11点40分左右,郑杰刷手机看到这瓶酒被遵义一名孙氏酒友收到了,他立即联系到这位酒友,决定立即出发。郑杰连夜请上了老酒鉴别高手杨林,与夫人三人从自贡奔赴遵义。到达目的地时已是凌晨四点,对方开价十万元,郑杰爽快地答应了。

孙氏酒友为郑杰不辞辛劳不计成本的热爱感动，当即还赠送给郑杰一些他珍藏的其他贵州酒。

提及这段往事，郑杰感慨道"当时收到酒后也没有休息，早上吃了个贵州的肠旺面就打道回府了，我老婆也一直跟着我舟车劳顿的，我很感谢她多年来对我爱好的尊重与无私付出。"

讲究一个"缘"字

收藏的道路不总是晴空万里，几十年的收藏生涯中，收到假酒几乎是不可避免的。他是圈里出了名的买酒不还价，即便是收到假酒，也不退货，只会向卖主告知一声。

常见的假酒有几种情况，一是酒瓶是真的，酒体是假的，郑杰就把酒体倒掉酒瓶留下来；二是酒标是真的，酒瓶是假的，郑杰就把酒瓶摔掉酒标揭下来；三是以低度酒充当高度酒售卖，比如一瓶43度的老酒跟同年份的53度老酒价格天差地别，可以在不开瓶的情况下，通过摇晃酒瓶、听酒花爆裂的声音来辨别酒的度数，但一定要在非常安静的情况下，甚至连空调都不能工作。

由于信息有误或者卖家失信等原因，导致与珍贵藏品失之交臂的情况也时有发生。2022年，郑杰得知泸州老窖博物馆有两瓶"白塔牌"泸州老窖口里酥酒，可以转给他一瓶，这款酒是他小时候逢年过节喝得最多的甜酒，很有时代情怀。当他兴奋地赶来时，却被告知消息有误，博物馆中仅有一瓶，实为孤品，郑杰心中不免稍有遗憾。

圈内酒友之间也时常有竞争关系。一次，郑杰与海派老酒收藏大佬李耀强同时看好了一批酒，结果酒在上海，就被李耀强捷足先登了。

还有一次，郑杰瞄准了一瓶1960年左右生产的川酒，由于瓶盖使用木塞且保存条件不好，里面的酒所剩无几。但郑杰高度重视这瓶酒的文化价值，于是决定拿出十几万元高价将空瓶买下。卖家在收款发货后，从别人那里得知这瓶酒有可能卖到更高的价格，于是私自拦截了物流，把酒收了回去。郑杰被这种不诚信的行为深深刺痛，后来这瓶酒的下落也不知所终。

"收藏多多少少还有一些宿命的影子，有时也十分讲究一个'缘'字，没有缘分，藏品再好也不能变成自己的。"说到这一点，郑杰始终对那次被拦截的川

2022年,郑杰出席"泸州老窖荣获中国名酒七十周年"主题活动

酒耿耿于怀。"我钱也付了,对方货物也发出了,但偏偏对方又给拦回去了。这事更让我体会到了什么是原则。"郑杰悠悠地感慨道。

收藏的使命

收藏最大的意义,从来不止步于据为己有。老酒的魅力值得有责任、有情怀的人珍藏。

白酒在存储的过程中,酒液中的分子在陈化过程中重新排列,使酒醇香,辛辣感减少或消失,所以越陈越香,正所谓"百年陈酒十里香"。郑杰也偏爱老茶,如同白酒一样,在适宜的存放条件下,福建岩茶、普洱等品种存放越久,味道就越香醇。

"当年的老酒没有现在这么复杂的工业技术成分,而且都是纯粮固态发酵,不含食用酒精和其他香精勾调,品质上也能得到充分保障。"因此,老酒收藏圈

2021年，郑杰向拜访"三开堂"的泸州老窖股份有限公司党委副书记、总经理林锋一行讲述藏品背后的故事

有一条约定俗成的认识，即20世纪90年代中期以前出厂的酒是老酒，而2000年之后出厂的酒则被称为"次新酒"。

郑杰对于老品牌、老故事、老味道的流失，心中有很强烈的紧迫感。他深知，如果当代人再不去抓紧做一些抢救性的收藏工作，随着时间的推移，这些曾经的记忆就会和生产它们的厂家一样，湮没在时间的长河里。每思至此，郑杰都觉得自己对保护传承这份珍贵的文化遗产有义不容辞的责任。做老酒收藏主要就是为给中国传统工业文明留下一些珍贵的念想，同时也是为了致敬当年酿酒的工匠，感谢先人为后世创造了如此多的美酒佳酿。

十字路口

提及中国老酒收藏行业的发展，郑杰认为大致有"自发收酒、民间组织、官方引导"三个阶段。

20世纪90年代到21世纪初期是萌芽期,这一时期主要是收藏爱好者自发的散点收藏;2006—2007年,网络的普及使老酒收藏在各类老酒论坛上活跃起来,收藏爱好者之间的联系也变得紧密,民间收藏组织和群体应运而生;在各方力量不断努力下,老酒的价值逐渐引起大众关注和官方重视,具有官方背景的收藏协会组织陆续成立,极大地振奋了老酒收藏圈的信心。2014年,中国酒业协会名酒收藏委员会成立,这是老酒收藏界中一个重大的标志性转折,宣告着收藏从过去松散的、自发的行为变成了有组织、有体系的事业,现在大部分酒友都加入了中国酒业协会名酒收藏委员会的行列中。

做了多年收藏,见过了太多人和事,郑杰认为中国的老酒收藏圈正走在一个十字路口上。他忧心忡忡地指出,单纯享受收藏快乐的人越来越少,更多人做收藏都是为了经济利益。在收购老酒时首先考虑到的都是老酒的投资属性,真正沉下心来做收藏、"为艺术而艺术"的人反而越来越少。

郑杰建议,收藏者们应该沉下心来,保持专注,持之以恒。收藏不应是一时的兴趣,不能仅仅为了利益而收藏,收藏本身是一种纯粹的快乐和极致的热爱。

此外,他还告诫道:"凡是有志于做藏酒的年轻人,一定要努力工作,只有如此才能保证自己的收藏能力,这对于收藏家也是必备条件之一。如果没有相应的经济实力,即使遇到再喜欢的酒,也无法让它变成自己的藏品。因此要追求梦想,就还要拼命努力,拥有与之相符的实力。"

重要课题

在郑杰看来,目前老酒圈最大的问题是老酒交易市场规范尚未形成,弄虚作假、不讲诚信的例子屡见不鲜,伤害了很多老酒收藏爱好者的信心,"劝退"了一些满腔热忱的初入行者。

针对新酒,酒厂都设有专职打假机构。可是在老酒领域,中国酒业协会名酒收藏委员会没有假酒裁决权,对于猖獗的老酒造假现象,暂时还没有行之有效的办法。

打击假冒产品、普及老酒知识、推广老酒文化,是摆在眼下的首要课题。但仅凭个人或几个人的力量无异于杯水车薪。如何号召更多的人参与进来，群策群力共同把行业做好，是郑杰一直思考和努力的方向。

郑杰呼吁白酒的对外宣传要实事求是，避免出现一叶障目不见泰山的状况，这不利于整个白酒行业的发展。比如，"越陈越香"的宣传将普洱茶捧成了一个"神话"，大众不明就里蜂拥而至，仿佛喝其他茶叶都比不上普洱茶高级，但实际情况真是这样吗……同理，白酒宣传要不慕虚名，充分挖掘中国白酒的风味、工艺、技术和历史特征，进行多元化立体宣传，让世界看见中国白酒的丰富与精彩。

"寻9"札记

如今郑杰老师在老酒收藏界早已是响当当的人物，是中国川酒收藏大家。而我们与他交谈下来，发现其完全没有收藏大家的架子，交流上也没有年龄上的代沟。

他精通历史和地理，在介绍藏品的过程中，结合相关的时代背景、历史典故、地理条件等趣味知识，令我们听得津津有味。

他酷爱体育与文艺，逢体育比赛必看，会因为输掉的一场球赛而郁郁寡欢，也会像意气风发的追梦少年一样，至今怀揣着一个作家梦。

"三开堂"的一面墙壁上，赫然挂着一副对联，"入行错了豪情只待觥筹中，面壁三省居然甘之若饴；离群久矣壮志尽随烟雾去，执杯独坐终究意兴阑珊"，饱含着郑杰老师心中的期冀与遗憾。

郑杰老师始终保持着谦和的态度，用他超凡的记忆力为我们展示和分享他的收藏点滴，偶尔碰到一些记不清的细节，他会流露出一丝抱歉的憨笑，有着60后典型的质朴。

值得一提的是，自贡"全兔宴"是每位初到者不容错过的美味，可以见识到兔子五花八门的吃法。据郑杰老师讲，因为在计划经济时期，吃鸡肉、猪肉都要凭票，而兔肉不在计划管制范围之内。于是，家家户户纷纷养起兔子吃兔肉来补充肉类需求，久而久之就养成了自贡人吃兔肉的习俗。

当被问及对"饕餮"这个称号怎么看时,郑杰老师直言不敢当,他将"饕餮"视为是对他的一种鞭策,未来需更加努力,形成中国老酒的文化矩阵,将中华酒文化的美名传遍四方。

收藏的快乐,要看藏品为收藏者带来了多少无形的喜悦。如果只关心利益,那么市场的风云变幻将直接断送收藏之路。纯粹、专注、淡然,是郑杰老师为我们解锁的收藏密码。

洗尽铅华始见真,归来依旧香如故,老酒在悠悠岁月中历久弥新,正如郑杰一腔纯粹的热爱——"弗使心饕餮,只要身正洁"。

"三开堂"内郑杰珍藏的对联

泸州老窖为何被称为酒界"黄埔军校"?

整个计划经济时期,泸州老窖作为中国白酒行业的领头羊,承担起了白酒龙头企业的责任,它的担当和勇气也给了众多兄弟企业前行的力量,共同打造了良好的浓香型白酒产业生态,奠定了"大国浓香"的白酒市场格局。

20世纪60~70年代开始,泸州老窖积极响应国务院"提高名酒质量"的号召,在全国各地开办酿酒技术培训班27期,为四川、河南、河北、内蒙古、吉林、辽宁、贵州、江苏、上海、安徽等全国20多个省、自治区、直辖市的酒厂培养了数千名酿酒技工、勾调人员和核心技术骨干。

开办培训班需要有相关教材。于是,在泸州老窖酒传统酿制技艺第十九代传承人赖高淮的带领下,泸州老窖编写了《浓香型白酒工艺操作方法的研究》《大曲酒工艺技术的研究》《四川名优曲酒勾兑技术》《白酒理化分析检测》等150余万字资料,由四川省专卖局印刷成册,赠送给商业部、轻工业部、农牧渔业部、四川省酿酒培训班等作为教材使用。

20世纪60~80年代,泸州老窖编写的酿酒资料(部分),赠送给商业部、轻工业部、农牧渔业部、四川省酿酒培训班等作为教材使用

不仅如此，泸州老窖还开设了"浓香型白酒生产工艺""理化分析与生产""制曲工艺与质量""勾调尝评技术"等酿酒技艺培训班，对全国300多家曲酒厂开展行业标准培训和生产指导。这些培训班大部分在泸州老窖酒厂举办，另有一部分由泸州老窖派出工程师和高级技师赴外授课，全国各大酒企因此受益匪浅。

这时期先后有上万人来泸州曲酒厂学习，全国知名酒厂如五粮液、剑南春、郎酒、古井贡酒、洋河、双沟、口子窖等企业纷纷派遣骨干人员参加泸州老窖的培训。

1963年5月20日，《大公报》刊发报道《把先进经验真正学到手——常德市酒厂李春生班向"泸州老窖"学习的过程》

20世纪60~90年代，全国各酒厂来泸州老窖学习的人络绎不绝

泸州老窖为何被称为酒界"黄埔军校"？ **延伸阅读**

20世纪80年代，时任泸州老窖副厂长、酿酒工程师赖高淮（居中）为培训班学员授课

1988年，时任泸州老窖副厂长、酿酒工程师赖高淮（左）为"四川省泸州市酿酒科学研究所"成立揭牌

泸州老窖举办的一系列酿酒技术培训班，为全国20多个省、自治区、直辖市的酒厂培养了数千名酿酒技工、勾调人员和核心技术骨干

此外，泸州老窖研发的一大批科研技术成果毫无保留地在全国范围内推广和普及，极大地推动了浓香型大曲酒的发展。

紧接着，泸州老窖还成立了职工学校，短时间内便为全国输送了1000多名酿酒技术人才。

1988年，泸州老窖技工学校一角

1986年，泸州曲酒厂职工校酿酒专业首届中级技术培训班合影

1987年，泸州曲酒厂职工学校电大班开学典礼

1987年，泸州曲酒厂职工学校上课照片

1991年，泸州老窖技工学校首届毕业生留影

1992年，泸州老窖电大89微机班毕业留影

  1988年4月，泸州老窖职工学校更名为泸州老窖技工学校，开办酿酒分析、微机应用等专业，面向全国招生。这是全国第一所专门的酿酒技工学校，先后为全国培训了8000多名酿酒科技人才。

  纵观中华人民共和国成立后白酒行业发展史，几乎所有浓香型白酒企业都曾派员到泸州老窖参加过酿酒技术培训。这些学员中，共产生了41位国家级酿酒大师，50多位国家级评酒委员，还有很多人成为了自己所在企业的掌舵人或技术中坚力量。

  泸州老窖，成为中国白酒行业当之无愧的"黄埔军校"。

  21世纪以来，泸州老窖一如既往地将自身取得的成就与行业共享，极大地推动了中国白酒行业的科技进步。

寻找岁月
陈酿的酒

THE STORY OF AGED BAIJIU COLLECTORS

海派与老酒

海派收藏传承者

李耀强

- 上海人。上海著名陈年白酒收藏家,上海市收藏协会酒文化专业委员会会长,上海海派白酒文化艺术馆馆长。

楔子

2023年5月25日,"品味450年 名酒荣耀鉴新篇"泸州老窖全国巡回鉴评会在上海盛大开幕,这次品鉴活动是2023年泸州老窖巡回鉴评会走向全国的第一站,是泸州老窖陈年酒品牌文化价值的直观体现。

作为知名海派收藏家的李耀强受邀参加了此次活动。活动结束之后,李耀强热情邀请泸州老窖的朋友到自家酒窖做客,郑杰、史进财等老酒界知名人士也一同前往。

酒窖中,数以万计的酒在灯光下熠熠生辉,一行七八人在酒的海洋里徜徉。

大家一边走,一边欣赏,有时碰到感兴趣的酒便会驻足观看,有时就三三两两分散开来,交流着各自的心得体会。

恰逢走到泸州老窖展柜前,李耀强指着酒说:"这些酒都是我和朋友们一点点整理出来的,一批酒来了以后,打个电话大家就来了,各干各的,也蛮有意思的。大家在意的是玩的过程,没有目的,毕竟谁也想不到这批酒今后会怎么样。"

李耀强在老酒界可谓特立独行,自称老酒圈里的一朵奇葩,收藏了几万瓶酒,自己却滴酒不沾。几十年如一日地执着于"杂酒",他从不后悔因为没有收藏名酒而错过商业机会。散尽千金,只为留住各地曾经出现过的林林总总白酒品牌的印迹,只为留住大江南北那一瓶普通白酒背后即将逝去的故事。

带着好奇与探究之心,我们走进了李耀强的收藏之路。

2023年，泸州老窖"品味450年　名酒荣耀鉴新篇"全国巡回鉴评会上海站现场

行业精英

　　曾坐落于上海黄浦江畔的上海船厂，始建于1862年，是中国近代造船工业史上最早的船厂之一，见证了上海一个半世纪的沧桑，也见证了李耀强一步步的成长。

　　1959年，李耀强生于上海。青年时期的李耀强就显示出卓越的领导管理才能，在上海船厂这个百年企业中迅速崭露头角，29岁就担任了局级万人大厂的团委书记，当上了处级干部。

　　1993年，李耀强毅然放弃了国营企业的铁饭碗，下海投入了轰轰烈烈的浦东改革开放的浪潮中，调到上海农工商实业总公司担任市场拓展部总经理，上任不久他就帮助一位地产界知名企业家解决了燃眉之急。20世纪90年代初，上海浦东开发建设之初，李耀强被调到上海社会发展局所属投资公司担任总经理一职。之后，他又到浦东两岸开发办任副主任，在此期间他受委派与金地房地产公司合作，踏入房地产开发领域。

可以说，在我国地产开发最热的十几年里，李耀强刚好一直在头部房地产公司任高管，这为他今后开发慧心谷地块积累了经验，也为伴随他30年之久的老酒收藏提供了经济支持。

开启收藏之旅

早期的酒以饮用为主，包装一般都很简单。随着改革开放的不断深入以及十几年的市场经济洗礼，酒厂对市场的认知也发生了巨大变化，逐渐认识到只有不断推陈出新，才能在市场上占有一席之地，于是琳琅满目的酒类品种代替了计划经济时代一成不变的产品供应。正如李耀强所讲："后来，包装设计开始市场化运作，酒瓶做得越来越漂亮。"

李耀强的白酒收藏之路起源于20世纪90年代中期左右。

"当初是因为喜欢各种有创意的酒瓶，有当代艺术特色。看到新出品的酒，只要酒瓶好看，我都买来收藏。"

李耀强从收藏新酒到转向老酒，是在21世纪初。2000年，李耀强作为市场投资专家去河南商丘考察一个文化园区项目，工作之余去街上逛逛，被一家店铺上方拉的一条破旧的红色横幅所吸引，只见上面写着"陈年老酒销售点"。

李耀强好奇地走进了小商铺，这是一个10平方米左右的房间，地上、柜子上满是尘土，到处都放着破破烂烂、布满灰尘的酒，种类繁多，其中也不乏像泸州老窖这样的大厂名酒。李耀强感觉很奇怪，就问："老板，这些酒是从哪里来的？"

老板说："都是从老百姓家里收来的，也有很多是原来供销社里没人买的存货，拿到这里来卖。别看这些酒瞅着破破烂烂的，俗话说得好，'酒是陈的香'，这些酒啊，好喝又便宜，比新酒都便宜。"

这是李耀强第一次听到"老酒"这个概念。

商家看出了李耀强对这些酒颇感兴趣，便在旁边卖力推销，李耀强听着听着渐渐陷入了思考：相比新酒，老酒更能体现出中国酒文化的厚重感，称得上是古董了。

这一下子打开了李耀强的收藏新思路，他当即花了5万元，把小商铺里品相好的老酒都买了回来，堆满了他的依维柯汽车整个后排座，小心翼翼地拉回了上海。

一念起则万象生，李耀强就这么宿命般地开启了老酒收藏之旅。全国各地的一瓶瓶普通老酒陆续汇集在他的酒窖里，共同构成了从民国至今的百年缩影。

带领大家致富

21世纪之初，信息不畅，交通不便，大家对老酒的信息很匮乏，谁也不清楚全国到底有多少酒友，更别说有什么交流。这时期李耀强收酒的渠道主要是亲自找酒和朋友介绍，收酒速度较慢。

起初，李耀强是自己开车去贵州、四川的各大酒厂收老酒，但收获不大，因为厂家主要是生产并销售新酒，不会储存以往的老酒。当然，这个过程中偶尔也能在酒厂员工的家里或酒厂周边小卖部收到一些老酒。后来，李耀强慢慢有了经验，集中精力去寻找小县城和小山村的老店铺，基本都能找到几瓶老酒。

同时，李耀强爱好老酒的讯息逐步在朋友、客户圈子中传开，上海周边以及生意场上的朋友只要手头有老酒，便会主动联系他。

但是仅靠自己找酒和朋友供酒这两种渠道收效甚微，毕竟在自己的朋友圈子里获得老酒的机会还是很局限。

2003年，手机开始普遍使用，这给李耀强收酒拓展了新的渠道。更加便利的通讯方式让他收获了一批酒友，这些酒友大多是"以藏养藏"。慢慢地，李耀强收酒的渠道逐渐稳定下来，随着"上海老李喜欢老酒"的消息在酒友圈子里流传开来，大家纷纷把收到的老酒转让给他。

但这些只能说是小打小闹，真正让李耀强的收藏走上快车道的，是他一个大胆的决定。

彼时，李耀强正奔忙于上海浦东的开发建设项目，城市的大规模开发势必会带来大量居民的搬迁。

在这期间，一些走街串巷收废品的商贩引起了李耀强的注意，他们穿梭在即将拆迁的弄堂、小街中，热火朝天地收购着旧的家具、电器或古董，包括各家各户存放在柜子里、床底下的所谓"过期酒"。

李耀强灵机一动，便委托这些人留意为自己收一些老酒。"外包"的效果竟出乎意料地理想，这些小商贩在极短时间内便收到了不少各个时期、不同品牌的老酒，这不禁令李耀强喜出望外。李耀强不仅照单全收，还进一步为这些商贩建立奖励制度，比如完成一定数量后，会适当提高收购价格，鼓励他们在更大的范围内去收老酒。

李耀强说："这些人一开始也没重视，都认为这个酒过期了也不能喝，没啥价值，百姓家里怎么会存这东西呢？我告诉他们哪里会有拆迁，他们就到那里去收旧家具家电，顺便帮我收老酒。就这样试了几次以后，发现真的能收回来一些酒，尝到甜头后，积极性一下子就提高了。"

就这样，帮他收酒的人越来越多，范围也越来越大。在这些人中有很多是安徽阜阳人，他们之间团队化作业，成为李耀强"供货"的主力军。于是李耀强就将阜阳的酒友们组织起来，在更大范围内专门收酒，有时还会去到外地。如果去外地收酒而没有经费，李耀强就会先付给他们差旅费；没有经验也没关系，提前给他们进行基础的培训，比如要观察酒标的完整度、封口的密封度、包装的清晰度、酒线的高低程度等。

这支队伍有组织、有计划、分片区、分批次进行收酒工作，让李耀强的老酒规模与日俱增。那时，物流还不发达，收来的酒都是开车运到上海，就算有破碎的或是不符合要求的酒，李耀强都照单全收，而且结算很及时，一来二去他与阜阳酒友之间建立了坚固的信任度，没出现过任何纠纷。

李耀强说："我不计较一些小事情，大家也很淳朴，对我很真诚，他们给我的价格相对来说比市场上便宜。"就这样，合作一直持续到现在，大家也都清楚李耀强手里有什么酒，需要什么酒，合作愈发默契。

老酒发展到今天，价格已愈发昂贵，有时酒友们再送酒过来，李耀强也感觉经济上有些吃不消。但他不愿挫伤这些合作多年酒友的积极性，很多酒还是照单全收。为了收酒，李耀强无奈变卖了几套房产。

现在安徽阜阳的老酒产业全国首屈一指，他们说李耀强是他们的贵人。李耀强笑称："我不小心点亮了星星之火，让一部分阜阳老百姓先富了起来。"

🔗 相关链接

老酒背后，你所不知道的"阜阳帮"

位于安徽西北的阜阳，在老酒圈子里鼎鼎有名。在这里，有6万多名从事老酒生意的人，业务涵盖收购、品鉴、收藏各个环节。据说，每十个做老酒的人里，就有六个阜阳人！他们，被称为"阜阳帮"。

全国老酒在阜阳，阜阳老酒在王店。位于阜阳颍州区的王店镇，是"阜阳帮"的源头。目前，王店镇的老酒回收业务日交易额超过500万元，年交易额近20亿元。王店人外出做老酒，最早可追溯到20世纪90年代。究其原因：穷。

2003年以前，阜阳人大多集中在北京收老酒，此后，就渐渐分散到全国各地去收老酒，阜阳人称之为"炒地皮"。30年来，一批又一批的阜阳人选择外出收老酒，甚至做成了家族企业。对不少的阜阳年轻人而言，学业的结束就意味着老酒生涯的开始。

刚开始的时候，阜阳人收老酒的主流思想是低投入，低收高卖，赚个差价。而随着时间的推移，"阜阳老酒帮"里出现了向上走的人。随着市场的变大，老酒行业的造假可谓层出不穷。鉴酒，对于老酒从业者来说是一道难题。在长期的斗智斗勇中，阜阳帮摸索出了强光手电筒、放大镜、紫光灯这三件法宝。而在老酒的保存上，生料带和自封袋也是阜阳人在经历了多次漏酒、毁标的教训后找到的解决办法。

在市场发展规律和领袖人物的驱动下，"阜阳老酒帮"走上了自我分化的道路，并由此推动了自身的壮大和老酒市场的成长。2012年后，老酒进入了新的发展阶段，在阜阳人的推动下，老酒朝着更加细化的发展方向前进。如今的"阜阳老酒帮"，有的人成为了老酒大商、有的人玩起了老酒金融、有的人成了收藏家、有的人做起了复刻版，还有的人玩起了线上老酒……

因缘际会，乡土生聚。阜阳人以老酒而富，老酒以阜阳人而勃——中国酒业史上，这倒也不失为一段充满奇趣的佳话！

大丰收时代

2003—2010年这个阶段对李耀强来说是愉悦和振奋的,他大部分的老酒都是在这个时期收到的。

李耀强的藏品中,大部分是靠阜阳酒友们帮他到全国各地费心费力找到的。另外还有部分来自酒圈志同道合的老前辈,因种种原因将自己半生收藏的酒转让给了李耀强。

比如上海有一位老前辈,从20世纪70年代就开始收藏酒,但因为信息不发达,他没有与外界酒友进行任何交流,只是一个人默默收藏。2021年老前辈因病去世,享年76岁。他留下了储存了满满一房间的老酒,大概300多瓶,都是20世纪70年代以前的酒,品相非常好。后来,这些老酒被一个酒商发现,酒商找到李耀强,李耀强去前辈家里看到了这一房间的老酒,只一眼便决定要完整地保存下来。最终以多一倍的价格回收了那批酒。李耀强感慨道:"这位老先生收藏酒

李耀强地下酒窖中的酒标墙

100

李耀强地下酒窖中收藏的来自全国各地的藏品

非常用心,会查很多资料,而且每瓶酒背后都贴着收藏经历,比如什么时候收藏的、在哪里买的、当初价格多少,很让人感动。"

"那真是一个大丰收的时代啊!"李耀强感叹。

2010年是一个分水岭,这一年也被业内人士称为"老酒拍卖元年",由于老酒拍卖带来的大幅溢价,让人们蜂拥而至。此后随着资本进入老酒市场,酒的价格也不断攀升,现在想收到一瓶货真价实的好酒已经很难了。

三十年的日积月累,李耀强目前已经拥有近3万瓶老酒。在他的地下酒窖中,七八间房子里都是酒架,每个架子都可以打开,排列有序。其中川酒以产量大和知名品牌众多而闻名国内外,占据了好几排酒架的位置。

川酒是"川字号"特色文化名片的杰出代表,古往今来为巴蜀文化输出贡献了不容小觑的力量。从天府之国到黄浦江畔,一条长江把四川和上海紧密相连。革命动荡时期,川地大量优秀儿女到上海学习交流,改革开放之后,川商与沪商又拥有对商业文明和事业发展共同的憧憬,怀揣着同样的中国梦,肩负着同样的责任与使命。而川酒的发展,也影射出巴蜀历史文脉的源远流长。

李耀强在酒窖细致查看酒品情况

在李耀强眼里,每一瓶酒都代表着一个故事、一段历史、一种文化,以及一种对岁月的回味。

信息化管理

戏剧性的是,李耀强并非"嗜酒如命"而是"嗜藏酒如命"。虽然收藏了这么多酒,他却是一个天生不喝酒的人,他喜欢用老酒来款待自己的朋友们,看到朋友们喝得高兴,他自己也很开心。

工作之余,邀请几位爱好老酒的朋友来到酒窖,交流鉴赏这些老酒,是李耀强工作之余最放松的时刻。当一批老酒送到酒窖后,大家便忙碌起来,有人做记录,有人封膜,有人拍照,有人上条形码……彼此分工有序,沉浸其中并乐此不疲。李耀强说:"有时我早上7点多下到酒窖,直到出来天都已经黑了,在里面也不知道待了多长时间。"

李耀强与朋友们在地下酒窖交流鉴赏老酒

为了方便管理，李耀强收藏的每瓶酒都有手写记录，项目多达17项，包括名称、品牌、产地、时间、价格、外包装、品相、香型等。就这样，每一瓶酒都有自己的档案，日复一日，年复一年，不知不觉用掉的登记册就有30多本，总重量达到五六十斤。

随着酒窖的老酒数量越来越多，大家发现，原来手写记录的方式已经越来越不能满足现实的需求。为了更高效地对老酒进行管理，李耀强与时俱进，请人专门编写了一个老酒管理软件，把所有手写的资料都输入进去，实行定置管理。现如今，李耀强的老酒就像图书馆里的图书，每瓶酒都对应一个条形码，记载着它所有的信息；每瓶酒都有自己固定的位置，每次拿出必须放回原位；如果调整这瓶酒的位置，电脑端也要做相应的修改。

"把钥匙交给他，让他来替我管理，他管得比我细致。"李耀强指着自己的朋友说道。负责管理老酒的是李耀强的一个多年好友，他们年轻时相识相知，后来又住在一个小区，也拥有同样的爱好。

也许正是有了朋友的陪伴，闲来无事品一口好茶、聊一聊老酒，日子总是祥和而美好。

大世界基尼斯记录

2019年是李耀强忙碌的一年，这一年他在老酒圈中率先申请了大世界基尼斯记录的评审。从开始整理到最后通过，他和朋友们足足准备了半年。按照大世界基尼斯的要求，他们需要请第三方来进行检测，第三方要求所有老酒都要有电子记录，并且酒的记录和位置要相对应，不能有任何差错。考评时，随机抽取一个编号，然后去相应的位置拿酒，进行比对，酒的各种信息必须全部正确，才能通过考评。

经过不断测试、整改，李耀强的老酒系统终于达到了测试要求，由第三方提交报告给大世界基尼斯总部。一个月后，大世界基尼斯派专人来复核，通过抽查，信息准确无误，李耀强顺利地通过了考核。

这年10月，李耀强正式获得三项"大世界基尼斯中国之最"证书——收藏中国白酒品种之最、收藏白酒品牌之最、收藏上海酒品种之最。

目前，他收藏老酒的时间近三十年，收藏的老酒年代跨度长达百年。

大世界基尼斯记录一经公布，立刻传遍老酒收藏圈，李耀强成为中国酒圈公认的大咖之一。但李耀强表示，世界之大无奇不有，山外有山，人外有人，或许还有很多这样的藏家，只是他们没有去参与评比，或许他们才是第一人。李耀强动容地说："我能收藏这么多酒，都是大家对我的支持，我是站在巨人的肩膀上做巨人。"

独乐乐不如众乐乐。面对自己收藏的上万种白酒，李耀强准备编撰一部关于老酒的书籍，初步计划是选出3000瓶有代表性的老酒来进行详细介绍。当然，为了增加趣味性和可读性，还打算在每一款酒的介绍里穿插关于酒的历史、诗歌、趣闻、故事等，以一种更加轻松的方式，展示老酒的风貌，讲述背后的故事，传播酒文化知识。对李耀强来讲，这部书是自己多年来收藏的总结，也是对老酒、对社会贡献的一点力量，希望人们对老酒有所品鉴和欣赏，领略时间的沉淀带给我们的那份惊喜与感动。

2019年，李耀强与三项"大世界基尼斯中国之最"证书合影

李耀强地下酒窖收藏的不同时期泸州老窖产品

白酒文化艺术馆

建设一座白酒文化艺术馆是李耀强的多年心愿。过去三十年他寻寻觅觅、孜孜以求,就是希望能够让更多的人看到中国白酒文化。

2016年,一次很偶然的机会,李耀强了解到浙江正在全省进行生态"坡地村镇"建设用地试点。这是一种全新的供地模式,就是在保持生态的前提下,在山坡地进行适度建设。

李耀强觉得这个方向特别好,几番考察后,他看中了湖州吴兴区妙西镇霞幕山一片300亩的山林。

2017年,慧心谷动工。2018年11月试营业。这个项目一经推出就受到大家的好评,成为网红打卡地,同时还带动了周边乡村的共同富裕。

2019年12月,湖州白酒文化艺术馆奠基仪式在湖州慧心谷隆重举行。在活动现场,李耀强发表讲话:"今天,我们在这里,将几千年白酒匠心浓缩在这座即将动工的中国白酒文化艺术馆上,目的就是传承发扬吴兴的酒文化、湖州的酒文化、中国的酒文化,让更多人来吴兴体验白酒和传统酒礼的魅力,让海内外来客共享'可品味、可欣赏、可参与'的文化盛宴。"

李耀强打造的慧心谷绿奢度假村,注重文旅、美酒和文化的结合

目前，这个由湖州市吴兴区投资5000万元、建设面积5000平方米的白酒文化艺术馆已经建成，正在设计布展方案，不久将对公众开放。这不仅是一座艺术馆，还是一次IP联动与资源整合——将湖州人朱肱所著《北山酒经》的历史文化与万瓶老酒进行创新融合，不仅为旅游景区增加文化内涵，也希望此举能够将当地的酒文化发扬光大。

20世纪60年代末期到80年代初期的酒，市场存量非常少。当时生活条件普遍比较差，很少有人特意收藏白酒。为了能让人们了解过去酒的品种，李耀强特意委托专业人士按照等比例定做了一批市面上非常稀缺的复制品。

李耀强说："我定制了大概1000多瓶的复制品，这也是一种文化的体现，通过复制把一些消失的老酒展现在大家面前。这对中国酒文化的历史是一种必要的补充。"

海派收藏

上海的文化被称为"海派文化"。"海派"一词，最早与"京派"相对应，原来是指通过改良和创新后具有上海地方特色的京剧，后来逐渐衍生为"具有上海本地色彩的特征"。海派文化最根本的特征是融合性，它是上海本地文化、移民文化和外来文化的有机结合，显示出时尚、多元、创新、市场等特点。

上海素有中国收藏界"半壁江山"之称，海派收藏是海派文化在收藏方面的具体体现。

上海虽然不是中国的酒产地，却是酒的重要流通枢纽。在上海这座传统与现代兼容的城市里，海派文化的开放性、多元性、创新性、兼容并蓄在酒中体现得淋漓尽致。

上海有着各种各样的爱酒人士，有的收藏红酒，拥有3公里长的酒窖，有的收藏中国药酒，有的收藏各种洋酒，有的专门收藏老酒……

而李耀强收藏的主要是老酒中的小品种酒，酒圈里称为"杂酒"——中国各地曾出现过的白酒品牌和种类。通过收藏，李耀强逐渐认识到自己的责任——就是把那些即将逝去的"杂酒"保护、保存起来，让这些历史的见证者，带领我们去探索它们背后的故事。

李耀强地下酒窖摆放着来自全国各地的"杂酒"

繁华的大上海,曾经也有着许多优秀的白酒品牌:崇明老酒是上海的非物质文化遗产,已经有700多年的历史;神仙酒是上海市地产特产名酒,为浓香型白酒,作为上海白酒的代表之一,虽然在全国范围内可能相对较为小众,但在上海本地却很受欢迎。七宝老酒、熊猫大曲、召楼大曲等曾在20世纪80~90年代风行上海滩,是老一代上海人钟爱的白酒……李耀强收藏的上海白酒品牌多达170个,专门陈列了一个上海老白酒专柜,展出20世纪70~80年代生产的上海名酒,如上海二锅头、薄荷酒、熊猫特曲、江南二曲等。如今,除了上海神仙酒厂还存在外,其他酒厂几近消失。

对于上海的白酒,李耀强虽然钟爱有加,但也有着客观的评价。他表示,要酿出好酒,就要有好粮、好水,但上海几乎不生产粮食。从品质上来说,上海的酒和四川、贵州是不能比的。只不过在改革开放前,上海的轻工业产品在全国比较有影响力,所以大家对包括白酒在内的上海轻工业产品都高看一眼。一个典型的例子,就是上海甚至有一个酒厂叫中国酿酒厂,打着中国的品牌,但这是上海的历史地位造就的,并不表示它的酒代表了中国白酒水平。

文创产品

在很多人的印象中,上海人是精致的、讲究的,也是不善喝酒的,但在上海却盛行着一种"早酒文化"。这起源于"码头文化",即码头工人在彻夜工作后,早晨喝一杯酒解解乏。久而久之,这种喝早酒的习惯逐渐变成一个城市的特色,流传至今。

随着时代的发展,上海的酒文化也呈现出多元化趋势,既有中国传统的白酒、黄酒、米酒,也有啤酒、鸡尾酒和葡萄酒等。

上海的海派文化兼容并蓄、开放创新。

李耀强在上海这个繁华、亮丽、富有情调的城市里,也一直做着自己喜欢的事情,身体力行地推动着酒文化的创新发展。

2021年1月,以外滩、浦东、豫园、南京路、淮海路、新天地、石库门、世博大观和七宝古镇九大文化地标为主题的"城市景酒"上海系列首发仪式在沪举行。同日,由上海市收藏协会主办的"中国陈年白酒收藏网"上线,这是一个公益性网站,旨在传播中国藏酒信息。

有了"城市景酒"的成功经验,李耀强在弘扬酒文化的文创之路上更加坚定,他多次针对开发文创产品到各大酒厂积极洽谈。

2023年4月,李耀强与越剧名家赵志刚、文创名家胡建勇、酿酒名家余方强合力推出的"越剧王子酒"在沪首发,这组文创酒由越剧王子宝玉酒、越剧王子罗兰酒、越剧王子喜宴酒三款组成。

2023年8月13日,黄浦江畔的上海明华糖厂,上演着"时光珍藏的味道"——泸州老窖特曲60版沉浸式怀旧音乐剧盛宴《时光乐宴·一曲成名》。长江边的两座城市——上海与泸州,在这一刻产生了奇妙的时空交汇,一起慢慢讲述着光阴的故事。这场感官盛宴的举办不是偶然,而是这两座城市丰厚的文化历史以美酒之名的又一次相遇。

上海这座时尚之都,与酒文化有着悠久密切的关系,如20世纪60年代的"工农牌"泸州老窖特曲一样,沉淀着时光的味道。

这些产品融合了李耀强对上海的热爱,对酒的痴迷。以酒为媒,让城市、艺术与好酒共融,以文创助力中国白酒发展。

2023年,李耀强(左二)携团队与泸州老窖股份有限公司企业文化中心总经理李宾(左三)交流

留下那些故事

中国的白酒源远流长,范围极广。几乎在每个县城,甚至乡镇都有自己的地方酒。李耀强说:"尽管现在把酒分为12种香型,但是具体到每个香型、每个地区,其生产工艺和所用原料都是不同的,导致口味也不一样,尤其是各地传承下来的小酒坊,各有各的生产工艺和特色。"

相比名酒,李耀强的"小杂酒"自然升值空间和变现能力相对弱很多。有些人也曾开玩笑讲:李耀强是傻瓜,当初为什么不收茅台酒,如果收了几万瓶,现在肯定发达了。李耀强自嘲:"我在收藏老酒的圈子里属于一朵奇葩。"

李耀强认为,这类老牌名酒什么时候都很容易买到,但是现在花再多的钱也很难买到他收藏的这些老酒。不要小看这些小品牌的酒,当达到一定量的时候,它们背后的文化价值就显现出来了。

李耀强正在细致鉴赏不同时期、不同厂家的酒标

他表示，就算以前的很多酒厂或倒闭或被兼并收购，甚至生产酒的人也不在世了，但是酒保存下来，关于酒的故事也就留下来了，可以说酒是历史和文化的见证者。

"不收大品牌是因为在当初收大品牌的酒价格也相对比较高，比如收一瓶四大或八大名酒，就可以收十瓶八瓶小品牌的酒，那么我选择小品牌酒，就可以多收一点。"李耀强笑称。

同时，20世纪90年代之前的酒标全部是手工画出来的，李耀强介绍说："现在来看这些酒标仍然非常精致、美观，不少美术大师是画酒标出身，每个酒标都体现了那个时代的特征和文化。"所有的酒具、酒瓶、酒标，都是李耀强这些年一点点积累而来，有时候这些边际成本甚至超过了酒本身的价值，但是这些都不能阻止他在收藏老酒文化之路上不断前行。

谈及小众酒，李耀强和同为收藏家的郑杰也是深有感触。众所周知，四川历

来就是名酒大省,以产酒量大且名牌众多而名扬四海。1989年,第五届全国评酒会评出的全国十七大名酒中,四川的酒就占了三分之一。郑杰收藏了大量川内历史上曾出现过的杂酒。他曾感慨到:"川酒种类繁多,20世纪90年代以前的品种至少有5000种以上,粗略估计每个县就有二三十种品牌,后来随着市场的发展而慢慢消失,这些小酒不宜用经济价值去衡量,每一瓶酒都有它自身包含的地域文化。"

"寻9"札记

李耀强老师对于老酒的爱源于老酒美学与文化价值。

他滴酒不沾,当我们对他的酒藏叹为观止之时,李耀强老师很是淡定地从酒柜中取出一瓶泸州老窖老酒,说:"今天你们来,把这瓶酒喝了吧。"

泸州老窖的领导接过酒一看,是2003年出品的,20年了。李耀强却表示,20年的酒在他这里属于"新酒",他喜欢收藏更老的。

酒文化与上海有着更为悠久密切的关系,在北宋时期,曾建立征收酒税的上海务;在明清时期,上海曾作为酿酒产业的中心之一;近代各种洋酒的进入为上海酒文化增加了新的色彩。

李耀强老师藏酒的经历是对海派文化的一种传承和诠释,是一种对历史和文化的崇敬。他是一个有情怀且坚毅的人,开始不被看好,但通过几十年的坚持努力,终是造就了如今的"藏酒大王",得到了大家的认可和尊重。

李耀强老师边收藏边学习。正如李耀强所说:"做任何事情只要认准一个方向,去深度挖掘,不懈地坚持,执着地追求,一定会有成功的机会。"

数以万计的老酒,承载着历史的厚重,拼接构成中国近代百年酒文化的版图,也向我们诉说着李耀强老师的传奇人生。

走访酒窖时的一个细节令我们很是动容,谈笑间李耀强老师转向同是老酒人的史进财,笑着说:"我写一个授权书给你,万一哪天我不在了,这些酒就由你帮我处理,你可以拿20%佣金,多出的部分交给我老婆。我就不管了。"

"你可以搞一个老酒基金嘛。"史进财笑着回应。

在酒窖里的时间总是过得飞快，不知不觉间钟表的指针已近半夜。

聚散终有时，当大家都走出大门，李耀强老师留在最后关闭酒窖的灯，他再一次扫视了一圈他的宝贝老酒，依然整齐，依然安静。

"啪"灯熄了，他在期待着下一个陈酿进入他的酒窖。

……

当繁华落幕，时过境迁，我们曾经经历了什么？又拥有了什么？

若一个物件，一个地方，能让我们心有所系，也实为人生的一件幸事吧。

泸州老窖持续深耕年份酒市场

在年份酒市场持续升级扩容的势能加持下,泸州老窖作为中国瓶储年份酒的开拓者和领航者,其名酒价值不断放大。

早在21世纪之初,依托1573国宝窖池群和泸州老窖酒传统酿制技艺而诞生的超高端品牌"国窖1573酒"惊艳亮相之际,泸州老窖便已发力白酒收藏与投资事业,为"回归中国名酒价值"做出自己不懈的努力。

1999年9月,在四川省第二届名酒文化节暨泸州市第九届国际名酒节召开之际,泸州老窖举行了隆重的国窖酒世纪出酒大典,800多位中外嘉宾在浓郁的传统酿酒文化氛围中,目睹了由"1573国宝窖池群"酿造的"国窖酒"出酒全过程。这次出酒被分装成1999瓶,每瓶1999毫升,逐瓶编号,不作销售,仅供观赏、品味和珍藏。这次出酒大典举行了公益拍卖活动,将编号为0009、0099、0999、1999的四瓶国窖酒进行公开拍卖。其中编号为1999的国窖酒以18万元成交,创下了当时世界白酒拍卖的天价,以"酒中之贵"而载入大世界基尼斯记录,此举更是首开中国白酒收藏先河。

1999年,国窖酒世纪出酒大典现场

1999年，首届国窖酒拍卖大典开启中国白酒收藏的先河

2010年，泸州老窖联手中国工商银行推出"中国首款世博概念金融理财产品——泸州老窖特曲绝版年份酒"，"绝版年份酒"正式走入投资理财平台；同年，为纪念获得巴拿马金奖95周年，泸州老窖在全国重点城市开展了"见证中国荣耀　年份酒中国寻"主题活动，先后在广州、郑州、石家庄、济南、成都、重庆开展活动，带动年份酒收藏和消费市场持续升温。

2012年，泸州老窖正式进入了年份酒拍卖时代：在歌德秋季艺术品拍卖会"荣耀六十年　浓香酒王——泸州老窖五届金奖年"拍卖专场上，1952年泸州老窖金奖年份酒拍出最高价格，创下白酒拍卖场上单一标的物成交额历史新高；2013年，泸州老窖携手上海嘉禾拍卖公司，精选1963—1998年陈年年份酒进行专场拍卖，其中一瓶泸州老窖年份酒刷新迄今为止白酒拍卖场上单一标的物成交额历史新高；2014年12月，泸州老窖与中国酒业协会名酒收藏委员会联合举办"中国首届名酒收藏拍卖会"，收集1952—1989年年份酒，是一次白酒投资收藏界史无前例的盛会。

2010年泸州老窖"见证中国荣耀 年份酒中国寻"主题活动现场

2012年,北京歌德秋季艺术品拍卖会"荣耀六十年 浓香酒王——泸州老窖五届金奖年"拍卖活动现场

2016年，泸州老窖全面下发《关于国窖1573经典装52度成品酒实施年份化定价的通知》，成为行业首个制定瓶储年份酒定价标准的企业。2017年，泸州老窖再次全面下发《关于国窖1573经典装瓶储年份酒2017年度价格体系的通知》及《瓶储年份酒新零售价格的通知》，并携手中国白酒产品交易中心"名酒收藏交易平台"，引领瓶储年份酒新航向。

泸州老窖瓶储年份酒产品标志

2018年，泸州老窖围绕瓶储年份酒全面布局，先后在杭州、南京、上海举行"寻找岁月酿的酒——泸州老窖瓶储年份酒全国巡回鉴评会"，成功推动行业实现从"年份酒"到"瓶储年份酒"的完美升华。本书题名《寻找岁月陈酿的酒》，亦指泸州老窖瓶储年份酒在文化层面的延伸。

2022年开始，泸州老窖陆续推出年份酒收藏鉴赏典籍《泸州老窖藏典》和《国窖1573藏典》，再一次引爆行业热点，持续深耕千亿年份酒市场。

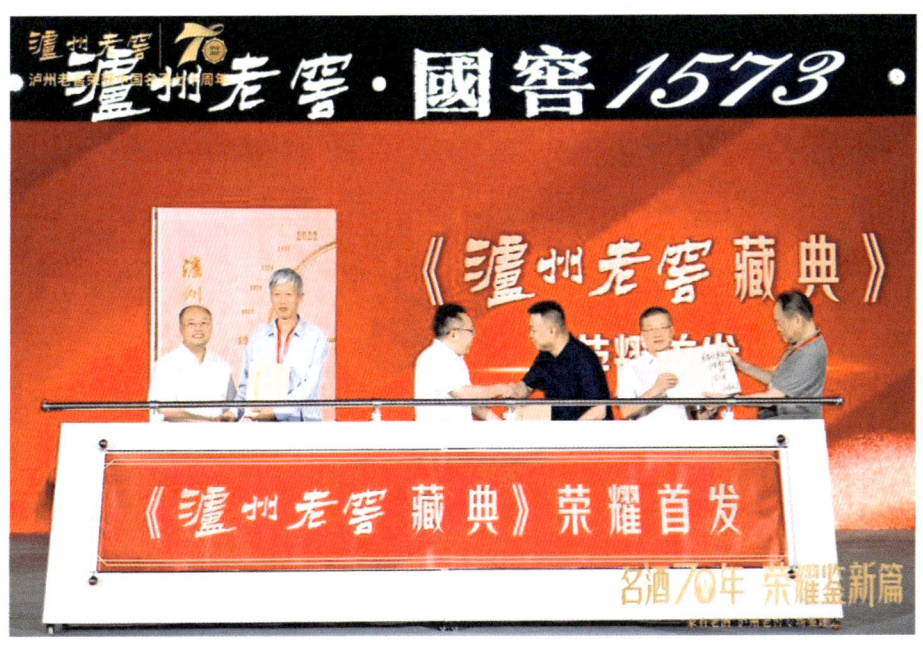

2022年7月16日，"名酒70年　荣耀鉴新篇——'家有老酒'泸州老窖专场鉴评会"活动上《泸州老窖藏典》荣耀首发

2023年12月6日,"品味450年 名酒荣耀鉴新篇"泸州老窖全国巡回鉴评会北京站圆满收官,中国酒业协会理事长宋书玉(右四)、泸州老窖股份有限公司党委副书记、总经理林锋(中)、泸州老窖股份有限公司党委委员、副总经理、首席质量官、食品安全总监何诚(左三)等领导出席活动

2023年,《国窖1573藏典》在"品味450年 名酒荣耀鉴新篇"泸州老窖全国巡回鉴评会活动上荣耀发布

2023年恰逢泸州老窖1573国宝窖池群迎来持续酿造的第450年，2024年是中国浓香700年，2023年、2024年由泸州老窖主办的专场全国巡回鉴评会，以泸州为原点，相继走过上海、武汉、深圳、北京等城市，与全国各地的白酒藏家见面，分享瓶储年份酒的收藏价值、文化价值和品饮价值，打造老酒的文化标杆、消费标杆、投资标杆和行业标杆。

作为中国瓶储年份酒的开拓者，泸州老窖为挖掘我国陈年白酒的价值与魅力，为弘扬瓶储年份酒文化、规范年份酒市场、推动瓶储年份酒行业持续健康发展做出自己的贡献。

寻找岁月
陈酿的酒

THE STORY OF AGED BAIJIU COLLECTORS

一位新闻人的
老酒文化进行曲

老酒文化操盘手

张继斌

- 江苏南京人。中国酒业协会名酒收藏委员会兼职副秘书长，江苏省收藏家协会酒类收藏专业委员会会长，江苏氿号门文创发展有限公司董事长。

楔子

"有请我们熟悉的酒界诗人张继斌为我们带来分享——《齐物、齐心、齐天下》。"随着主持人的引荐,人们的目光汇聚向舞台方向。

偌大的宴会厅中,只见一个身影从前排一张圆桌旁起身,走向舞台。追光灯下,他泰然自若,循序渐进,穿越历史,起承转合,纲举目张。

掌声响起。

这是2023年泸州老窖主办的"品味450年 名酒荣耀鉴新篇"全国巡回鉴评会泸州站的活动现场。2023年,恰逢1573国宝窖池群持续酿造不断生香的第450个年头。

这一幕,对于泸州老窖和张继斌来说,绝不陌生。

迈进21世纪,泸州老窖在全国乃至海外打造过无数场品评文化盛宴,致力于将中国酒文化这张悠远璀璨的名片传播到五湖四海。张继斌是泸州老窖的常客,他因为对泸州老窖的文化敬畏而站在这里,真情叙说作为一名老酒藏家对中华酒文化的孜孜探研和不倦思索。

诗酒人生,洗尽芳华。从中国语言文学的学以致用,到"无冕之王"的左右逢源;从锱铢必较的新闻采写,到"中国盱眙龙虾节"的规划宣推;从"中国新闻奖"的最高荣誉,再到老酒收藏、研究、文创的点点滴滴……在张继斌的人生理解中,万物的表征千姿百态,但本质的归属必经文化之路径。

青年时期的张继斌带着高校子弟的才情,从古城扬州考入省会南京求学,毕业后做过教师、公务员,最终选择成为江苏省委机关报新华日报社的记者,不久参与了《扬子晚报》的筹建创立,担任过文艺部、特稿部主任,走南闯北,阅读人间。他用"心念",调动一双善于发现的眼睛,最终驻足酒之美学,钻研美酒文化,任凭华夏苍茫酒海的洗礼和陶醉,寻觅着"江畔何人初见月?江月何年初照人?"的酒事春秋、酒意人生。

如今,已退休的张继斌,没有赋闲的慵懒,顺应心迹,他小心翼翼地走入美酒文化的"桃花源",探索、研究、发声、宣传,乐此不疲,

2023年，张继斌在泸州老窖"品味450年 名酒荣耀鉴新篇"全国巡回鉴评会上演讲

阅此不倦。他始终带着新闻人好奇的哲思，纵观现象，洞察关联，窥探本性，回首浩瀚。

——"酒者，水之形，火之心，汪洋恣肆，侠骨柔情。恢弘的互联网生态中，我笃信，追寻酒之其然，必须明了其所以然。所以，思考必须坚守独到之价值取向，跨界融合、兼容并蓄、齐物、齐心，方能齐天下。最后抵达实践探研的'发心'之彼岸。"

在品味老酒之前，不妨先来听听张继斌的老酒打开方式。

宿命·情缘·父亲的酒

张继斌进入老酒圈，属于文化惯性使然。

张继斌是老酒圈子中公认的"文化人"，他接触酒这个事情深受他父亲的影响。

张继斌回忆道，父亲是一名1939年的老兵，山东烟台莱州人。中华人民共和国成立初期随解放大军南下到了江苏，先是在一所军校工作，后来携母亲一起转业至当时的苏北师专（扬州师范学院的前身，现在与其他五所高校共同组建为今天的扬州大学）。父亲一直到离休前，都有着军人之豪情，当然，也包括饮酒。

张继斌少年儿童时期是在大学校园中度过的。浓郁的学院氛围，使从小浸润其中的他，潜移默化地形成了溯本求源、格物致知的思维惯性。1978年，在恢复高考的第二年，张继斌不负众望考取了南京师范大学中文系。毕业后，他做过高中语文老师，也到机关参加过共青团的工作，后选调到新华日报社做记者。1985年底，新华日报社创办《扬子晚报》，张继斌凭借过硬的专业素养，进入筹备班子，担任驻外记者。1997年他调回南京本部，不久任职于《扬子晚报》文化部，后任特稿部主任。

2000年，他回家过年，张继斌照例张罗着要跟父亲"喝两口"。父亲摇摇头说："年纪大了，不能喝酒了。"随即想到张继斌平时工作忙，应酬多，有酒局之需。就领他来到卧室，顺手指向老式棕绷床下："买酒也得花钱，你就把它们都拿走吧。"张继斌趴下往里一看，大为震撼，父亲的好酒还真是不少。

少年张继斌（后排左一）

原来父亲晚年，心脏有恙，生病后喝酒越来越少，最终戒酒，于是床下就成了他存酒的地界儿。过完年回去时，张继斌就把父亲的藏酒满满当当装了一车，拉到了南京家中。每每回想，正是父亲的这批老酒助推张继斌走向老酒收藏之路。

书山·酒海·书酒同辉

一车老酒拉到南京之后，安置在哪里成了个大难题。

张继斌环顾四周发现，家中大书橱应该承受得住这么多酒的重量。于是经过一番归置之后，一车老酒尽数入橱。

也许是来自一名新闻记者独到的眼光，抑或是从小审美熏染下形成的敏锐洞察，张继斌惊喜地发现，书和老酒放在一起有着出乎意料的协调之美，在斜阳的映照下相得益彰，老酒有了文化，书籍也添了醇芳。

张继斌说："我在大学，最后的专业方向选的是西方戏剧，我也热衷话剧表演，也学习车尔尼雪夫斯基、布莱希特、梅特林克、让-保罗·萨特。所以对将具象直观的事物，突破转化为情景再现，是有一定锻炼的，有心得。起初的书酒同窗，我发现是一件很有意思的耦合美景。"

如果说之前张继斌对酒的好感源于与父亲相处的融洽氛围，那么回到南京后，张继斌就开始重新审视这份岁月的馈赠。每一瓶老酒，设计上饱含了时代的艺术墨迹，酒体上凝练了传统工艺的匠心，情怀上寄予了老一辈纯粹的珍视，老酒因记忆和亲缘而美。开一瓶，众香四溢、满屋弥漫。

从继承父亲的藏酒开始，之后不论张继斌走到哪里，都会不自觉地关注各地酒中之林林总总，碰到心仪的或是稀有的便会买来收藏。由于早年间学业沉淀和职业训练形成的思维惯性，张继斌认识事物总会带着很多问号，诸如为什么叫国窖1573？甘醇曲"情为何物"？飞天有什么典故？不同风味的形成与地方风土人情有何关联？巴蜀大地，为何有"酒之龙脉"？……带着这些问题，他开始对老

2023年，泸州老窖年份酒尊享品鉴活动上张继斌从人文角度分享老酒感悟

酒展开了多方面的研究,在此过程中又遇到很多志同道合的朋友,随着逐步深入的研究与交流,张继斌愈发读出了老酒的韵味,也进一步拓宽了对老酒文化理解的视野。

平时工作之余,取上一册书卷,斟上二两好酒,用心感受"诗酒人生"两种文化形态的碰撞。陈味在往事中调和,美感在思绪中升华。

后来,张继斌家中的所有书架、车库,都被他改装成了酒柜和酒窖,添置了更多的藏酒。每每把玩之时,总会感慨父亲的老酒保存之完好,鲜有跑酒的情况。偶尔喝一喝,的确老酒比新酒好喝,亲身印证着"酒是陈的香"。

古昔・过往・"度"是中坚

不得不承认,世人对酒的立场就像是一场持续了数千年的辩论赛。

古时既有竹林七贤爱酒,又有李白斗酒诗百篇,如今不乏国家禁酒限酒,也有饮酒延年益寿的声音。归根到底,酒始终围绕一个"度"的探讨。

张继斌爱酒却不嗜酒,老酒对张继斌的吸引力还源于一种辩证的意味。作为中国文化的重要表征,酒与中国哲学有着内在的文化联系。中国哲学亲自然、讲感性、重思辨,或出世、或入世,在"酒文化"中皆有反映与表现。论及酒的哲学,最为突出的哲学征象,莫过于酒所特具的"水与火"的阴阳理念与辩证法则。

张继斌曾就酒的好坏,与著名的中医泰斗周仲瑛有过探讨。周老先生说,在古代的时候,酒有药引子的功能。从中医学理论上讲,适则有益,过则伤身,小酌理脉,大醉劳神。的确,任何一个东西都有好和坏两个方面:在某个历史阶段,当好的一面大于坏的一面的时候,它就是好东西;当坏的一面掩盖了好的一面的光芒时,它就是个坏东西。

回过头来看"酒是陈的香"又似乎多了一种意思,酒的老熟的确对酒有提升,可以让酒更加醇厚芳香,不过这种提升终究是有限的,而人对于事物的解读是无限的。

张继斌说:"老酒,可以看、可以玩、可以卖、可以换,更可以喝,其乐无穷。"

2005年后，网络上零星出现的一些老酒论坛，成了老酒爱好者的福音。这些"平台"不断扩大起藏酒者成"圈"的范围，大大降低了老酒爱好者们交流交易的成本，也孕育、启蒙、最终勃发了老酒的市场价值。2010年可以称为老酒拍卖元年，之后陆续出现的老酒大规模拍卖，唤醒了社会各阶层对老酒的认知，老酒也因此逐渐衍生出了金融属性。

张继斌说："拍卖是老酒商品金融属性的导火索。任何东西只要溢价超过一定的量级，它立刻就变成了金融，随之而来的就是资本化入侵。"

酒为百礼之首，在名酒与老酒作为高端社交载体、礼尚往来蔚然成风之时，2012年底，"酒桌文化"降了温。

老酒多元价值的衍生，又何尝不是在围绕"度"这个问题起伏发展。正因如此，张继斌越发觉得酒是个格外有趣的东西，与人的生活、生命、心态有很多相通点，老酒收藏对他来说，更像是对处世哲学的一种探究。经过挖掘老酒的多元价值，回归事物最本真的意义。

酒，不仅可品可饮，可投资厚回报，更可回忆可传承。这种酒的复合属性，在以销售为主导的酒类市场渐渐被人忽略；然而，通过数十年来老酒藏家和无数老酒人不遗余力的推动，酒迎来了它的华丽转身。

因为老酒收藏，国人才真正意义上了解到什么是"陈味"；因为老酒收藏，百姓能更真实地了解酒的历史文化；因为老酒收藏，才带来了白酒行业返璞归真、回归品质之风。

标准·精进·哪怕涅槃

与很多早期的老酒藏友一样，藏酒论坛、烧酒网[①]、淘酒鉴定网等，都有张继斌活跃的身影。他还给自己取了一个有趣的网名——半路酒虫，一头钻进这个藏酒、品酒、玩酒、说酒的世界。

---

① 烧酒网是2005年9月6日成立的线上老酒交易平台，创立人鲍志富，人称"鲍鱼"。中国老酒圈的发展和形成离不开烧酒网的运营和推动。本书几乎所有藏家酒友在早年间的老酒交易都是通过烧酒网进行的。

互联网平台的上线，打开了老酒交易公正、高效的大门。也正是这个时期，张继斌靠他的几箱藏酒，换回了一辆价值百余万的Q7，让一个知识分子好生风光了一把。同时，随着张继斌对老酒研究的日渐深入，他把过去已经淡忘的古代文学，包括先秦两汉的酒史都翻出来看，他赞刘伶，慕李白，笔底起波澜。

老酒成为他物质与精神的养分，也成就了他的潇洒与才情。

起初，家中的藏酒经常作为张继斌与朋友交流的谈资。后来他发现，人的综合情绪体现在酒这样一个物质上，是件很有意思的事。古往今来关于酒的记载层见叠出，酒出现在人文环境中，不仅仅有助兴的功能，其背后还包含了很多社会伦理，需要从史学和哲学的角度结合来看，辩证地认识酒文化以及在当时的社会背景下呈现出来的人文价值。这看似是一种伴生现象，但恰恰正是一个商品蜕变成一件藏品的内在逻辑。

随着对老酒知识的不断累积，张继斌对老酒的价值形成了深入浅出的结论。

第一，酒的品牌和时间价值。酒的品牌决定了人们能否认可这瓶酒的时间价值。假如手中的酒是某个不知名厂商的酒，很难让市场信服，再好的酒也难以找到合适的买家。所以需要认清楚手中的酒是什么品牌。对于中国的酒，最好是在1989年之前的五届全国评酒会中评选出来的十七大名酒和53优，再在这个评鉴的基础上，对老酒的年份进行选择。做到藏品人知，知之有理。

第二，酒的品相价值。酒的品相价值和酒本身的价格是有很大关联的。一瓶老酒保存得好坏可以从这几个方面看出来：一是外观，瓶身标签、商标是否完好，酒瓶要件是否齐全、整洁。而百姓们手中收藏的老酒，绝大部分是藏于衣柜、床底等，潮湿的环境容易使瓶身标签和盒子被腐蚀。二是酒液是否充盈。对于某些酒而言，衡量跑酒程度有个小窍门：可以将其水平放置后，拿强光手电筒照射瓶身，假如酒液的水平面不低于原始灌装线，则是属于满酒范畴，低于原始灌装线则属于保存不够完好或跑酒严重的酒了，这对酒的价值影响很大。

第三，显著性及文献价值。显著性是指在政治文化领域的显著性和影响力。主要为高质量出版物刊登过的酒，也包括名人、伟人及行业内重要人物的签名酒，如周恒刚、赖高淮亲笔签名酒。这些纪念酒可以说喝一瓶少一瓶，绝对不会再有。文献价值包括档案记载和资料呈现。史料记载价值包括"痕迹鉴定认可的，在各大媒介出现过的原件"，增加了老酒的可信度。可根据厂家背书，资料价值和工具书着重记载过的品类，关注具有文献参考价值的品类。

2024年,泸州老窖股份有限公司党委委员、副总经理、首席质量官、食品安全总监何诚(右五)带队拜访张继斌(左五)

第四,内容物的科学研究价值。在科学研究方面,老酒的组成成分更加能够让科学家分析、剖析出老酒的存在价值,以及让人们认识到老酒在那个时代的材料、包装、制酒工艺等,与史料形成了相辅相成的证据。典型案例就是中华人民共和国成立以来的三次大的试点工程直接影响了白酒产业的发展,泸州老窖的两次试点更是直接奠定了"浓香天下"白酒格局的形成。

第五,酒的存世量价值。收藏老酒另一个要素就是它的存世价值,即稀有程度。物以稀为贵,一瓶20世纪50年代早期500毫升装的"白塔牌"泸州老窖大曲酒在2021年全球老酒节——阿里拍卖之夜,拍出了118万元的高价,现存于成都华溢盈香酒趣会;还有一瓶藏于自贡"三开堂",成为镇馆之宝之一。

职责·敬畏·义薄云天

近年来，张继斌相继担任中国酒业协会名酒收藏委员会常务理事、兼职副秘书长、中国酒类流通协会名酒收藏委员会副会长、中国收藏家协会烟酒茶委员会副会长、江苏省收藏家协会酒类收藏专业委员会会长等一系列有关老酒收藏方面的组织职务，多次受邀参与各大酒企的品鉴活动，与国内业界藏家共同研讨白酒文化的发展，致力于挖掘老酒文化价值。

2018年9月，张继斌参加一个白酒文化节时提出，中国白酒文化要有"文化自觉""文化自信""文化自豪"。2021年5月31日，由江苏省收藏家协会酒类收藏专业委员会主办的一次鉴藏活动上，张继斌发表演讲，基于"酒是陈的香"的文化认知，最近的酒类收藏已经出现单一品种的规模化，以迎合阶段性"收藏"之后二次营销的C端需求。

2022年5月23日，厦门名优白酒交易中心暨内参文化体验中心在厦门国际酒类交易平台B馆揭幕，张继斌指出："一款好酒必须具备三大特质——品质、气质、种质。"

2023年4月，在参加以"你能品味的历史国窖450年"为主题的泸州老窖·国窖1573封藏大典时张继斌讲道，源于对老酒文化、人文的无限热爱，以及品鉴老酒所带来的心灵共鸣与血脉相通的人文影响，自己始终对老酒怀揣着敬畏之情、感恩之心。2024年3月23日，泸州老窖全国巡回鉴评会首站泸州站，张继斌在"山·峰·人"主题分享中谈道："有山有峰，我觉得光从这样的角度去解读泸州老窖是远远不够的。我一直在想，我永远在讲历史，永远在讲品质，永远在讲我们的传承。今天，泸州老窖酒传统酿制技艺已传承至24代。浓香700年技艺，24代传承人所创造并永恒的不仅仅是品质，不仅仅是历史，不仅仅是技艺，也不仅仅是今天的这壶酒，而是深藏在这壶酒里面暖暖的情愫，和与此情愫休戚相关的人文风土之烙印。"

对于泸州老窖，张继斌有着特殊的偏爱，他认为收藏价值的第一属性就是好喝，泸州老窖做到了。20年前，当他第一次开启那瓶1983年生产的泸州老窖时，一口入喉，舌面产生微微蚁啄的快感，渐渐向舌根蹬去，然后轻抚咽喉，激越出无以名状的花果奇香，是那样恰到好处，微醺的幸福感满载而来。自那时起，泸味浓香就深深地刻在了张继斌的记忆之中，并成为了他的美酒标准。

2023年，泸州老窖"品味450年　名酒荣耀鉴新篇"全国巡回鉴评会首站泸州现场张继斌作"山·峰·人"主题分享

"半盏泸酒满城香"的意境，折射出诗意背后的哲学审美，昭示着万物齐向、齐指万物的客观，也引发了一位文人藏者的神奇悟念。

痛点·兴奋点·敬畏之心

老酒收藏市场10年前开始进入"盛世"，快速增长的"繁荣"既引发了市场的冲动，也滋生了以次充好、鱼龙混杂的造假行为，阻滞了老酒行业健康有序地发展。

任何一种文化现象及其经营行为，都存在兴奋点和痛点。老酒的多元价值为老酒行业带来诸多兴奋点，但目前的痛点也是显而易见的，那就是利欲熏心驱使下的"假货横行"。张继斌认为，要在确立"兴奋点"信心的前提之下，寻找解决"痛点"的方向和方法。为此，他近年来也做出一系列的努力，期待真正把中国陈年名酒收藏以往的"痛点"科学有效地转变成"兴奋点"，让卖酒的理直气壮，让买酒的放心大胆。

张继斌认为破解"痛点"，维系老酒行业健康发展，需要具备三方面条件。一是需要有公众权威机构，目前行业内有中国酒业协会、中国酒类流通协会等，这都是为白酒行业发展集思广益、保驾护航的重要阵地；二是要有行之有效的管理手段，近十年内，各大酒企陆续成立了自己的知识产权保护部门，中国酒业协会也先后成立知识产权保护工作委员会、反侵权假冒工作委员会，这些都是在酒业知识产权保护方面的有益探索，且与政府、企业、藏圈等各方力量实现资源整合、优势互补；三是老酒收藏市场亟需一个独立的、有公众认知基础的第三方评价体系，让藏品的产地、原料、工艺、年份有参考指标，信息公开透明，让消费者明明白白消费、切切实实体验，重建对产品品质和流通过程的信任。

近年来，张继斌在推动第三方力量标准化建设方面，不断努力探索，积极参与。2015年，他率先提出老酒交易过程的"数据库管理原则""永久可追溯原则""藏品的评级标准"等。由他作为主要起草人之一的《陈年白酒收藏评价指标体系》于2019年9月在"全国团体标准信息平台"正式颁布，为陈年白酒收藏健康发展保驾护航，填补了陈年白酒收藏界的"团标"空白；他还积极推进中国收藏家协会陈年白酒备案系统的建立，试图将各种有效手段合成集约为中国陈年白酒真品的"证据链"，张继斌倡导用"区块链""物联网"等新兴业态治愈"顽疾"，助力社交电商平台运行。

2022年，张继斌出席泸州老窖荣获中国名酒七十周年活动

然而，尽管经过这些年的努力，依旧无法根治行业造假乱象。张继斌认为，"痛点"的根源在于，各个领域、各个协会、各个地区、各个酒企都已形成各自的标准和相应圈层，各方力量互不隶属。当一纸公文达不成行业共识的时候，就变成了一纸空文，就是白纸一张，建立独立的权威第三方是破题的关键。铲除老酒行业的"痛点"这件事依旧任重道远。

作为老酒收藏者，张继斌认为从意识形态上理解，"敬畏"是收藏的核心，对藏品有充分的敬畏感是收藏者的基本素质。那些以次充好、鱼目混珠的，都是没有敬畏心的人，不可能成为真正的收藏家。

相信未来通过各方坚持不懈的努力，择善而行，降低行业内耗，共创老酒行业健康蓬勃的明天。就像一壶老酒一样，良性循环的生态需要孕育和发酵、贮存、勾调的漫长过程。

酒號门·众兄弟·"海"之彼岸

2024年年初正式开业的江苏汍号门文创发展有限公司，是张继斌将酒与文化做链接的载体。关于公司的商标名称"酒號门"，张继斌认真地解释道："'酒'是与酒有关的所有事项；繁体字的'號'彰显文化的厚重感，说明陈年白酒的初始方向，寓意相应的文化内涵和产业输出方式；'门'，简体，就是简简单单的门，表达只要有意愿都可以加入的联盟逻辑。"

从整个文化历史的研究上，我们可以看出历朝历代，不管道学、儒学还是佛学，各种各样学说的影响下，其实最后定型的文化状态的认知，大部分是通过文人的视角去描述、去影响社会乃至普罗大众的，酒，概莫能外。它也属于文人的认知产物，属于文人的一种喜怒情怀。

文化是个约定俗成的事情，文化也始终是张继斌从事酒的收藏、研究和商业的逻辑出发点。在花甲之年，追随美酒人生，是他继续文化探研的"不由自主"和"水到渠成"。

"目前，从狭义文化角度来讲，我认为中国的藏酒界还没有形成系统文化体系。但从广义来理解，中国藏酒界有文化的自知自身的精彩和缺陷放至全文化的广度和高度，实践出圈之'宏大叙事'。"张继斌说，"我希望我在藏酒界真正成

2024年，江苏氿号门文创发展有限公司开业现场

2024年，泸州老窖销售有限公司副总经理李光杰（中）庆贺江苏氿号门文创发展有限公司开业，并与公司创始人张继斌（右）、总经理孙年华（左）合影

为文化的'垦荒人'和'讴歌者',为呼唤老酒文化之觉悟、觉醒贡献力量。"

曾经·辉煌·无法闲置的心

张继斌深知文化创新的力量,他擅长打通事物类别间的脉络,以文化作杠杆,搭建出其不意的桥梁,并以此为乐。

曾经,张继斌参与策划的"中国(盱眙)龙虾节"大获成功,一个富有想象力的文化运营,让一个贫困县脱贫,并"闯"出了一条致富之路。

当年的策划团队结合盱眙的当地条件和产业特征,综合深度策划了集商业、行政、文化等各方面的落地方案,让世人见证了如何将一个小小的龙虾创造出大大的奇迹的过程。

那些年,张继斌浑身上下也跟龙虾红成了一个色儿。

光阴荏苒,这场龙虾飓风从2000年至今已持续了二十四载。2024年6月12日,中国·盱眙国际龙虾节大型群众文化活动在江苏省盱眙县如期举行,他作为"功臣",应邀出席。

"无论来自何方,我们是朋友,跳着一支欢乐的舞,来来来,来来来,送你一首吉祥的歌,来来来嘿朋友们,让我们唱起来……"乌兰图雅一曲《送你一首吉祥的歌》响彻了盱眙奥体中心的夜空,唱到了每一位盱眙人的心坎里。只见台上歌舞飞扬,台下掌声、欢呼声汇成一片,五彩缤纷的荧光棒将现场化作梦幻的海洋。

谈及白酒的文化运作,张继斌将杯中酒一饮而尽,直言目前中国白酒跟风的悲哀:"希望我们的酒企都有自己独立的文化思考,总跟在行业头部后面,永远不可能是康庄大道。没有什么不可以关联的,设计合理了,后面的一切都合理。"

张继斌表示,只要事物是有选择的,业态就有活力。在未来酒企要搞差异化创新,发挥比较优势,注重文化运作,找准切入点和结合点。

他很推崇阿尔贝·加缪(1957年诺贝尔文学奖获得者),经常会引用加缪说的名言:不要走在我的后面,因为我可能不会引路;不要走在我的前面,因为我可能不会跟随;请走在我的身边,做我的朋友。

脚踏实地地真抓实干,遇到仰望星空的标新立异,迸发出不朽的"兴奋点",又何尝不是一种新时期新阶段的先进文化。

"寻9"札记

与张继斌老师的几次接触，印象最深刻的就是他声音洪亮的即兴主题演讲，一如不久前他在"品味450年 名酒荣耀鉴新篇"泸州老窖全国巡回鉴评会北京收官站现场，即兴朗诵的那首《水调歌头》一样，处处彰显着岁月带来的厚重与悠远。

他爱好广泛，追求有趣的人生，在真诚中迎来送往，在诗意里妙笔生花。

认识他的朋友，对他的印象多是慷慨激昂的挺拔形象。朗诵高手是他，长篇小说播讲者是他，话剧演员是他，广播剧主角是他，电视剧配音是他，报社笔杆子是他，杂文主笔是他，高端老酒藏家，还是他。

他喜欢木心，喜欢海明威，喜欢杰克·伦敦，崇拜马尔克斯；他关注社会，瞩目风云人物和事件，他富有想象力，不落窠臼，不禁让人联想到扬州八怪。

2023年，张继斌在"品味450年 名酒荣耀鉴新篇"泸州老窖全国巡回鉴评会北京站现场即兴朗诵《水调歌头》

当得知我们要写一本关于老酒人的书时，他眼中闪过一丝兴奋，这也是他多年以来的一个想法，我们可谓是不谋而合。随后他就开启了创意十足、滔滔不绝的思路输出，分享了他对这本书的构想，和对我们创作策划的建议。同时，他也自愧于近年来总在东奔西走，没有时间和精力沉下心来将想法落地。

我们与张继斌老师第三次碰面的时候，他正在无锡忙着他的"沈号门"装修，忙碌而轻快的脚步，承载着他对老酒事业的期许。他主张以内容产品为主，突破公司模式的限制，在结构性统领下，联合品牌厂家、圈层知己、博物馆、科研机构、专业会所、文创机构等，将他的老酒学说全面落地，打造全业态发展。

现如今，"沈号门"正式开业，"酒號门"的商标也已注册完成，张继斌老师正在一步步将想法变为事实。他坦言，以前他会不齿谈商业，但后来发现商业与老酒一样，酒品如何，在于品酒的人，在于同桌者。

——依然激情澎湃，依然潇洒如诗。

芥子、须弥、诗和远方[①]

我每次来参加泸州老窖的品牌活动，心里总是怀揣着抑制不住的澎湃，怀揣着对泸州老窖满满的敬意，竭力去触摸浓香鼻祖"天地同酿，人间共生"的文化传承和赓续创新。

有成语说"生如芥子，心藏须弥"。芥子，是芥菜的种子，很渺小很渺小，但是它有着强大的生命力量——发芽。须弥，相传是古印度神话中的名山，是佛祖居住的地方。

之于泸州老窖的收藏，我真实地属于"生如芥子，心藏须弥"：在我的心中，泸州老窖的厚重文化孜孜不倦永不停息，神圣如须弥高山，很早以前我就已不自觉地迈开精神探索的步履。可以说，"生如芥子，心藏须弥"是一种收藏的追求，代表着一种理念、一种价值观，以及被价值观驱动而产生的思想行动，进而带来持续的、愉悦的心灵共鸣。

我经常想，泸州老窖是很伟大的企业，称须弥，绝不为过。从郭怀玉研制出"甘醇曲"，到泸州老窖酒传统酿制技艺第18代传人陈奇遇先生首创把泸州老窖大曲酒进行尝评勾调，乃至第三届全国评酒会以后，泸型酒变成了浓香型酒……泸州老窖对中国的白酒事业，一如既往、全心全意，成就伟大的基业。我们济济一堂于金碧辉煌间，心存文化的震撼与向往，在收藏行为中将其视若须弥，视若卓绝，视若恒久之梦想。

泸州老窖每一次的品牌活动都让我从心底感受到一种油然而生的哲学认知。从温永盛三百余年老窖大曲酒到"白塔牌"鸡冠壶，再到"麦穗牌""工农牌""泸州牌"与"国窖牌"，24代的泸州老窖酒传统酿制技艺传承人用自觉的行动、自信的理念创造了一个自豪的结果，他们也同样啊，生如芥子，心藏须弥！

商业美学告诉我们，一个品牌如果能在所有的细节中都做到极致，这个品牌必定是大美的。泸州老窖每一次的活动都能够按部就班、仔仔细细地安排所有环

[①] 2023年7月20日，由中国酒业协会指导，泸州老窖股份有限公司主办的"品味450年 名酒荣耀鉴新篇"泸州老窖全国巡回鉴评会武汉站圆满落幕。活动现场，中国酒业协会名酒收藏委员会兼职副秘书长、江苏省收藏家协会酒类收藏专业委员会会长张继斌带来了以"芥子、须弥、诗和远方"为主题的精彩分享。

20世纪泸州老窖"白塔牌"大曲酒产品合集

节,周到,让每一个泸州老窖的拥趸感到由衷的愉悦和亲切,无与伦比。说到这里,我觉得应该向泸州老窖致敬!

刚刚发言之前,我突然想到了法国艺术家奥古斯特·罗丹的《思想者》,这个雕塑非常有名,是一名浑身赤裸托着下巴沉思的男人。

我捋了一下思绪,勃发出由衷的联想,心中产生了一种愉悦的感受,我感觉泸州老窖在我的心中就是一个把品牌文化作为自己灵魂追求的伟大思想者。他在不变中求万变,在万变中求不变,持之以恒创意万千。道法自然,心有所寄,图强不止,前程似锦。

我还在想,不管是芥子,还是须弥,作为这种身份和体量的承载者,在哲学领域的思考中,应该是可以互换的。芥子藏须弥,须弥为芥子。当芥子和须弥在精神层面产生哲学互换、理想共振的时候,芥子和须弥将融为一体,恢弘裂变。种子要发芽,它植根于须弥的沃土之中,被托举成迎客松一般的参天大树,栉风沐雨,砥砺前行。所以,我要说,泸州老窖因为自己的不变而万变,因为自己的万变而不变,最终,固化了它行为的自觉,赢得了文化的自信,铸造出坚不可摧的品牌自豪。

此时此刻，泸州老窖已经在指引我们在座的所有人，只要用直觉，就可以发散出一个美好的想象——

当芥子心藏浩然成诗，须弥将不再遥远！

泸州老窖1573国宝窖池群俯拍图

跨界与蜕变

酒界大商、老酒收藏家

陈连茂

- 福建漳州人。中国酒业协会名酒收藏委员会常务理事,中外名酒福建研究会会长,中国名酒、世界名酒收藏大家,南源酒庄董事长。

楔子

"杂卉三冬绿，嘉禾两度新，俚歌声靡曼，秫酒味温醇。"这是唐朝人丁儒写的《归闲诗二十韵》中的四句，表达的是漳州终于由"原始"初涉"文明"，俗一点理解，就是有了"酒足饭饱，歌舞升平"的追求，最后一句，明确了漳州古来有酒的历史。1500多年过去了，丁儒没有等来漳州自产的名酒，却迎来了一位"遍藏天下美酒"的名士大咖，他叫陈连茂。

陈连茂的"南源酒庄"因其宏大广博的藏品规模、文化呈现，在中国的藏酒界鼎鼎大名。

陈连茂的老酒收藏遍及国内外各类名酒，其中他对泸州老窖有着特殊的感情。2001年，国窖1573横空出世，他在一次偶然机会品尝到，就对这款酒情有独钟，那时的他还没有涉足白酒行业，更没有老酒收藏的概念，只是单纯地喜欢这款酒，并买了许多箱收藏，至今没有开封。

如果说最初是因为单纯的喜欢，在成为收藏家之后，陈连茂依然对泸州老窖一往情深，他说："我收藏了很多泸州老窖的陈年白酒，近年来我买了几千箱泸州老窖。"在2023年"品味450　名酒荣耀鉴新篇"泸州老窖全国巡回鉴评会深圳站的活动现场，陈连茂将自己珍藏的1975年、1977年、1980年三瓶品相俱佳的"工农牌"泸州老窖特曲酒带来展示，历经近50年时间，其保存完好如刚拆封一般，足见他对这酒的珍爱。

漳州境内最高的山叫大芹山，海拔1544.8米，峰顶有块八音奇石，有三个石柱撑着，在不同的方向敲打，会发出不同的音响。漳州最大的河叫九龙江，由干流北溪和支流西溪、南溪汇合，上游水流湍急，却在奔腾到陈连茂家附近的时候，变得江宽水稳，一派祥和。漳州的江山盛景，也应了醉翁欧阳修《醉翁亭记》里"醉翁之意不在酒，在乎山水之间也"的旷达豪情。

古人说，"近山者仁，近水者智"。采访中，盯着陈连茂从不迷离、时刻传神的双眸，听他娓娓叙述那些兜兜转转、百川到海般的藏酒故事，最终也基本明晰了一个在乎"山水之间"泰然行走的彻悟藏家仁中生智、智中存仁的传奇人生。

跨界

走进南源酒庄，正厅悬着一副对联，上曰：天清水阔把酒酌一壶明月，典载经传案史探千秋南源。字是季克良先生写的，落款署名的还有沈怡方、刘友金、赖登燡等酒业大家。能让中国酒界巨擘泰斗们为之动容惊叹而奋笔题联，足以证明南源酒庄以及主人陈连茂在业内的江湖地位了。

其实，早期陈连茂的本行并不涉酒，故事要从20世纪80年代说起。

漳州，西北部的武夷山脉和戴云山脉挡住寒流侵袭，东南方的海洋把这里年均温度调控在21℃左右，亚热带季风带来的充沛降水，让这片土地春有枇杷，夏有桃李、荔枝、龙眼、菠萝，秋有柚子、猕猴桃、百香果，冬有芦柑……陈连茂1986年开始卖家乡的水果，一直卖到了钓鱼台国宾馆。

从左到右依次为陈连茂珍藏的陈列在泸州老窖巡回鉴评会深圳站活动现场的1975年、1977年、1978年"工农牌"泸州老窖特曲酒

钓鱼台国宾馆,坐落于北京市玉渊潭公园东侧,是接待各国元首及重要国宾的场所。就算卖水果,陈连茂的起点也很高,给钓鱼台国宾馆供应水果的经历,多少成就了他日后敏锐而精准的产业认知和商务眼光。

那时候,大家都亲切地叫他"阿茂"。阿茂负责钓鱼台国宾馆日常的水果供应,寒来暑往,一干就是20年。在阿茂的生意经里面,永远没有次品。有时候,路途受阻,水果烂了,他宁可血本无归,也绝不以次充好。阿茂的仁义,有口皆碑,他从水果采购专员一步步做到了水果独家供应商,那张一以贯之佛性的笑脸,给大家带来的是信任和放心。

就是这样,大量北京和福建、广东等地的供应链品牌商纷至沓来,随之,阿茂的商业应酬也逐渐多了起来,他也会时不时在钓鱼台国宾馆招待亲朋好友、商户宾客。

1999年,钓鱼台国宾馆以自己名称命名的白酒品牌——钓鱼台国宾酒面世,2002年,国窖1573也成为钓鱼台国宾馆的供应用酒。这时,阿茂的水果生意红红火火,他的商业悟性极高,接触酒的过程中,他明白了国窖1573的基本盘是赫赫有名的泸州老窖,是中国浓香型白酒的鼻祖,值得下手。于是除了钓鱼台国宾酒,他也屯下不少国窖1573钓鱼台国宾馆供应用酒,招待贵宾之余也当礼品赠送。

慢慢地,有白酒需求的客户越来越多,久而久之,竟也积累了一批买酒的人脉资源。阿茂认为这酒生意顺手不费事,就当成副业做了起来。

2001年12月11日,中国正式加入了世贸组织。阿茂面对国门大开后的水果生意,眉头紧锁。我国成为世贸组织成员之后,由于进口水果品种多样化加上价格有竞争力,迅速冲击了国内的水果市场,导致国内水果利润空间被挤占。而水果的保鲜周期又很短,一旦没有及时销售出去便会烂损,为此相当一部分传统水果供应商开始亏损经营,阿茂也不例外。

一边是规模大却利润降低的水果主业,一边是顺手做的看似小打小闹的白酒副业,他突然意识到相对于水果,白酒最大的优点就是"不怕烂"!既然水果生意有下降的趋势,不如多花点心思研究研究白酒生意经,说不定也是一条出路。

这之后,阿茂一边经营着原先的水果生意,一边开始关注白酒市场、尝试着拓宽白酒渠道。他选择了最为熟悉的钓鱼台国宾酒,开始正式入行。得益于水果生意积累的大量客户信息和人脉资源还有资金，阿茂很快便从摸着石头过河走到了逐步适应的状态，并且触类旁通地打通了需求渠道、供应链条、地方采买、终端客户等环节。2009年，时值45岁的阿茂，做出了一个决定——彻底放弃经营了20多年的水果生意，全身心进军酒类事业。

这时，经过几年的经营与开拓，在钓鱼台国宾酒的产业链彻底打通后，阿茂又开始和茅台、泸州老窖、郎酒、西凤等多种白酒名品建立了良好的合作关系，白酒生意逐步稳固，规模也不断做大。

自此，陈连茂在这条"酒"路上一骑绝尘，他就像大芹山上的八音石，换了一个面，又敲响了另一串悦耳的音符，几年过后，他就从"水果界"的"阿茂"成为了"藏酒界"的顶流，人人皆知的"茂哥""茂叔""老茂"。

回家

2010年前后，老酒的几场拍卖为行业发展注入了兴奋剂，一片崭新的天地豁然开朗，老酒的价值逐步被公众所认知。

"酒不像水果，它永远不会烂。没有了以往的担惊受怕，我就有更多的时间、更轻松的心态去学习它、思考它、决策它。"陈连茂说。随着对酒生意敏感度的逐年递增，他迅速将酒生意的选择聚焦在头部核心品牌，从集中关注与分析名酒品牌开始，果断出手购买了不同历史阶段的老酒和文创、定制品种。

凭借着长期生意场上的"同理可证"，陈连茂在完成了经营产品的跨界之后，凭着宽厚仁义留下的口碑，带着摸爬滚打练就的生意经，顺理成章进入了自己酒业的"九龙江"。尽管入行不久，陈连茂依旧将自己的酒业操持得江宽水稳、游刃有余。

2012年，年近半百的陈连茂分析了互联网的崛起将弱化地缘商业比重的新局面，毅然决定将工作重心移回老家福建漳州，大大减轻了场地、人力资源的运营成本，腾出更多的精力、资金直接用于产品和人才聚集。同年11月，他在家乡成立了南源酒庄（福建）股份有限公司。

但天有不测风云，谁也没有料到，整个白酒行业很快迎来了近二十年以来的巨大震荡。2012年12月，国家"八项规定"出台，白酒行业陷入了低谷期，市场

疲软，消费群体断代，老酒发展当然也遇冷了。

陈连茂的生意再次进入了艰难决策的时刻。面对可能的大量货物积压、现金流短缺、未来方向不明等，下一步该何去何从？

这时的陈连茂想到了老酒在精英消费场景中已经日趋升温的价值认同。他思考起酒类市场的前世今生，凭借多年做生意以来形成的敏锐洞察力，陈连茂认定老酒消费会是必然趋势，商务交际中老酒市场会成为新的风口。而且，低谷意味着低价，低价里蕴藏的生机应该就是往后的曙光。同时，酒是陈的香，物以稀为贵，两个认知叠加在一起的文化表达，就是精英消费的核心和追随，一旦市场回暖，成本优势将意味着价格话语权和市场爆发力。

陈连茂给自己立下规矩，"不做垃圾酒，不做低端酒"。在去粗取精的商业思路觉醒后，他开始不断优化库存。"买新酒、养老酒、推陈酒"，一是调整酒水产品结构，做好新酒产品的取舍，继续选择盈利能力强、销量大的头部名酒销售，并快速处理其他品牌酒，让资金进入良性周转；二是趁着市场价格的低迷，将回笼的资金全部用于换取老酒、好酒、名酒上。

这期间，陈连茂受潮州市酒类行业协会会长余坤锐邀请，参与一个潮州老酒文化馆的开业活动，结交了许多当地及周边地区具有较大影响力的老酒经销商，进一步拓宽了他在老酒领域的人脉，收购老酒的数量更是增长神速。随着区域人脉资源的不断积累，陈连茂迅速走向北京、上海、广东、山东、江苏、浙江、安徽，乃至全国范围内的老酒业界。

一箱箱来自各地的老酒进入陈连茂的仓库中，像一座座小山，密密匝匝。似乎是沉睡，其实是孕育，就像静待花开的种子，为日后的辉煌绽放积蓄着生命的能量。

陈连茂指着不远处熠熠生辉的"片仔癀大厦"说："片仔癀是我们漳州的中药神话，用方言来解释，就是'一片能除热毒肿痛'。生意就像人的身体，总会出现'热毒肿痛'，但不要紧，你对症下药，就能药到病除。市场的低谷不都是坏事，也可能就是机会，把握好了，一定逢凶化吉。"

回头来看，也正是源于陈连茂对老酒发展的清醒认知和对营销策略的准确判断，才得以在复杂多变的酒类市场中绝处逢生。

老酒"疯狂"

2016年,在很多收藏品价格纷纷下跌一片萧条的时候,在价格低谷徘徊了3年的老酒却爆发了,一路看涨,老酒迎来了蓬勃发展的春天。这一把,陈连茂果然又"赌"赢了。

其实,自2015年8月起,各种老酒的价格已经全面悄然上涨,一直默默购买老酒的陈连茂发现,市场上的老酒突然之间很难买到。与此同时,到陈连茂这里来购买老酒的消费人群出现爆发式的增长,从三四家增长到了上百家。在这种形势下,陈连茂开始控制出货速度,在他看来,老酒未来每年的增值速度,会远远超过银行存款利息以及各种理财产品。

21世纪以来的16年里,全国散布着两三万老酒从业者,他们不仅是老酒最大的消费者,也是老酒存量最大的保有者。当时,全国70%的老酒都掌握在老酒圈的酒友和藏家手中,陈连茂无疑是吃到这波老酒红利的获益者之一。

在这个过程中,陈连茂也逐渐开始探索自己的另一个商业模式——"买新养老推陈"。为了保证货源的品质和稳定性,他除了与一些值得信赖的酒友建立持续稳固的合作关系,也开始直接从各大酒厂或正规专卖店大量购进新酒和次新酒长期储存,让时间为老酒价值做担保。他的库房储存着3年、5年、8年,甚至更久的品牌老酒。

这个暗流涌动的老酒市场,也引起了中央电视台的关注。2016年,陈连茂等一众老酒收藏爱好者受邀参与了中央电视台《经济半小时》"疯狂的老酒"节目的拍摄与录制,为老酒行业风生水起增光添彩。陈连茂个人对于酒的热爱也始终疯狂着。陈连茂直言:"我可以没钱,但不能没酒,我那时已经到了痴迷的状态。"

然而,面对老酒"疯狂"的行情,陈连茂似乎有着智慧商人少有的冷静。他认为老酒的稀缺性仅是当下老酒的特征,经过若干年之后,老酒可能会演变为常规化的消费行为,以略高于银行存款利息的行情稳定下来,不会一直"疯狂"下去。

陈连茂开始对酒进行了更深层次的思考,他的思考,悄然实践着酒业的物质基础向精神层面的升华。他说,一瓶酒最迷人也是最终的价值一定在文化。他开始了在酒文化表达领域的深层次开发,开始为自己的老酒事业赋能。

追求标准

2019年的某一天,陈连茂突然想掂量一下自己的"分量"。1月19日,陈连茂的南源酒庄向世界纪录认证机构(WRCA)提出申报"收藏贵州茅台酒品种最多"的申请。次日,世界纪录认证机构纪录管理部答复接受申请。四个月后,他成功了。

南源酒庄(福建)股份有限公司,凭借932种共计1417瓶贵州茅台酒的收藏量,经世界纪录认证官方工作人员现场审核,成功创造了"收藏贵州茅台酒品种最多"世界纪录。世界纪录认证官宣布这一新纪录,并向相关负责人颁发证书,来自全国各地的酒类收藏爱好者和经销商代表240余人共同见证了这一历史时刻。这不仅是陈连茂个人的高光时刻,更是中国酒文化面向世界的荣耀。

世界纪录的认证对一位老酒藏家来说,无疑是强有力的背书。陈连茂的赫赫大名也响彻酒圈上下。近年来,陈连茂多次受邀出席各大论坛及各个高端品牌酒厂的品鉴活动,如第一届高端老酒交易大会(郑州)、山东白酒收藏高峰论坛、中国酒业协会30年庆典、"品味450年 名酒荣耀鉴新篇"泸州老窖全国巡回鉴评会更是每场活动不落,为老酒的品鉴甄别、价值评估、文化挖掘等方面的工作添砖加瓦。值得一提的是,在泸州老窖全国巡回鉴评会深圳站现场,陈连茂与本书中的另一位采访嘉宾——同为"粤、湘、贵、琼、云、闽"地区的重量级藏家吴俊杰共同获得了泸州老窖颁发的"泸州老窖名酒收藏家"证书,再一次肯定了他对泸州老窖老酒收藏事业的贡献。

2019年11月3日,由中国收藏家协会、中国标准化研究院、江南大学、收藏杂志联合主办的中国《陈年白酒收藏评价指标体系》标准发布会在北京首都大酒店隆重举行,来自全国的160多位老酒收藏家、从事老酒研究的专业人士及中国标准化研究院、江南大学等权威机构的专家、学者参加了此次盛会。

陈连茂就此前获得世界纪录认定为例说明标准的重要性,分享了以下观点:"完成世界纪录的认定过程就是一个依靠标准科学审核的过程,不容易但是结果很美好。对照将要开始实施的收藏评价体系的团体标准,这两件事情的本质意义是一样的,就是用科学的方法规范收藏老酒的行为。在标准的引领下,让老酒收藏事业健康地向前发展,不断走向辉煌,这对于整个陈年白酒的收藏界都是一件非常好的事情。"

2023年，陈连茂在"品味450年　名酒荣耀鉴新篇"泸州老窖全国巡回鉴评会现场接受访谈

2023年，泸州老窖授予陈连茂"泸州老窖名酒收藏家"荣誉证书

2024年，泸州老窖集团有限责任公司纪委书记陈文（左四）带队拜访陈连茂（居中）

收藏赋时光以意义，予老酒以价值。这些论坛及活动，都是为推动与鼓励老酒收藏市场健康、蓬勃向上发展，建立与引导正确的老酒收藏价值观而举办，陈连茂凭借多年对老酒的深入研究，与参会的专家和大咖一起，对老酒收藏行业发展共商共议，探讨相关常态化运营机制、策划主题IP活动、设计专属产品创意，实现老酒文化的深层次迸发。

绝佳品酒

提到老酒收藏，陈连茂直言，其实每个名酒厂都有好酒，比如泸州老窖特曲和头曲，都是绝佳的酒饮。陈连茂到过数百家酒厂，品过千余种酒体，品味了南北地区不同风格的酒品，这些，让他见识了不同的酿酒工艺，也很好地掌握了品鉴技术。他曾受泸州老窖酒厂邀请，先后五次前往四川省泸州市，从不了解到基本认识再到如数家珍，后来也大量购买泸州老窖特曲、泸州老窖头曲等老酒，收藏品类达六七十种。十七大名酒、53优都是他的心头所爱。

法国作家、哲学家阿尔贝·加缪说过："攀登顶峰，这种奋斗的本身就足以充实人的心，人们必须相信，垒山不止就是幸福。"陈连茂是幸福的，他用自己的藏酒堆积起了让人仰视的巅峰。作为顶级美酒收藏家，他所追寻酒文化的方式也总是极富想象力。

"几千年的酒文化历史中，不缺少让人神往的酒局。"他说。

——杜甫"肯与邻翁相对饮"，孟浩然与故人"开轩面场圃，把酒话桑麻"，李白和他的隐士朋友"两人对酌山花开，一杯一杯再一杯"，白居易问刘十九："晚来天欲雪，能饮一杯无？"诗人的酒局里，有友人、有月色、山花、冬雪……勾起陈连茂藏酒的"诗与远方"。

2020年末的一天，陈连茂在"南源酒庄"里对着济济一堂的老酒突发奇想，他要开始组织关于老酒的品鉴雅宴，"我要组织一场盛大辉煌的老酒品酒局。"

人对了，酒更畅快。酒局的名字叫"醉美琼浆，岁月芳香"。陈连茂向圈内好友发出众筹邀请，2021年8月前往漳州品鉴20世纪80年代的陈年白酒，品味时间的味道。

这场大美酒局，雅事共襄。场地是富丽堂皇精心布置的，歌舞也是20世纪80年代的，如诗如画；配菜是精心挑选

陈连茂珍藏的"老八大"名酒

陈连茂收藏的各类泸州老窖产品

的，精美飘香。每开启一瓶酒，都有懂行善言者点评讲解。

藏酒圈的标志性人物去了不少，郑杰、陶和平、焦健、吴俊杰、余洪山、曾宇、张继斌、杨振东……从下午4点喝到晚上9点。

"10瓶老酒，放在面前，眼里看到的，是岁月的印迹；口中品到的，是年轮的记忆；耳朵听到的，是历史的回响"，一位在现场的媒体人士如此说。

卓越新馆

目前，陈连茂的个人收藏量达到了令人咋舌的规模，买酒仁义、卖酒智慧，人品口碑在圈内获得了普遍认可。为了更好地收藏老酒和传承酒文化，陈连茂正在与政府部门积极沟通与配合，在福建漳州投资建立国内规模最大的私人藏酒博物馆，欢迎世界名酒藏家都能到这里来品酒论酒。

场馆规划约2万平方米，这将是国内外顶尖优质酒的聚集地，以历史与收藏并重，是集展览、体验、传承、文化交流等为一体的综合性藏酒博物馆。博物馆

南源酒庄内部一角

南源酒庄收藏的泸州老窖小酒版产品

中将展示陈连茂收藏的三四万瓶高端品种白酒,其中不仅有国内知名品牌代表如茅台、五粮液、泸州老窖等,也有威士忌、白兰地等国际名酒,除此之外,还有大量的酒器、酒标、酒册等老酒周边器物,均是不可多得的收藏佳品。

"我们要讲好中国老酒故事,弘扬中国白酒文化,积极推动中国白酒走向世界!"此间藏酒博物馆,昭示着陈连茂努力做好中国优秀酒文化传播者和引流者的决心。

为了博物馆早日落成,陈连茂几乎走遍了全国大大小小的酒类场馆。一方面,借鉴各方酒类场馆的做法,取其精华,融合全新的元素,力求将老酒深沉内敛的气质,通过大型综合性藏酒博物馆得以全方位、体系化展示。另一方面,通过大量收集酒类场馆高端周边产品,得以从各个角度深刻学习和扩充老酒知识。在这个过程中,令陈连茂尤为感兴趣的是"生命中的那坛酒"这个项目——在泸州老窖乾坤酒堡中,存有大量各界社会名流定制的佳酿,每一坛酒都在等待属于它的绽放时刻,为人们讲述它的专属故事。

"寻9"扎记

在陈连茂"南源酒庄"的大院子里,有18棵品相极好的罗汉松,除了巍然挺立、傲视苍穹的壮丽,更现婆娑葱郁、迎风舒展的温暖。这应该也是陈连茂的情怀象征。

其实,任何一个行业在耕耘的过程中,有人负责前瞻,就有人负责殿后。陈连茂却能瞻前顾后,把深思熟虑化作扎实雄厚的执行,只要认准目标就深耕到底,哪怕"涅槃"也在所不惜,怀揣着不屈不挠的守望,兑现着人生的辉煌。

在他的藏酒馆,他的身躯在高大的酒柜藏品前略显渺小,很像那句名言——生如芥子,心藏须弥。当然,只要"芥子"胸怀壮志,"须弥"一定不再遥远。从水果"阿茂"到酒界大商,再到知名酒类收藏家,每一个身份的成功转变,靠的是陈连茂稳健的商业理念和果断而周到的脚踏实地。

听他讲述自己的"酒之一生",更觉得他像是一枚罗汉松的种子,在一场顺天而行的翔宇之后,完成了平实却有力的落地生根。

泸州老窖博物馆简史

20世纪70年代，位于沱江一桥桥头、桂花街46号的泸州老窖酒厂内，有一座三层小楼，是这一阶段泸州老窖的办公厂址。办公楼设有供销科、财务科和保卫科等部门，办公室旁边还有一个会议礼堂。据老职工们回忆，泸州老窖最早的展览展陈便是在这个会议礼堂中开展的，不定期把一些获奖的资料和荣誉向领导和员工们宣传，这是每位泸州老窖人的骄傲。

1986年，泸州大曲老窖池被评为市级文物保护单位，其历史价值、文化价值、科学价值受到了全社会的关注；1991年，泸州老窖大曲老窖池被列入四川省文物保护单位，泸州老窖在当时是酒类行业唯一一家老窖池被省政府列为省级文物保护单位的企业。探秘泸州老窖大曲窖池这个省级"活文物"成为一股风潮，各界人士纷至沓来，酒厂领导逐渐发现，仅靠参观泸州老窖大曲窖池是不能完全展现企业风貌的。

泸州老窖国窖广场文物碑林

泸州老窖作为行业的翘楚，荣膺了多项国际国内大奖，其中包括：巴拿马太平洋万国博览会金奖、泰国曼谷金鹰杯、巴黎第十四届国际食品博览会金奖等，以及是行业内唯一蝉联五届"中国名酒"的浓香型白酒企业。"中国第一窖"的历史地位急需集中展示，打造一个陈列馆迫在眉睫。

于是，历时八年，按照三星级标准打造，集写字楼、会务办公于一体的泸州老窖大酒店落成，酒店共22层、高99.9米。1993年10月11日的《泸州日报》第三

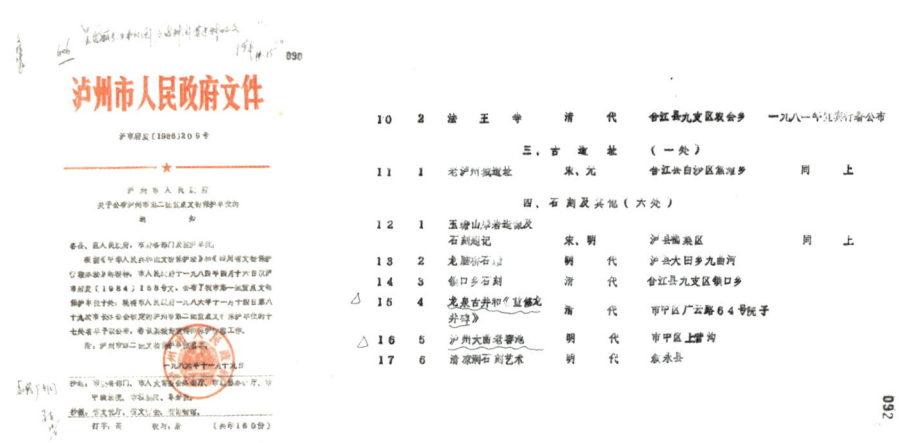

1986年，泸州大曲老窖池被评为市级文物保护单位

1991年，泸州老窖大曲老窖池被列为四川省文物保护单位

版报道说："位于长、沱两江之滨的由泸州老窖酒厂出资8000万元修建成的川南第一楼——泸州老窖大酒店……从今年9月8日开业至今,已接待来自中外宾客上万人次。"泸州老窖大酒店的落成能提供充足的展陈空间,为此泸州老窖(酒史)陈列馆的实施正式提上议事日程。

1996年,国家文物局专家组组长罗哲文带领专家考察泸州老窖时说:"一般来讲设备应该是越老越没用,今天发现了一种设备是越古越好,这就是存在400余年之久的泸州老窖大曲酒老窖池。它虽然没有庞大的古建筑群,也没有繁复的精雕细刻或是奇巧工程技术,但它却继承了几千年来的酿酒工艺和酿制技巧。"也正是这一年,国务院发文将泸州老窖大曲酒窖池群(1573国宝窖池群)认定为"全国重点文物保护单位",始称"国窖"。

国家层面的文化认同进一步激励了泸州老窖国窖人对酒文化的发掘与传播。经过多方努力,1996年9月,泸州老窖博物馆的前身泸州老窖(酒史)陈列馆正式建成并对外开放开始试运行,以全系列产品陈设、荣誉陈列为主要内容,与当年国际博物馆协会发布的年度主题"收集今天 为了明天"不谋而合。

1997年6月24日,时任泸州老窖股份有限公司董事长的郭来虎出席陈列馆剪彩仪式并致辞。郭来虎董事长表示:"泸州老窖陈列馆陈列着近四百件珍贵的文物和资料,浓缩了泸州老窖四百年的发展史、奋斗史,再现了世代老窖人勤劳、拼搏、进取的精神,记载着各级领导、各界人士对泸州老窖的殷切关怀和鼓励,展示了泸州老窖各个时期所获得的各项荣誉,规划了泸州老窖美好前景和宏伟蓝图……"

《市场报》于7月7日刊发文章,报道了泸州老窖(酒史)陈列馆开馆仪式,以及首次展出泸州出土的秦汉青铜酒具等国宝级文物的情况。泸州老窖是白酒行业首批拥有陈列馆的企业,这次活动引发中国名酒界及历史文化界的广泛关注。《市场报》这样评价,"泸州老窖(酒史)陈列馆,从秦汉时期开始,推出九个辉煌的历史文化篇章,数千件酒史文物及图片、资料编织成源远流长的名酒文化长河。其九章巨制和九柱支撑的独特构筑犹如一部交响曲,动人心弦,让人流连忘返。"

至此,始于秦汉、兴于唐宋、盛于明清、发展在中华人民共和国的泸州老窖悠悠酒史揭开神秘的面纱。值得一提的是,泸州老窖(酒史)陈列馆是中国白酒行业第一批建成的博物馆,也是在四川省文物管理局备案的博物馆。

1996年9月，泸州老窖（酒史）陈列馆正式建成

1996年，泸州老窖（酒史）陈列馆正门

1996年，泸州老窖（酒史）陈列馆内景

    2004年，泸州市三星街泸州老窖旅游区建成开放，泸州老窖（酒史）陈列馆搬迁至此，陈列新增了泸州老窖1573国宝窖池群、泸州老窖酒传统酿制技艺、泸州老窖厂史及文化活动等内容，且加入了中华酒道表演、原窖酒品鉴等体验项目，通过一系列体验互动讲述中国白酒故事，传播中华酒文化。契合了当年国际博物馆协会发布的年度主题"博物馆与无形遗产"。

    值得关注的是，其中泸州老窖酒传统酿制技艺于2006年入选首批中国非物质文化遗产代表性名录。

    2009年迎来了泸州老窖文化史上重要的一年，泸州老窖（酒史）陈列馆正式更名为"泸州老窖博物馆"，通过现场品鉴"1573国宝窖池群"原浆酒、参与体验"酒掌柜"等方式，泸州老窖从视觉、味觉、嗅觉等角度全方位传播酒文化知识，让前来参观的观众感受白酒的底蕴与魅力。

    2021年，泸州老窖博物馆再一次升级，以"天之美禄，浓香圣地"为主旨，对酒城泸州悠久的酒文化历史和泸州老窖酿酒史进行了系统梳理和展示，进一步彰显了泸州老窖作为中国浓香型白酒发源地的行业地位。

    展陈内容按照"酒城酿酒史""泸州老窖大曲酿酒史""企业发展史"这三大板块进行布展，展示了历代酒器、文献、老酒等馆藏精品400余件，其中不乏商代晚期带铭文青铜觚、战国狩猎纹青铜酒壶、宋代影青酒盏、元代青花梅瓶、明代青花龙凤酒缸、民国巴拿马国际金奖奖牌等精品及历届中国名酒等珍贵展品。

作为有着数百年历史传承的酿酒企业，泸州老窖是当之无愧的中国浓香型白酒起源地和中国白酒文化朝圣之地。泸州老窖博物馆以深厚的文化底蕴、精美珍贵的展品以及动人的酒文化故事，吸引了大批游客。同时，博物馆创意性地设置了中国酒道场，游客可品尝老窖美酒、观赏酒道表演、学习饮酒之道，切身领悟中国白酒文化之美。每年，1573国宝窖池群和泸州老窖博物馆接待游客数十万人次，景区荣膺国家AAAA级景区、国家工业旅游示范基地、国家级非物质文化遗产生产性保护示范基地、四川省首批文化遗产保护传承基地等美誉，是泸州老窖"活态双国宝"的展示基地。

2023年12月28日，四川省文物局、四川省经济和信息化厅、四川省文化和旅游厅、四川省政府国有资产监督管理委员会等部门联合发文，将泸州市作为四

2021年，升级后的泸州老窖博物馆外景

2021年，升级后的泸州老窖博物馆一角

川中国白酒博物馆承建地。文件指出："要高标准规划设计，把四川中国白酒博物馆建设成为世界一流行业博物馆。"

作为唯一蝉联五届"中国名酒"的浓香型白酒，泸州老窖博物馆也将以名酒精神为指引，秉持着"讲好中国故事、弘扬中国白酒文化、积极推动中国白酒走向世界"的理念，做好中国优秀酒文化的传播者。

寻找岁月
陈酿的酒

THE STORY OF AGED BAIJIU COLLECTORS

老酒伉俪
杰哥和丹姐的故事

吴俊杰、罗逸丹

- 吴俊杰：广东潮州人。中国酒业协会名酒收藏委员会常务理事，潮州市酒类行业协会执行会长，一级酿酒师、一级品酒师，丹姐陈年老酒收藏馆馆长。
- 罗逸丹：广东潮州人。著名老酒收藏家，广东省潮州市老酒贸易商，潮州市丹姐酒类贸易有限公司董事长。

楔子

《深圳市志》中记载，公元1573年，明万历元年，在当时的广州府，始分东莞县，设新安县。新安县就是宝安县，宝安县就是深圳的前身。

而1573年，对于酒城泸州来讲也是一个新时代的开端，那一年，泸州老窖国宝窖池开始使用，并传承至今。

1573是一个特殊的年份，把深圳和泸州连接起来，从此这两个城市在时代的滚滚洪流中创造着各自辉煌的历史。

在距离公元1573年的450年之后，深圳和泸州两个城市因为美酒再次邂逅。2023年9月27日，"品味450年 名酒荣耀鉴新篇"泸州老窖全国巡回鉴评会在深圳举行。泸州老窖邀请各界人士，共同鉴赏泸州老窖陈年白酒的魅力与价值。

活动中，为了表彰对中国名酒收藏事业做出突出贡献的老酒藏家，大会还为"粤、湘、贵、琼、云、闽"地区的重量级藏家颁发了"泸州老窖名酒收藏家"证书，其中有一位来自潮州的老酒藏家——吴俊杰。在一片光亮的舞台上，他手里拿着奖状，眼前浮现出20多年前的一幕幕……

潮州城里有一条繁华大街叫西新南路，路上趣春花园边上，有一家人气很旺的"老牌鱼生"店，鱼生店旁，是一家超市，主人是"杰哥"吴俊杰和他的妻子"丹姐"罗逸丹。

快中午了，"老牌鱼生"店人头攒动，热闹非凡。旁边超市的杰哥正在往店里搬运刚收来的陈年白酒，丹姐坐在一边清点登记，一幅"夫唱妇随"的和谐画面。

这时，一位顾客手里拿着刚切好的鱼生，走了进来。

"吴老板，有老酒吗？"

"有，刚到的，实惠又好喝。"

老酒和鱼生，从时间上理解，是两种评价方向的物品。老酒必须经过时间的历练，才会有"陈的香"之醇芳美妙；而鱼生则是离水的时间越短越好，甚至要活杀方能做到妙不可言。潮州人嗜美食，更嗜鱼生，怪不得清代乾隆时期周硕勋《潮州府志》中称，在潮州——"蚝生、虾生、鱼生之类，辄为至味"。世人皆知，潮汕人对美食的追寻可谓无出其右。

对待像鱼生这样的美食，潮汕人一定是要竭力"出新"的，但对于酒，聪明的潮汕人逆向思维，很早就开始奋勇"推陈"了。应该说，潮汕周遭，是中国陈年白酒交易的重要发源地，早期的藏酒圈也视这里为"摇篮圣地"。

杰哥、丹姐夫妇算是很早就投入老酒行的"弄潮儿"。他们从最早的不可思议，到懵懂地随波逐流，再到后来的初识端倪，终于在驾轻就熟之后，弄明白了"原来如此"。

至今，藏酒圈的"老人们"还能经常说到烧酒网上的"丹姐酒坊"，杰哥和丹姐依旧镇守在自己的老酒生意之中，只是生意盘面大了许多，人嘛，也成了收藏老酒的圈中名流。

2023年9月27日，"品味450年　名酒荣耀鉴新篇"泸州老窖全国巡回鉴评会深圳站活动现场，中国酒业协会名酒收藏委员会秘书长刘海坡（左六）、泸州老窖股份有限公司首席数字官苏王辉（左四）为吴俊杰（左五）等收藏家颁发了"泸州老窖名酒收藏家"证书

杰哥和丹姐

潮汕地区交通便利，汕头素有"百载商埠"之称，1980年汕头成为全国五个经济特区之一，1984年成为沿海开放城市，是中国沿海最早对外开放的港口城市之一。潮汕地区的人善于做生意，有"东方犹太人"的美誉。

吴俊杰和罗逸丹从小就是在这样的氛围中长大。吴俊杰1972年出生于潮州一个普通的工人家庭，受地域文化及时代影响，有着敏锐经商头脑的吴俊杰很早便投入了市场的大潮中。

1989年，吴俊杰17岁的时候迎来了他人生中的"彩虹"时刻。当时，吴俊杰在当地的小商品市场里开了一家卖袜子、小百货的店铺，丹姐在对面的服装店帮哥哥打理生意，俩人由此相识相恋。到了1992年，潮州小家电生意行业开始红火，于是吴俊杰与时俱进，转为经营小家电批发销售生意，开始生意做得很红火，之后为了做大业务，1994年投资开办小家电工厂，结果经营几年下来，杰哥发现，办工厂和做生意完全是两回事，小家电工厂一直在赔钱。这其中一个重要的原因是，潮州地理位置远离珠三角和长三角地区，交通又比较落后，供应链比较长，导致购买配件价格要高于上述两个小家电产业集聚的地方。小家电的利润本来就比较低，居高不下的成本，让杰哥工厂生产的小家电失去市场竞争力。

20世纪90年代，吴俊杰夫妇合影

到了1998年，杰哥想尽了各种办法也没能让家电厂继续支撑下去，不得不关闭工厂结束家电行业生意。

就在做家电生意期间，杰哥和丹姐两人于1995年结婚，1997年他们的儿子降生。

两人共同闯出一片新天地

家电厂关闭之后，丹姐在潮州市区开了一家小超市，从零开始，维持小家庭的生活，两人一起用心经营，且分工明确，杰哥主要做采购工作，丹姐负责店内销售业务。慢慢地，超市规模逐渐做大，也开了一家分店。

就这样，两人共同经营着两家超市，其中一家超市旁边是鱼生店，每日人头攒动，好不热闹，生意是本地最好的。很多人在买了鱼生后，都会顺手来旁边超市买点白酒，和鱼生一起食用。经常一个晚上会有上百人来，有时可以卖掉一两百瓶白酒。

具有敏锐商业洞察力的丹姐发现，白酒有诸多优点，它不像牛奶、啤酒这些商品不能长期保存。可以说白酒不仅是快销品，也是具有高保质期的优质产品。对此丹姐有一个业内知名的理论："白酒属于傻瓜式投资，只要是名酒、高度酒，10年20年都不用担心会坏掉，不谈升值，起码保值是没有问题的。"

晚上杰哥在超市里看顾生意

当然,起初杰哥和丹姐没有想过白酒会增值,只是出于保值考虑,有了闲钱就多存一些名酒慢慢卖。然而,随着时间的推移,他们发现白酒价格每一年都会增长,而且人们喝惯了一个口味,便会继续买这款酒。丹姐就跟杰哥说:"酒的生意可以做。"

后来,他们又偶然发现了老酒的价值,于是杰哥又逐步开拓了收老酒的渠道,奔波在外去收老酒,丹姐也慢慢学会了品老酒,夫妻二人你主内、我主外,配合十分默契。仅仅用了四年时间,靠着经营老酒,他们的处境彻底改变了。

说到"丹姐酒坊"里为什么没有杰哥的"名分",杰哥却非常自豪:"其实酒这块生意,是丹姐先做的,刚开始我和她一起出去,都这样介绍自己——我是丹姐的老公。"当问起家里谁说了算时,杰哥爽快地回答:"当然是丹姐喽。"

发现老酒商机

目前,老酒作为收藏和投资的新兴品类备受人们关注。我们不禁好奇,老酒的价值被认识发端于何地呢?又是怎样一步步带动全国老酒市场发展到今天这样的局面呢?在访谈中老酒藏家们一致表示老酒生意起源地之一便是潮汕地区。

杰哥介绍说,老酒在潮汕的发源与该地区历史、经济社会发展和饮食习惯有关。

首先,潮汕酿酒业历来发达,曾经有酿酒作坊上千家,生产高粱酒、玫瑰酒、五加皮等多种酒,远销五湖四海。

其次,饮食习惯可能是最直接促进老酒发展的原因。潮汕人喜欢吃鱼生,由于鱼生性寒,所以习惯于配白酒食用。而且大部分人喜欢晚间到外面吃夜宵,夜宵市场相当活跃,各种海鲜小炒排档、火锅店生意相当红火,各条街边布满卖酒料的小吃档,这很大程度也带动了潮汕的白酒市场发展。

20世纪90年代,供销社白酒积压卖不出去,形成了巨大的库存,新酒变成了老酒。到了2000年左右,这些老酒以低于新酒的价格被推向市场,潮汕地区的人们品尝以后,觉得老酒比新酒好喝,且物美价廉,老酒的饮用价值逐渐被人们所接受。

于是,杰哥就试着放了一些在超市,老酒和新酒一起卖,结果发现老酒比新酒还赚钱。他说:"卖一瓶新酒才赚十块钱,卖老酒可以赚到三十到五十块,甚至那些放了三年五年的老酒，赚一两百块都有可能。"

当然，有需求就有市场，潮汕的老酒开始慢慢涨价。

且商人们发现收购老酒有商机后，本地老酒资源迅速耗尽。彼时，由于信息不通畅及生活习惯不同等原因，我国其他地区的老酒还被作为过期酒，价格极其低廉，这样就出现了价格差。潮汕人发现这个商机后，就去往外省各地收酒，就这样逐渐带动着全国老酒价格不断提升。

可以说，潮汕地区的老酒发展对整个中国的老酒收藏影响深远。现如今，潮州的老酒经营人员众多，在全国有很高的美誉度和影响力，这当中，杰哥和丹姐就是典型代表人物。

在老酒圈内，杰哥算很早出来收酒的人之一。他说："我在零几年的时候经常去东北，东北酒更多，供销社、糖酒公司有很多库存。其实全国各地都有很多老酒，尤其是四川、贵州两省，哪里都有。"

"赌酒"论英雄

东北三省曾经被称为"共和国的长子"，在计划经济时期经济发展始终处于全国领先地位。但改革开放之后，由于外部投资放缓、经济活力较低、劳动力外流等原因，大量国有企业倒闭，经济开始走下坡路。

毫无疑问，东北三省的糖酒公司和供销社留下大量积压的白酒，随着时间的推移，都变成了老酒。

某年冬天，东北某个地方的供销社买了一批煤，却没有钱付账，便把仓库里积压的老酒抵债给煤老板，这个消息被杰哥偶然得知，便立刻飞去东北，就拿这批抵债的老酒来跟煤老板谈判。

据杰哥讲述，他们开始是一个品种、一个品种谈，但谈了两三次也谈不下来。后来，杰哥提议："我们来处理这批货，你按箱子来算一共多少钱，不管这箱子里有没有酒，会不会跑酒，你一口价，我绝不还价，如果我赔了，算我倒霉。"

煤老板一听这提议好，最终以300万元的价格爽快成交。

酒运回来之后，杰哥和丹姐慢慢拣选，再分门别类，里面不乏更为值钱的酒，总体算下来获利不少。

20世纪80年代,泸州老窖大曲酒展销现场人山人海

其实,杰哥敢于"碰运气"的背后,源于他对形势的把握以及对自己专业知识、经验的信心。那种情况下,煤老板一般没有精力去看每瓶酒,也不会对每瓶酒的品牌、时间、品质等进行研究。杰哥说:"这其实不叫赌,我是内行,我心里是有把握的,最差也就是没有钱赚而已。"

你凑齐53优了吗

提到老酒收藏,成套收藏向来是老酒藏家的心愿和情结。开始藏家们以集齐新八大名酒、老八大名酒以及十七大名酒为荣,但这并不困难,很容易就集齐了。后来,市场上又出现了集齐53优(中国第五届评酒会上评出的53种中国名优白酒)的消息,杰哥发现不乏有人愿意出高价来收购成套53优,价格远远高于53种单品相加的总和。

杰哥说："作为商人，哪一块好赚钱，我就研究哪一块。"于是，他开始研究53优的产地、厂家、品牌、度数等，然后开始有针对性地收酒。

杰哥现在收酒，是属于三线四线的幕后老板，他说："53优中很多都来自天府之国四川，我也对川酒情有独钟。10年前我是跑一线的，后来慢慢建起了自己的收酒渠道，量也比较大，就不跑一线了，都是别人在一线收完了发给我。"

虽然，这53优数量众多，但对于杰哥来说并不是一件特别困难的事情。同时，他还有自己的经营逻辑——必须成套买卖，绝不拆开了单独卖。

这些年，杰哥手里成套卖出的53优就有近百套，最近卖出的一套价格在30万元左右。

杰哥坦言，当初喜欢老酒，其实真正喜欢的是老酒有钱赚、利润大，所以被它吸引了。生意做起来后才认真琢磨老酒为什么跟新酒不同，然后又加入了老酒圈，才算真正认识了老酒，也喜欢上了老酒，有时候遇到一瓶喜欢的酒，自己花几千块坐飞机来回也觉得值，很纯粹，没有想过成本。

但问起他最看重老酒什么时，他笑呵呵地回答："当然还是投资价值，我还是个商人。"

相关链接

中国53优名酒

"53优"指的是1989年第五届全国评酒会上评出的53种优质白酒。

"53优"由7个方阵组成。

第一方阵，来自天府之国四川

分别是：诗仙太白陈曲、二峨大曲、三苏特曲、叙府大曲、三溪大曲、仙潭大曲、宝莲大曲。

第二方阵，来自酱酒王国贵州

分别是：黔春酒、湄窖酒、安牌安酒、习牌习酒、珍牌珍酒、筑春酒。

第三方阵，来自"上有天堂，下有苏杭"的苏州

分别是：双洋特曲、高沟特曲、汤沟特曲、汤沟特液。

第四方阵，来自湘、鄂、赣、皖等中部地区

分别是：白沙液、四特酒、口子酒、西陵特曲、白云边、德山大曲、濉溪特液。

第五方阵，来自晋、豫、冀等中原地区

分别是：张弓酒、向阳牌陈曲酒、太白酒、六曲香、迎春、津牌津酒、杜康酒（伊川）、坊子白酒、杜康酒（汝阳）、孔府家酒、晋阳春、燕潮酩、丛台酒、林河、宁城老窖。

第六方阵，来自黑、吉、辽组成的东北地区

分别是：老白干酒、德惠大曲、龙滨酒、金州曲酒、龙泉春、玉泉酒、北凤酒、凌塔酒、辽海牌老窖酒、凌川白酒。

第七方阵，则是来自各地鱼米之乡的小曲酒

分别是：玉冰烧、浏阳河小曲、湘山酒、桂林三花酒。

偶遇两波红利

回顾这二十余年酒生意，尤其是老酒生意的发展，杰哥和丹姐是很满意也很知足的。让他们比较难忘且感恩的是两次接触金融资本的经历，可以说是赶上了两波红利。

第一次是2013年。歌德盈香投入上亿资金进入老酒市场，第一站就是潮州。歌德盈香的入局打破了原来老酒收藏的小圈子，用巨额资金收购大批老酒，并将老酒以专业方式推广到高端消费群体。在这当中，不少跟歌德盈香合作的老酒商迅速清仓、变现。那时候库存很多，潮州对接了很多生意。

第二次是2015年。网名"财神"的史进财在北京成立老酒电子盘，老酒投资者通过这个交易平台，可以像炒股一样投资老酒。杰哥是第一批被邀请参加电子盘的，当年拿去交易的是一批老酒，共500箱，以每箱3000元收的，本来打算每箱6000元卖掉，最终在电子盘上以每箱7500元价格成交。同年9月，在广州的老酒电子盘上，杰哥也深度参与，获得了不错的业绩。

回顾自己亲身经历的老酒圈发展历程，杰哥认为，史进财"厥功至伟"，此外还有两个酒网——烧酒网和酒投网。烧酒网是一个交易平台，酒投网是做拍卖的，但是现在基本已经被微信和其他软件取代了，很少人去上这两个平台做老酒

泸州老窖瓶储年份酒展柜

的交易和拍卖了。中国酒业协会对后来的行业发展的推动作用还是非常大的,可以跟大的酒企进行各方面的对接。每个时期,每个人的能力都是有限的,但正是经过这么多人的努力,经过这么多年的发展,才有了今天老酒圈的样子。

关于"老酒"的概念,每个人或多或少都有自己的看法。对此杰哥表示:"老酒的概念曾一度比较模糊,2015年老酒电子盘定义1994年以前生产的酒才算老酒,但收藏圈普遍默认的是2000年以前生产的酒是老酒,2000年以后生产的酒为次新酒。自从泸州老窖提出瓶储年份酒后,进一步清楚了老酒(年份酒)的概念。此外,对老酒的定义还有一个关键,就是'中国名酒'——简单来说就是十七大名酒,或者比较讲究的说法是八大名酒。"

杰哥很忙

从前杰哥是不喜欢饮酒的,现在却经常应酬,生活工作重心全部都在老酒上。2022年3月29日,潮州市酒类行业协会召开全体代表大会,会议选举出新一届领导班子,杰哥担任执行会长,丹姐担任副秘书长。作为协会的执行会长,他正在搭建一个平台,为会员提供各种培训,以创造更加良好的投资环境。此外一

2022年，吴俊杰（左）被选举为潮州市酒类行业协会执行会长

个由杰哥发起的众筹公司业已成立，这个众筹面向协会成员，以每股15000元，筹措了300万元启动资金，协会会员共有53人参加。其目的是通过公司平台，带动更多的人一起抱团发展，把潮州的老酒做大做强。

近年来，杰哥也频繁参加各大酒企的品鉴活动，作为业内资深老酒藏家，受到各界的礼遇。2023年9月，他在参加"品味450年　名酒荣耀鉴新篇"泸州老窖全国巡回鉴评会深圳站活动时，荣获"泸州老窖名酒收藏家"证书，就是文章开头的那一幕。

这两年杰哥总是调侃，自己爱好打羽毛球，现在却连打羽毛球的时间都没有。他经常回忆起以前和孩子打羽毛球的情形，那时虽然没有现在这般成就，但快活自在。

提到孩子，杰哥的笑容更是藏不住。"孩子小的时候还叫我老爸，但近十年都没有叫过一声。为什么？因为他叫我杰哥。我们啊，是多年父子成兄弟，关系好得像朋友。"杰哥开心地说，"其实，自贡的收藏家郑杰也是这样，他儿子叫他'我们家老郑'。"

想起孩子,想起这个家,才能让杰哥在繁忙的工作中得到片刻的放松。

丹姐的生意经

2016年6月,中央电视台《经济半小时》播出一期名为《疯狂的老酒》节目,节目开篇就是对丹姐的采访,"存银行不如存酒"这句话迅速影响了整个老酒圈,成为此后很多年推广老酒的标准推荐词之一。对此金句的传播,丹姐进一步给我们解释道:"酒是陈的香,越来越多的人喜欢老酒,收藏老酒不仅可以自饮,也可以保值增值。但如果不懂得规律,随便买卖,也不一定能达到增值的目的。因此,还是要懂得什么是名酒、什么是老酒、什么是好酒,酒到底好在哪里,多长时间最合适喝。存酒还要懂酒,才能达到投资的目的。"

21世纪初,杰哥、丹姐一家三口合影

从2000年开超市以来,由于业务需要,丹姐学会了品鉴。二十多年来,丹姐品过的酒数以万计,现在对于老酒品鉴,她巾帼不让须眉,在很多品鉴会上,不输各路老酒专家。

即便如此,丹姐对白酒也仅限于品鉴而不擅长喝酒。她说:"我没有酒量的,最多就是三两,再多肯定就晕了。"

品酒却不嗜酒,恰恰是一名合格的品酒师应具备的素质。

在风味喜好方面,丹姐特别喜欢20世纪80年代生产的泸州老窖特曲以及国窖1573等泸州老窖产品,她觉得味道特别香醇,虽然自己没有酒量,但碰上了也会多喝两杯。

品酒也好,卖酒也罢。丹姐虽然在老酒圈里鼎鼎大名,但她骨子里仍然是一个传统的潮汕女性。她说:"我们潮汕女人就是要上得厅堂、下得厨房,在家相夫教子,在生意上尽量帮助自己老公。"她不喜欢应酬,不喜欢喝酒,对自己的要求

2016年,丹姐参加中央电视台《经济半小时》栏目的《疯狂的老酒》节目

就是要实实在在,做事先把人做好。

做人如此,生意亦然。丹姐卖酒非常实在,品相不好的便宜卖,跑酒的便宜卖,有疑问的放起来不往外卖。对于顾客她实言相告,以求长久合作。她说:"昧着良心做事,我做不到,必须实实在在、脚踏实地。"

但丹姐也提醒大家,近两年酒的产量太大,价格也飙升到一个高点,现在入手已经不是最佳时机。

对于老酒的未来,杰哥进一步补充道:"现在白酒产量大,价格也

2023年,"泸州老窖家有老酒"泸州老窖专场鉴评会现场,杰哥(前排右一)在鉴定国窖1573年份酒

贵，投资价值应该没有原来那么大，稀缺性、升值空间肯定不及以前，但资深行家仍然不乏机会。"

认准渠道和品牌是王道

作为潮州知名的酒商，杰哥在做老酒生意方面有着丰富的经验。提到老酒市场良莠不齐，杰哥很淡然地说："什么东西都会有假货，就像人民币都有假币。"他的建议是：如果要投资白酒，认准购买渠道。比如泸州老窖近年来在全国各地做了各种品鉴会、文化活动，诚挚邀请愿意合作的藏家和经销商参与，对国内老酒的发展起到了重要的推动作用。他说："厂家愿意出来做这些事情，把品鉴会开到了家门口，就已经解决了很多问题。但如果你不走正道，又贪便宜，明明厂里是一瓶1000块，你花900块买，买到假的也只能后果自负了。"

投资老酒其实很简单，就是认准品牌。杰哥表示，首先，要选择泸州老窖等名酒厂。其次，如果想既收藏又投资，那就要选择酒厂嫡系产品，属于市场流通量比较大的大单品，而不是定制产品或者包销产品，后者升值空间一般。为什么？因为定制产品跟包销产品可能做一段时间就没有了。他举例来讲："泸州老窖特曲酒从20世纪50～60年代开始一直做到现在，投资泸州老窖特曲肯定就是最好的。且不说酒厂每两三年都会涨一次价。如果购买特曲酒做投资，原来买的300元一瓶，几年以后价格可能调到了350元，光是厂里就帮你涨了价钱，更不用说年份酒有价差。"

如果纯粹做收藏，那么购买定制产品或者包销产品没有问题，毕竟作为投资才会去考虑回报率、流通性等问题，作为收藏，考虑的更多是产品的全面性。但要注意，每个品种买一瓶或一箱即可，而不是十箱二十箱的来收藏。

"寻9"札记

对于杰哥，我们印象最深的是他一开口就自称："我其实就是个酒商。"这种坦诚和质朴着实出乎了我们的意料。

对于丹姐的印象来自郑杰老师的访谈，他说："阿杰和他老婆人都特别好，人缘很好，但丹姐更能干。"在访谈中，我们能感觉到她是一位善良、好学、善于观察总结的人。

在预约访谈的时候，我们担心他们的工作会比较忙，需要提前预约和控制时间，但是他们非常友善，几乎我们提出的每一个要求都会回答："好。"

"吴老师，我们这次能访谈一下丹姐吗？"

"好。"

"您哪天有时间？明天行吗？"

"好。"

"我们明天下午两点半进行访谈好吗？"

"好。"

"你们能一起参加访谈吗？"

"好。"

面对这一连串的"好"，我们的第一感觉是莫非他们在店里每天无事可做？但随着后来的谈话，我们知道，其实他们很忙，而且忙的都是动辄几百万的大生意。

所以，这一连串的"好"其实单纯就是对我们的尊重，以及他们本性良善，不愿意给别人添麻烦。这种谦卑，反而让我们对他们两人产生一份敬意。

在经历了一无所有之后，他们似乎看淡了名利得失，似乎什么样的结果都可以接受。即使是对于重大机遇和取得的成绩，也都是轻描淡写、谦和从容。

他们唯一强调的是做人踏实和做事诚信。丹姐说："教育孩子也应该是这样踏踏实实，一步一个脚印。"

酒商并不卑微，不骗人、诚信经营，本身就是值得尊重的职业。敢拼才会赢，他们是潮汕精神的代表。

对于酒，杰哥说，老酒圈有三种人，一种是酒商转为收藏家，比如陈连茂和自己；一种是收藏家转为酒商，比如曾宇；还有一种始终是收藏家，比如郑杰。这三种人都是他的朋友。杰哥一直觉得自己运气好，一方面是赚到了钱，另外更重要的是结交了这些朋友，说到这些朋友，他显得很兴奋，他们之间的友情溢于言表。如果遇到了这些好朋友，虽然不太会喝酒，但他依然会喝得特别痛快、特别开心。

对于酒，丹姐则说，我喜欢收藏口感好的优质白酒，于我自己，于消费客户，于其他朋友，我也建议喝口感好的。一杯中国白酒，就是一段源远流长的中国文化，白酒文化自信就是做好酒文章与讲好酒故事。

泸州老窖是瓶储年份酒的开拓者和领航者

谈瓶储年份酒，我们先从"年份酒"这个概念说起。

关于"年份酒"，目前并未有约定俗成的确定性定义，不同机构有着不同的标准。而从消费角度对年份酒的认知，目前普遍有两个维度：

一是指散落在民间的年份酒，也是目前普遍提到的"老酒"。由名酒厂品牌背书，带着岁月沉淀下来的情感故事，以时间味道彰显价值。这个概念比较直接和直观，但岁月流逝，储存环境有别，虽为陈酿，但品质不确定因素众多且存量有限，市面流通量会越来越少。

二是指名酒厂家以陈年年份酒为基酒，勾调生产的年份酒。只要诚信、规范，标准严格，技术、质量严谨，品质一定超然。这也必将是未来中国白酒品质表达的重要体现之一。正如泸州老窖股份有限公司企业文化中心总经理、泸州老窖酒传统酿制技艺第24代传承人李宾在"老酒陈年，老友相伴——便是人间最美华年"主题分享中所讲，称其为"坛储年份酒基酒"更准确。刚酿造蒸馏出来的

2023年，泸州老窖股份有限公司企业文化中心总经理、泸州老窖酒传统酿制技艺第24代传承人李宾作"老酒陈年，老友相伴——便是人间最美华年"主题分享

泸州老窖员工正在对泸州老窖三大藏酒洞之一的纯阳洞进行日常巡视工作

酒相对比较燥辣，需要储存一段时间才能变得柔和，也就是说它需要得到天地的滋养，需要汲取大自然之灵气，这个时候最好的储存容器是陶坛，最典型的案例就是泸州老窖长达7公里的藏酒洞，被称为"液体银行"，这便是生产年份酒最重要的基酒，由其所勾调出的年份酒，品质方为上乘。

关于"年份酒"这个概念最早可以追溯到2014年首届原包装贮存成品年份白酒（瓶储年份酒）专家研讨会。

2014年7月19日，在湖南邵阳举行的关于瓶储年份酒专家研讨会上，中国食品工业协会白酒专业委员会的专家们首次提出了"瓶储年份酒"的概念，这无疑是对规范年份酒的生产起了积极的作用。

这次研讨会上，专家们将"瓶储年份酒"定义为"以传统纯粮固态发酵白酒为原料，根据工艺要求进行必要的陈储、老熟和勾调，制成成品白酒，再灌装到瓶、罐、坛或其他形式的可供直接销售的包装物中，继续贮存一定年份后上市销售，以保证消费者购买的产品与生产经营者声称的贮存年份完全一致的白酒产品"。这里着重提出纯粮固态发酵，"纯粮"即全部用粮食酿造，"固态发酵"即是微生物在没有或基本没有游离水的固态基质上的发酵方式，这样就完全避免了食用酒精的掺入。这对瓶储年份酒的酒体品质提出了很高的要求，大凡酒精勾调、液态发酵等工艺的白酒，都不能进入瓶储年份酒的范围，能够保障消费者喝到高品质白酒。

这次研讨会后出台了《原包装贮存年份白酒（瓶储年份酒）》标准，正式定义为：以粮谷等为原料（不包括薯类及果蔬类），经传统固态或半固态法发酵、蒸馏、陈酿、勾调而成，再灌装到瓶、坛、罐等供最终销售所用的容器中，储存一定年份后，经评判认定符合本标准要求，被准许使用瓶储年份酒产品标志，经包装上市销售的实际陈酿年份与生产经营者声称储存年份一致的白酒。

紧跟行业发展步伐，2016年，泸州老窖全面下发《关于国窖1573经典装52度成品酒实施年份化定价的通知》和《关于泸州老窖特曲瓶储成品酒实施年份化定价的通知》，成为行业首个制定瓶储年份酒定价标准的企业。

其中泸州老窖特曲瓶储成品酒定义为：根据生产批次，包装生产后储存时间达5年以上的成品酒。而特曲包装生产前的基酒已储存3年以上。即每一瓶特曲瓶储年份酒均至少经历了8年岁月。泸州老窖特曲瓶储年份酒以包装生产日期作为

《原包装贮存年份白酒（瓶储年份酒）》标准文件部分内容摘录

年份酒计算依据,更易识别判定年份酒年份。

2019年,中国酒业协会对陈年白酒(亦为年份酒、老酒)的标准定义是"由具备白酒生产资质企业以传统白酒(固态法、半固态法)工艺酿造,出厂10年以上,且存放完好的白酒产品"。

对白酒年份酒定义为:"以传统白酒(固态法、半固态法)工艺酿造,经贮存三年及以上基酒勾调而成,标注年份为所用主体基酒加权平均酒龄,不直接或间接添加食用酒精及非自身发酵产生的呈色呈香呈味物质,具有本品固有风格特征的白酒。"(《白酒年份酒团体标准》T/CBJ2101—2019)

近些年来,随着瓶储年份酒市场崛起,各大酒企也纷纷推出了自己的年份酒产品。

作为中国瓶储年份酒的开拓者和领航者,泸州老窖一直坚持高品质、高标准和高价值的运作理念,打造年份酒的文化标杆、消费标杆、投资标杆和行业标杆。

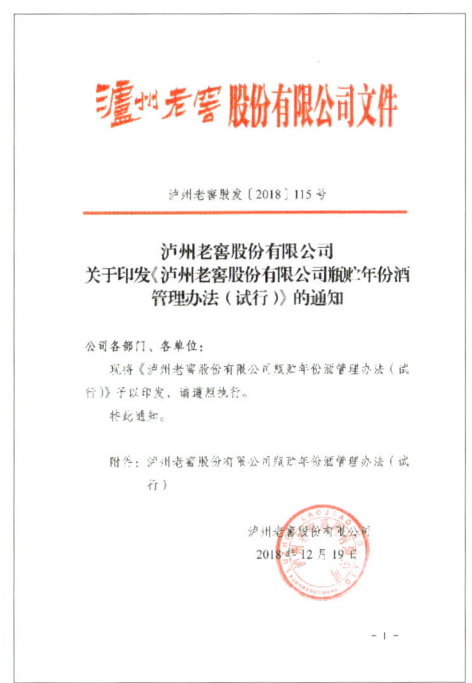

2018年,泸州老窖关于印发《泸州老窖股份有限公司瓶储年份酒管理办法(试行)》的通知

寻找岁月
陈酿的酒

THE STORY OF AGED BAIJIU COLLECTORS

一路追寻
老酒圈先锋集结人

史进财

寻味老酒
码上相逢

- 河北张家口人。"老酒圈"创始人，北京老酒传奇电子商务有限公司董事长，原北京国际酒类交易所中国老酒交易平台总经理，酒体设计师、酒类策划师。

楔子

  泸州云龙机场，由北京飞往泸州的飞机已着陆，一位身着polo衫，行装轻便的中年人，坐上了一辆开往泸州市区的出租车，目的地正是泸州老窖资深拥趸"贺老爷子"的家。

  这条路线对这位中年人来说已经再熟悉不过了，沿途高低错落的山城道路、挂满"小灯笼"的栾树，能看见两江交汇的跨江大桥，广阔绵延的是长江，狭长灵动的是沱江。

  驱车驶过沱江边上的二环路，便到了"贺老爷子"的家。已数不清这是他多少次登门拜访了，只要到泸州，第一站便是来与贺老聊聊天，这对他来说就像是和吃饭喝酒一样自然的事情。

  "贺老，我又来蹭你的泸州老窖了！"见到贺老，中年人操着北方口音笑盈盈地说。

清晨，酒城泸州两江交汇处

"早就为你备好咯～"贺老应声道,将这位宾至如归的小兄弟迎进门。

这位小兄弟与贺老年龄相差30余岁,两人皆是老酒和邮票的收藏发烧友,更是成为了收藏路上难得的忘年交。

他就是老酒圈创始人史进财,而戏剧的是,他与贺老的初识,是以竞争对手的身份,可谓不打不相识。

2008年,史进财与贺老同时在网络论坛上看好一瓶"工农牌"泸州老窖特曲,由于史进财出价更高、路途更短,截了贺老的胡,可把贺老气得不轻。为此,史进财专程到贺老家登门"谢罪",后来才引出一段相见恨晚、双料藏友、志同道合的可贵友谊。

随着与贺老等一众川渝地区的老酒人逐步接触,史进财与老酒行业的故事,也在我国南部的老酒人群体中熟知开来。

殊不知这位貌不惊人的中年人,缔造了一段轰轰烈烈的老酒人生。

2022年，史进财（右）参观泸州老窖黄舣酿酒生态园制曲中心

"老酒圈"十五年

2007年元旦，《北京您早》播出了这样一则新闻："世界之大，无奇不有，由史先生发起的第一届老酒联谊会在北京举行……"北京北三环的一家休闲俱乐部的包间里，酒香四溢，热闹非凡。房间各处摆放着大约三十年之久的陈年白酒，28名爱酒人士齐聚一堂，一起品尝时间的味道……

这一天，在场所有人并未意识到未来老酒背后将蕴藏着巨大的多重价值，大家仅仅因为爱好而相聚在一起。他们相互交流着品酒体验和藏酒心得，相见恨晚，亦惺惺相惜。这一天，也标志着史进财的"老酒圈"民间公益组织正式成立。史进财的初衷是为整合老酒资源、规范老酒发展，为藏友提供老酒鉴定、交流、指导等服务。

在之前的几个月里，一帖标新立异的"喝酒令"在天涯论坛上引起大众广泛围观："邀请全国爱酒人士到北京共度佳节，共品老酒。"发起这一号召的正是"老酒圈"创始人史进财。在那个网络刚刚普及、技术尚且稚嫩的年代，早期的交友软件和论坛贴吧成为了大家拓展认知、交友互动的窗口。

带着好奇心和新鲜感，28位来自全国各地的爱酒人士齐聚北京，当时为了控制成本，史进财办了一张休闲俱乐部的会员卡，为应召而来的酒友提供吃住保障。

在"老酒圈"创立之初，史进财只是单纯抱有"独乐乐不如众乐乐"的想法，可谁承想，现在老酒竟成了酒行业的风口，"老酒圈"的成立吹响了老酒行业集结号。

如今，在史进财的组织带领下，"老酒圈"由第一次联谊会的28名会员发展到目前累计300多万名会员，成为了酒友交流和老酒交易的重要阵地。

同期烧酒网、酒投网等平台相继上线，为老酒流通提供了渠道，与"老酒圈"一起共同为老酒行业破冰贡献了力量。

2008年，从第二届"老酒圈"联谊会开始，便有了主题——解决行业内有争议的问题。第二届联谊会也体现了集体力量的强大，大家各自有不同的研究方向，取长补短，解决了不少老酒市场流通中的问题，"老酒圈"的凝聚力和公信力由此奠定。史进财与贺老也正是在这一年相识的。

20世纪90年代，泸州老窖产品"全家福"

2007年,"老酒圈"成立之初会员齐聚北京品鉴老酒

　　到了2009年,老酒进入拍卖领域。荣宝斋作为老酒拍卖第一家,吸引了各界的目光。

　　2009年,第三届"老酒圈"联谊会如期举办。随着前两届联谊会的举办,"老酒圈"知名度成功打响,第三届吸引了全国300多位酒友远赴而来。当时正赶上歌德盈香在一家酒店举办拍卖会,由于时间冲突,联谊会中途不得不换地方。为了让各地酒友也能体验老酒拍卖的魅力,"老酒圈"便与歌德盈香合作,转到了离拍卖最近的饭店。

　　"老酒圈"成立三年来,从策划、筹备、联络等准备工作,到酒友们来京的吃、住、老酒提供等所有开销,全部由史进财一人承担。

　　"我觉得是我主动叫人家来喝酒,我理应尽地主之谊。很多酒友看我辛苦,主动提出赞助，都被我谢绝了，毕竟大家大老远来到北京，我不能照顾不周。当然，这时候还没有规划运作一个组织的概念。"史进财回忆道。

但算下来，第三届联谊会开销达30多万元，而且他也没有专业的会务团队，大事小情都亲力亲为，史进财有点吃不消了。

到了第四年，面对这既琐碎又容易得罪人的工作，他退缩了。正值史进财为难之际，第一家赞助商出现了。毕竟"老酒圈"经过三年的积累，在业界已经形成了一定的影响力。第四届联谊会有了外部力量的支持，第一次拥有了气派的舞台和更高规格的宣传。

再到2011年第五届时，"老酒圈"的覆盖面和影响力与日俱增，史进财开始对老酒行业产生了一种使命感，他下定决心将老酒行业做大做强。

那个时期，只要听说哪里有讲诚信又能干的酒友，史进财都会打"飞的"过去交流联络，不远万里。以这样的方式，逐渐将行业内众多大咖串联在了一起。

"因为我坚信众人拾柴火焰高，一个行业想做大，首先需要资源共享。看似资源被瓜分了，实际上我们这些人，在守护这个行业成长壮大的过程中都赚到了钱。"史进财平和地说。就像第一届的28位酒友，如今全部吃到了老酒的红利。

然而艰难可想而知，在行业发展初期，资源互通共享并不是一帆风顺的，人的工作是最难做的。一腔热忱换来无端猜忌是常有的事，麻烦还得罪人的事情也没少干，可即便这样，史进财助推老酒行业的方向从来没有动摇过。

就这样寒来暑往，一年一度的老酒圈联谊会连续举办了15年，成了圈内酒友交流和交易的重要阵地。"老酒圈"创办初期的历程和个中趣事，也成为了老一辈会员们的群体回忆。大家出于纯粹的爱好聚到一起，谁也不懂如何变现，初期也没有价格标准。在形成交易之前，大家都是以交换为主，从不争斤论两。

十几年前，老酒行业尚未成形，老酒的概念也不清晰，专职从业者更是凤毛麟角，"老酒圈"称得上是老酒时代的先锋组织，为老酒行业以后的发展打下了基础。

这当中，史进财功不可没，他是一个什么样的人？怎么一步步与酒结缘，并成为业界知名人物？

一切要从他很小的时候说起了，也许正是妙趣横生和波澜起伏的经历，造就了一位行业先锋一步步向我们走来。

2017年,第十届"老酒圈"高峰论坛参会者合影

一尝钟情

史进财是在农村出生长大的。

20世纪70年代,由于爷爷在城市里上班,只有周末他才能见到爷爷。史进财回忆起幼年时与爷爷的相处,印象最深的就是看爷爷喝白酒。

大概四五岁时,史进财就可以帮爷爷跑腿去打酒了。当时的酒是7分钱一"酒抽子",爷爷会给他1毛钱,剩下的3分钱可以买三块糖,所以幼年史进财很乐于接受这个跑腿任务。现在看来,这也许正是对他早期的财商启蒙。

第一次帮爷爷打酒的经历,也是史进财第一次主动喝酒的标志。

幼年史进财家住的地方比较偏僻,离打酒的地方大概有一里地远,中间要路过一片坟地,周边鲜少人走,相信这对于成年人来讲都是不小的挑战。但与3分钱的自由支配权比起来,他还是愿意尝试,鼓足勇气迈出了家门。当小小的他走到集市上成功打到酒往家走时,又路过那片坟地,这时他是又累又害怕,又不敢停下休息。看着手中的酒,便想起爷爷曾说的"喝酒壮胆"的老话,随即打开瓶盖,"吨吨吨"灌了几口酒,立马感觉一股灼热从嗓子眼流遍全身。伴着这样的灼热感,小少年一口气跑过坟地,跑到家里,就这样成功解锁了壮胆新技能。回到家时爷爷还奇怪酒为什么少了，还以为是商家没给够。

自那以后，爷爷经常让幼年史进财去打酒，每次他都照例喝几口，一来二去，也就驾轻就熟了。可每次打酒回来都少一点，久而久之，爷爷就知道是怎么回事了，彼此心照不宣，一笑而过。

"也许我的酒量就是从那时候开始练起来的。"史老师饶有兴致地回想起幼年时期的喝酒初体验，半开玩笑地说。现在看来，爷孙俩都很神奇，一个收放自如，造就了另一个有勇有谋，也许这也是那个粗犷的年代所赋予的彩色流光。

史进财体验过白酒的独到口味之后，便对它情有独钟，以至于童年时期在家"偷"酒喝，少年时期跟工友AA制拼酒喝，青年时期去亲戚家蹭酒喝。个中趣事，其乐无穷。

20世纪90年代的一天，青年史进财第一次品尝到老酒的滋味，至今仍记忆犹新。那是一年过年，他到一个亲戚家拜年，亲戚从柜子里拿出一瓶放置了许多年的酒招待，那瓶酒胶皮盖已严重老化，瓶身商标都腐蚀掉一半了，目测酒体都有少量挥发，推测大概已放置了二三十年之久。与平时常喝的低度白酒不同，这是高度白酒，史进财二两下肚便倒头睡下了。醒来时天色已晚，出于安全考虑，亲戚便留他过夜。已有多年酒龄的史进财，深知此次的品酒体验前所未有，简直是仙露琼浆、回味无穷。尽管过年家中事务繁多，但因为想再次品尝这难得的仙露，就顺势答应留宿了，继而又顺理成章地在晚饭时喝了二两老酒。次日醒来，春节冗忙，目不暇接，很快就又到了午饭时间，史进财又被自然而然地留下吃午饭，他又一次成功下肚二两老酒。一来二去，史进财想想，既然念念不忘，干脆喝个痛快为止。就这样二两二两又二两，终于在做客的第三天中午，整瓶老酒被他成功喝光，他心满意足地回家了。

"那个时候我脑子里就有记忆了。别人可能不知道老酒好，我绝对知道，因为我是切切实实喝出来的。"史进财回忆起当年那瓶酒仍然意犹未尽，那个滋味仿佛又重新回到了味蕾。

自那之后好多年，史进财一直想找寻到记忆中的那个味道，也喝了不少好酒，遗憾的是再也没找到当年那种感觉。带着这份对老酒味道的钟爱，史进财从年轻时就开始搜罗各种老酒来喝，走到哪都会留意购买一些。

直到后来有一次到泸州老窖厂家走访，一口几十年的泸州老窖特曲酒，将史

史进财收藏的不同时期泸州老窖产品

进财尘封了多年的记忆唤醒,当年在亲戚家喝过的那个味道又重回舌尖,这让史进财兴奋不已,仿佛又回到了那个年轻的自己。

这就是史进财收藏老酒之初的故事,然而他对于老酒从爱喝到收藏,并不是一挥而就的。收藏是一件需要眼力、财力和魄力的事情,对于年轻的史进财来说,还有一段很长的升级之路要走。

升级之路

在收藏老酒之前,史进财就是一位酷爱收藏的人,邮票、邮币、明信片等,他都有着丰富的收藏心得。

20世纪80~90年代,集邮称得上是那个年代的大众爱好,最多时全国有几千万集邮爱好者。史进财便是集邮群体中的积极分子。

1989年,16岁的史进财为了丰富自己的邮品,专门从农村去到了城市的砖厂工作，因为只有地级市才买得到邮票。工作的每一天都是灰头土脸、极为艰苦的，每周都会磨坏一双鞋子，但这丝毫没有动摇史进财对集邮的坚持。

"以前早餐经常吃麻饼，就是烧饼上面撒点芝麻。要是有一颗芝麻掉了，都得捡起来吃了。"即便是这样"精打细算"的早餐，史进财还会时常不吃省下来买邮票。

"邮票就是五块五块攒起来买的，老家的房子是50块50块攒起来盖的。"史进财笑着诉说早年的清苦，就像在讲别人的故事一样。

1990年某天，厂里发了工资，史进财照例来到邮票柜台看当月新款。柜台前负责销售邮票的不是他之前经常打交道的那个阿姨，而是一位年轻漂亮、能说会道的姑娘。姑娘一看史进财驻足柜前，就极力推荐一款《香港中银大厦落成纪念》的明信片，100张整卖，优惠价18元。

也许是价格诱人，抑或是姑娘气质清新，史进财一咬牙："我要了！"18元，足足是他六个月的可支配收入。然而恰恰是这次的破釜沉舟，让史进财尝到了天上掉馅饼的滋味，成就了他的"第一桶金"。

三个月后，一个重磅消息改变了史进财的人生轨迹。《香港中银大厦落成纪念》因错版而取消发行，官方发布回收消息。消息一经发出，整个集邮界都沸腾了。民间高价回收的市场迅速形成，据了解北京已经炒到160元一张，这张错版明信片一度成为了集邮爱好者追逐的梦想。

《香港中银大厦落成纪念》错版纪念邮资明信片，俗称"片蓝"

后来,史进财尝试出手了一张,通过一番讨价还价,成功卖了90元,与买入时每张0.18元的进价相比,翻了500倍。要知道,他卖掉了一张,还有99张。自那之后,史进财发现了集邮巨大的市场空间。他辞去了砖厂的工作,带着99张明信片和他的宝贝邮票,走上了更广阔的天地。

那个年代很多人的人生目标就是成为万元户,史进财不到20岁就差不多实现了。

然而好景不长,意外往往发生在得意之时。

1997年盛夏的一天,史进财携带着一大笔生意款,和六七位家人一起坐在从县城到市区的公共汽车上。起初史进财将装钱的袋子紧紧抱在怀里,可不巧他们遇到了堵车,车停在烈日下就像蒸笼一样,由于太热他就将钱放在了上方行李架上。

不一会儿,车门开了,上来几个身穿大裤衩的男人,史进财见状提高了警惕,但只觉强烈的困意来袭。当他惊醒过来时,发现全车人睡倒一片,车上所有值钱的东西已被扫荡一空,史进财的钱袋子更是不翼而飞。

创业之初惨遭滑铁卢,其中的滋味难以言状。但意料之外的惊喜是,供货方得知史进财丢失了货款后,非但没有怪罪他违背契约,反而很仗义地直接把货先赊给了他,表示相信他的能力和人品。

这给了史进财极大的鼓舞,那次之后,史进财夜以继日、不辞辛劳地跑了一个月生意,把这次滑铁卢的损失全部赚了回来。

回忆及此,史进财幽默地说:"'腰缠万贯'这四个字绝对有来头,那个时候我们出去汇个款,都得加倍警惕,钱都得贴身缠在腰上,藏在衣服里。"

商场上的起落与成长,为史进财今后进军老酒行业奠定了更加谨慎的行事风格,也深刻感知到了诚信的力量。

爱之有道

如果说,第一桶金是歪打正着的幸运,滑铁卢是成功必要的警钟,那么史进财的商业眼光和勤勉探索,就是奠定他在收藏之路上越走越稳的基石。

在社会大学中的摸爬滚打,更加深化了他对收藏行业的理解与洞察。也因着对老酒的喜爱,老酒收藏自然也成为了他的关注重点。

当然，生意做到哪儿，酒就尝到哪儿，喝过的白酒品种达上万种。对此，史进财得意地说："要购买老酒，首先自己得懂。因为我喝得多，我知道哪个好喝。这样后面如果碰到了大批量的好酒，我就敢重金把它买回来，不管多大量我都敢要。但如果我一尝不好喝，怎么着我也不会买！所以说，只要我有的酒，我都喝过。后来别人都来咨询我。"

就这样一路连喝带收，不知不觉攒下了不少好酒。可即便这样一位资深酒徒，竟也有过持续5年严格的戒酒经历。

2002年，邮票收藏生意愈发得心应手的史进财，来到北京发展，这也是他喝酒最凶的阶段。也许是长期喝的一款酒酒质一般，抑或是超量饮用，他发现自己的记忆力下降很快，很多重要的事情总是忘记，因此耽误了很多生意。意识到事情的严重性后，史进财果断忍痛割爱，下决心戒酒一段时间。后来的五年时间滴酒不沾，但即便这样，他也会时时关注老酒价格，并择机收购老酒。几年光景收藏的老酒已堆满了地下室。直到2006年事业稳固了，他才较为节制地重新饮酒。

21世纪之初由于互联网还未普及，酒友们散落各地，没有什么交流。后来随着互联网的逐步兴起，全国各地的老酒收藏爱好者通过早期的聊天软件和论坛建立起了联系，这也为史进财大批量收酒提供了便利。有一次，在天涯论坛上看到陕西西安有大批老酒在售，他随即收拾行李飞往西安，到了才发现交接地点是一家倒闭的五星级酒店，库房内还存有大量的高端老酒需要处理，很多都是20世纪80年代留存下来的。史进财兴奋的心情溢于言表，以60元一瓶的价格尽收入囊中。

那个时期，大众对老酒的认知还停留在"过期食品"的层面，真正懂老酒价值的人凤毛麟角，类似这种满载而归的情况不胜枚举。

还有一次，史进财在河南跑生意的途中，习惯性地"扫街扫店"。在一家比较大的副食品店门口，偶遇一位专做过期食品生意的人，当然也包括"过期酒"，这引起了史进财的重点关注。后来两人通过交流达成了合作，史进财给出收酒价格和劳务费，那个人就负责走街串巷地收酒。自此史进财实现了从一线收酒到二线调配的跃迁，老酒收藏也形成了供应链条。

与史进财早期地毯式收酒进度缓慢相比，通过网络机缘和链条合作的方式则是以批量为单位收进，极大地提高了他的收酒效率。

2007年夏天,北京连续下了好几天暴雨。期间一个雨夜,地下室水管爆裂,把史进财的储酒室淹了,很多酒瓶掉落打碎,大量酒水就像溪流一样汩汩地往外流,满屋弥漫着浓重的酒味。史进财冒着暴雨连夜跑到库房,立即开始排水和搬运工作。由于是在地下室,需要不停地跑上跑下,不知来回跑了多少趟,终于在天亮之前完成了基本的排水工作。看着精心储存多年的宝贝们如此狼狈,史进财顾不上心疼,又开始修理水管、搬运、晾晒等一系列工作。那段时间只要天气放晴,他就把酒拉到户外晾晒,足足用了三天,才基本晾晒干爽,其间史进财就找了一个垫子直接在院里守着酒过夜。

这次经历尽管惨痛,却让史进财萌生了一个想法,他决定找找看有没有跟他一样对酒充满热爱之人。喜出望外的是,史进财在北京还真找到一位酒友,爱好收藏绝版酒。两人相识恨晚,总在一起兴致勃勃地分享老酒,交流见解,像是在人海茫茫中觅到知音,惺惺相惜。

这位酒友就像星星之火一样,点燃了史进财的信心。后来,在以史进财为核心的酒友不断集结下,二变四,四变八,关系网不断裂变并迅速拓展开来,酒友

2020年8月8日,山西省老酒收藏文化协会太原市分会成立现场

藏友间互通有无的空间也越来越大。在这种情况下，为了在全国范围内寻找到更多知音，举办老酒联谊会的想法就应运而生了。

2007年首届老酒联谊会的举办，史进财充分借鉴了之前做邮票生意时行业联谊会的形式和经验，力求规范化运行，当时他专门投入5000元钱开发了一个手机投票软件，用于各地区会长的选举，海派老酒收藏大佬李耀强也是当时上海选出来的副会长。

这就是"老酒圈"创办之初的故事，也标志着老酒行业的形成。如今第一届的28位酒友，被业界称为"骨灰级藏友"。

回忆及此，史进财说道："其中一个做绝版酒收藏的酒友，也是我的第一位酒友，在第二届联谊会当天，得知了他去世的消息，甚至就在前一天我们还都见过面，我们在会上为他集体默哀三分钟。"

收藏指南

2010年后，老酒收藏随着拍卖的赋能迅速升温，引起了广泛关注，大众对老酒的需求也多样化起来，有的将喝老酒作为身份的象征，有的开始对老酒收藏感兴趣，有的带着理财的心理跃跃欲试。可老酒品类繁多、真假难辨，市场上关于老酒的知识与信息都比较碎片化，无论哪个需求，想要快稳准地入手并非易事。在重重障碍下，大众能否对老酒保持既有的热度，在发展初期都是未知数。

2011年，《中国名酒图鉴》问世，它系统梳理了每一瓶老酒的历史背景、外观细节以及品饮评价。这在当时着实引起不小的轰动，打破了公众与老酒圈之间的壁垒，为普罗大众了解、收藏、投资、品饮老酒提供了借鉴。

《中国名酒图鉴》的主编有刘钢、史进财、杨振东、国建立4人，史进财为本书的执行主编，主体内容他仅花了一个月时间就完成了。而编书的契机源于一个他与荣宝斋之间的"赌注"。

一次在荣宝斋的拍卖现场，史进财凭借多年的饮酒和收藏经验，发现了很多高仿的老酒。而荣宝斋作为拍卖公司，却在老酒专业鉴定方面存在短板。荣宝斋董事长看史进财这么懂行，半开玩笑地说："如果你能编成一本书，我负责一切费用。"

全国各地的酒友齐聚一堂

对待老酒问题,史进财是严肃且认真的。纵然当时邮票生意风生水起,可达到月入几十万元的程度,他毅然舍弃了这一个月的营生,全身心投入《中国名酒图鉴》的编撰工作中。当时史进财还不太会用电脑,编撰的方式是"看图说话"——就是史进财对着每一张老酒图片,去口述它的历史背景、外观细节和品饮评价,打字员在旁边负责记录。即便是这样"原始"的方式,通过夜以继日的辛勤工作,仅用了一个月时间,初稿便已基本成型。

"我当时完全是凭自己对酒的理解和判断,想着要像《新华字典》似的,做成一个老酒图谱。只要你家里的酒跟我书上的不一样,不好意思,是你的酒有问题。"史进财胸有成竹地说。没有多年的专业自信,是绝不敢将话说满的,更何况还编成了公开出版物。

荣宝斋看到了编撰人员对于老酒的专业与诚挚,也不折不扣地履行了承诺,从拍摄、审校、设计,到专程送到深圳调图、印刷,荣宝斋承担了所有费用。

这本书对老酒行业迅速打开局面具有极大的助推作用,也为后期诸多老酒书籍提供了范本。这样有价值的一本书,史进财却放弃了这本书的版权。

"我们的目的是普及老酒知识,让所有人尽快进入角色。拿我一本教材,照书搜酒,能少走不少弯路,3~5年的培训未必能达到这种效果。我巴不得全天下人都把这本书当成圣经才好呢,何必要什么版权。"史进财站在行业发展的层面,解读本书的价值。

电子盘的起落

2011年后，我国白酒行业迎来前所未有的高景气时期，进入"量价齐升"的巅峰时刻。这一阶段，白酒迎来百亿军团第一轮扩容时代，茅台、五粮液、泸州老窖等6家行业龙头企业集体撞线百亿。很多酒商也通过老酒拍卖赚得盆满钵满，《中国名酒图鉴》编委之一的杨振东是当时老酒圈中首位实现身价过亿的个人。

2011年如期迎来第五届老酒联谊会，这时史进财对老酒行业发展有了一种责任感。他认为只靠头部发达，对行业发展是不可持续的。行业要想打破两极分化的局面，还是要把根基打扎实，这需要行业内所有人来共同推动。

"只有头部的进步对行业是没有好处的。赚钱的都过亿了，一线收酒的还在那儿支个小牌晒太阳呢。"史进财始终着眼于行业发展问题。

如何共同推进、全面发力？这需要在行业范围内树立规范、探索标准化发展。史进财一方面广泛借鉴国外标准化发展路径，另一方面深度解读国内经济发展方针政策。2013年，他开始研究中国老酒"类金融"[①]化发展，要知道金融专业的门槛是很高的，半路出家的史进财不惜花重金购买了专业的金融服务系统，请来了专业的IT人才团队，共同打磨交易规则、开发系统以及风险规避、细节修改等工作。经过一年的筹备，终于在2014年7月7日这一天，正式上线了中国老酒电子盘，史进财自己的公司——北京老酒传奇电子商务有限公司也同日成立。

中国老酒电子盘，是北京老酒传奇电子商务有限公司联合拥有国资背景的北京国际酒类交易所[②]（以下简称"北酒所"）共同创立的一个老酒交易平台，也是国内首家老酒电子化交易的专业平台。"北酒所"主要负责平台的搭建、维护，并提供日常交易所需要的信息技术、结算、交易监管和风险监控等服务。北京老酒传奇电子商务有限公司则具体负责平台的全面运营管理。中国老酒电子盘借助老酒圈内专业的老酒鉴定能力和无可替代的市场公信力，打造出了集老酒鉴定、

---

① 类金融，顾名思义就是类似于金融，属于一种直接金融。由于涉及老酒实物交易，相比单纯的金融产品风险较低，回报较稳。

② 北京国际酒类交易所成立于2011年11月，是由北京一轻控股有限责任公司联合中粮长城酒业有限公司、中信国安葡萄酒业股份有限公司、北京首采运通电子商务有限责任公司、北京产权交易所有限公司、信达投资有限公司等股东单位共同出资组建的酒类交易平台，注册资金1亿元。

保管、在线交易、提货等功能为一体的专业平台,为老酒收藏爱好者及社会各界投资者提供了一个安全、可靠、快捷的电子交易投资渠道。

独特的老酒属性搭载互联网金融快车,刺激了越来越多投资者的关注。

2016年春季,老酒各大单品涨幅普遍在4%~23%,其中泸州老窖涨幅19%,位列高位。

通过电子交易,人们可以像买卖股票一样买卖老酒,随时查看市场行情,增加了市场透明度,同时为参与买卖的藏友免费提供仓储保险,降低了实物买卖的破损、真假难辨等风险。而平台提供专业的鉴定服务,使交易更有安全保障。

电子盘的上线,迅速引起诸多业内人士的关注,又一次刷新了市场对老酒的认知。据2016年1月14日统计,平台已经拥有经纪会员200家,交易会员近2万元,市值达1.5亿元,日交易额上千万元;累计交易额达8亿元,平均价值体现达到8倍,最高时达50倍;而且挂牌的23个老酒品种,均为15年以上的极具收藏价值的品种。电子盘结合时代特色,抢抓老酒行业发展的黄金时期,使老酒溢价形成井喷式增长,出现了"一瓶难求"的局面,也让老酒行业再一次跃上新高度。

2015年4月,北酒所中国老酒交易平台新闻发布会现场

也许事情总是物极必反。好景不长，2016年，国家全面加强了股市资金风险管控，电子盘也受到金融政策强制干预，天天都熔断，最终在2016年6月宣告崩盘。两年时间里，老酒行业有人欢喜有人忧，史进财团队的员工几乎都成了"暴发户"，但也不乏少数人因过于贪婪导致血本无归。丛林法则是商业的铁律，居安思危也是经商者永恒的座右铭。

虽然老酒电子盘短短两年时间就落幕了，但它在老酒交易场所、功能挖掘、现代化手段等方面的探索，为今天以及未来的老酒产业升级、发展和行业生态圈的形成，提供了宝贵的经验。

对此史进财自嘲又略带自豪地说："我做事情比较超前一些，一般超前5年左右。电子盘刚开始都没有人认可，选择的时机不对，有点早了，如果晚个几年那就厉害了，但是行业初期需要有人摸索。"

与往事干杯

商场的起起伏伏，其中甘苦唯有当事人自知。史进财绘制了20年的老酒商业蓝图，却在短短两年内历经了大起大落之后戛然而止，多少愤懑与不甘哽在心头，又不足为外人道也。他曾一度接近抑郁边缘，无心理睬生活其他，整日浑浑噩噩难以自拔。

直到有一天，一位老友的探访打破了他万念俱灰的状况。老友跟他说了一句话："创业让你失去了健康，失去了时间，也失去了家庭……"话音未落，史进财已是泪流满面，他何尝不知？只是不愿从执迷不悟的残梦中醒来。

时间是治愈一切的良药，史进财终究还是接受了现实，慢慢从心灰意冷中走了出来。

在2016年老酒交易所关闭之后，史进财沉寂多年，一直在反省着自己的失误与膨胀，抚平得失，回归匠心，与自己和解，与往事干杯。

反省是一个修身修行修心的过程。采访过程中，史进财坦然地分享他的心路历程："我认为反省是最重要的，我经过好几年的反省，认识了自己很多的错误，不论是生意上，还是生活中，包括待人接物的问题。当年觉得很多心寒的事情，现在想想自己有一半的责任。在逐步认识到自己的错误以后，就花时间慢慢

弥补修复,很多朋友关系都恢复如初了。"

后来,在国家大力振兴实体经济的倡导下,史进财又积极投身酒体研发中,致力于酒瓶包装和酒体口感方面的实体研发。目前,他除了"老酒圈"创始人、编者和交易所操盘手的身份外,又多了酒类策划师、酒体设计师的称号。

在他万念俱灰时出现的那位老友,是中国酒业协会副秘书长杜小威。后来他们一起合作研发的新款酒类产品大获成功,史进财又一次实现了触底反弹后的涅槃重生。

2023年,7月1日,北京安苑路新湘汇餐厅。

史进财为他的朋友们介绍着这款酒设计时的用心之处:"这款酒是我自己勾调的,香味纯净,酒盖上的封膜我用的是……"

此时,餐厅明亮的灯光正照在他自信从容的脸上。

也许在他的心里,最引以为傲的往往是能够抓住先机。

又也许一路追寻先机的过程,才是他起落人生的真正意义。

"寻9"札记

我们对史进财老师的初印象,就是看似平平无奇,带着与生俱来的幽默感,操着乡音对我们娓娓道来。史老师的故事,将我们带到了那个有着老电影质感的年代,故事中充满了劳动人民的智慧和生活的本色。

如果不了解他的履历,谁又会想到这个为人低调、真诚实在的男人,做的都是大事业。

在交谈的过程中,我们最大的问号就是,史老师是如何做到如此前瞻的?是天赋异禀还是学富五车?起初也会抱着他有深厚的人脉资源,或者是幸运至极的猜测。但是交谈下来学到一个道理:有勇有谋、真才实学就是自己最硬的后台,习惯失败、不惧前行就是自己最大的幸运。

听过精彩故事之后,史老师向我们共勉了一句话:"如果没有雷霆手段,千万不要行菩萨心肠。"只有真正有阅历的人,才能体会其辛酸与人性的真谛。

如果你收藏过一瓶泸州老窖

2021年10月26日晚,杭州,2021全球老酒节——阿里拍卖之夜,一瓶20世纪50年代生产、500毫升装的泸州老窖大曲拍出了118万元高价,引发广泛热议。

从老资料可以看到,1956年在广东肇庆高要县,泸州老窖大曲酒的价格是1.68元,谁能想到65年后的2021年竟然高达118万元,增值了70余万倍,如果你在20世纪50年代收藏了一瓶泸州老窖,到2021年就立刻成了百万富翁。再往后说,20世纪60～80年代售卖的泸州老窖特曲价格都不超过10元,现在每瓶的价格皆超过了2万元(指导价格见《泸州老窖藏典》)。

20世纪50～80年代泸州老窖部分产品价格增值对照表

年代	品名	当年零售价	价格来源	现在参考价格（截至2022年）	价格来源	增值
20世纪50年代	泸州老窖大曲	1.68元	高要县专卖事业公司烟酒价格汇总册（1956年）	118万元	2021全球老酒节——阿里拍卖之夜	70.24万倍
20世纪60年代	泸州老窖特曲	3.05元	中国糖业烟酒公司河南省鹤壁市公司牌价汇编（1964年）	35万元	《泸州老窖藏典》	11.48万倍
20世纪70年代	泸州特等老窖大曲	3.2元	上海市糖烟酒茶商品牌价（1974年）	6.28万元	《泸州老窖藏典》	1.96万倍
20世纪80年代	泸州老窖特曲（盒装）	7.05元	成都市轻纺工业品价格手册（1985年）	2.98万元	《泸州老窖藏典》	0.42万倍

在杭州举办的2021全球老酒节——阿里拍卖之夜泸州老窖老酒产品拍卖现场

2021年,在全球老酒节——阿里拍卖之夜,被拍出118万元高价的20世纪50年代500mL装的白塔牌泸州老窖大曲酒

由于老资料过多不宜一一展示,下表为部分不同年代、不同地区泸州老窖特曲(大曲)酒的价格。

部分年代泸州老窖特曲(大曲)酒的零售价格[1]

时间	名称	规格	零售价格(元)	资料来源
1956年	大曲	—	1.68	高要县专卖事业公司烟酒价格汇总册
1963年	特曲	1.1斤装	6.73	开封市糖业烟酒公司牌价本
1963年	大曲	62度1斤装	6.23	开封市糖业烟酒公司牌价本
1964年	特曲	62度斤瓶	3.05	中国糖业烟酒公司河南省鹤壁市公司牌价汇编

---

[1] 此表时间、名称、规格、零售价格(元)等信息均来源于原始资料誊抄。

续表

时间	名称	规格	零售价格（元）	资料来源
1964年	大曲	62度斤瓶	2.85	中国糖业烟酒公司河南省鹤壁市公司牌价汇编
1964年	大曲酒	62度1斤	2.85	安阳市烟、酒、食糖、糖果、糕点、罐头牌价表
1965年	大曲酒	62度斤瓶装	2.85	安阳市糖业烟酒商品牌价表
1966年	特曲酒	60度斤瓶	3.06	中国糖业烟酒公司河南省商丘市公司牌价汇编
1966年	大（头）曲酒	60度斤瓶	2.86	中国糖业烟酒公司河南省商丘市公司牌价汇编
1968年	特曲酒	60度1斤	3.2	黑龙江省糖业烟酒商品牌价
1968年	大曲酒	60度1斤	3	黑龙江省糖业烟酒商品牌价
1974年	泸州特等老窖大曲	60度1市斤瓶装	3.2	上海市糖烟酒茶商品牌价
1974年	出口泸州特曲	60度1市斤瓶装	4.2	上海市糖烟酒茶商品牌价
1977年	特曲酒	1斤60度	3.32	黑龙江省牡丹江市糖烟酒牌价
1978年	泸州老窖特曲	60度瓶斤装（福州）	3.35	福建省商业局物价文件汇编
1985年	特曲	60度1斤白料方瓶盒装	7.05	成都市轻纺工业品价格手册
1985年	特曲	60度1斤青料柱瓶	5.8	成都市轻纺工业品价格手册
1985年	特曲	60度1斤白料方瓶	6.5	成都市轻纺工业品价格手册
1985年	特曲	60度一斤陶瓷瓶	6.4	成都市轻纺工业品价格手册
1985年	绿豆大曲	52度1斤白方瓶礼品盒	5.2	成都市轻纺工业品价格手册
1985年	绿豆大曲	52度1斤白方瓶	4.35	成都市轻纺工业品价格手册

注：1斤约为500mL体量。

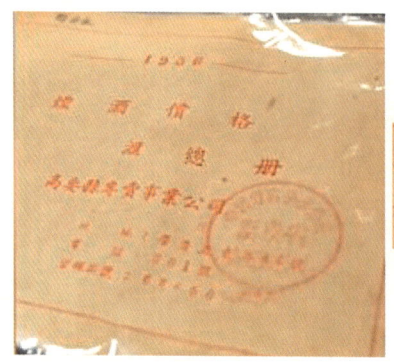

高要县专卖事业公司烟酒价格汇总册（1956年）相关价格信息

1963年，开封市糖业烟酒公司牌价本

中国糖业烟酒公司河南省鹤壁市公司牌价汇编（1964年）相关价格信息

1965年，安阳市糖业烟酒商品牌价表

上海市糖烟酒茶商品牌价（1974年）相关价格信息

成都市轻纺工业品价格手册（1985年）

寻找岁月
陈酿的酒

THE STORY OF AGED BAIJIU COLLECTORS

始终瞄准行业最高端
老酒拍卖引领者

杨振东

- 黑龙江安达人。著名老酒收藏家、北京恩典名扬轩贸易公司董事长，是最早推动老酒行业实现体系化、规模化、专业化的人，并通过拍卖手段实现了老酒的金融化。

楔子

泸州是长江出川的最后一道关口，136公里的长江黄金干道穿城而过，并和沱江交汇，共同滋养着这座千年酒城。10月的泸州，绚丽多彩，不仅有蔚蓝的天空、金黄的落叶，还有白色的芦花。路边的栾树叶子依然翠绿，点缀着一串串或粉红或藤黄或浅绿，如灯笼般的蒴果，为这座城市增添了一抹亮丽的色彩。

2021年10月11日，在这样一个多彩的季节，杨振东来到了泸州。这次到来，由川酿白酒体验馆馆长焦健带领，老酒收藏家李明强陪同。

杨振东此行的目的是要编撰一本书——《泸州老窖图志》，以全面呈现泸州老窖文化，共同守护"活态双国宝"，传承和保护传统文化。

好客的泸州老窖人热情地接待了他，好学的杨振东也提出了很多问题：长江、沱江的源头在哪里？为什么泸州能出好酒？1952年成立了四川省专卖公司国营第一酒厂，为什么是国营第一酒厂？一连串的问题，都将在这次访谈中得到答案。

2021年10月11日，泸州老窖股份有限公司副总经理、安全环境保护总监张宿义（左二）与杨振东（右二）、李明强（左一）、焦健（右一）在酒城泸州沟通交流

访泸州

正所谓"天之美禄,浓香圣地",浓香型白酒能够诞生于泸州,其实并非巧合。若是以地理和人文的眼光去观察,就会发现酿酒众多的条件,比如气候、地形、水质、粮食、土壤(窖池)、技艺等都汇集于此,是自然和历史共同造就了独一无二的泸州。

在那个多彩的季节里,杨振东参观泸州老窖明清酿酒作坊时,对整个酿造工艺过程观察得非常仔细,发酵好的酒糟,他都去捏一捏、闻一闻,去感受糟醅在百年窖池里发酵的味道。他还拿起铲子,和师父们一起去拌料,深刻体会泸州老窖酒传统酿制技艺的魅力。

经过一番考察之后,杨振东说:"作为浓香典型代表的泸州老窖有着深厚的文化底蕴,强大的品牌力量,是酒文化传承的先行者。"

"很难想象一个对老酒高度敏锐的大咖坐到了我们的面前。"泸州老窖企业文化中心的工作人员说。对于杨振东的到访,大家稍感意外,毕竟此前杨振东和泸州老窖的联系不算太多。

但他的到访同时也在情理之中,对市场敏感的他也许看到了泸州老窖近年来对老酒战略的重视,看到了泸州老窖老酒未来发展的潜力,主动抛出橄榄枝。

"碧云天,黄叶地,秋色连波,波上寒烟翠。"范仲淹诗中描绘的,正是那时杨振东眼中泸州的秋天。

走在秋日的长江边,杨振东感慨于"滚滚长江东逝水"的豪情,时间飞逝,往事如昨,他颇具戏剧色彩的成长过往一幕幕在眼前浮现⋯⋯

2021年,杨振东(右一)在泸州老窖鸿盛祥、富生荣酿酒作坊(全国重点文物保护单位)参观并亲自感受酿造技艺

发现老酒价值

1996年是"九五"计划的第一年,那时的北京并没有现在这么大,三环以外就是郊区了。这一时期,国内外烟酒琳琅满目,大家的选择非常多,但说起高消费场所,基本就是指五星级饭店和京城屈指可数的私人小酒吧了。

这一年,年轻的杨振东从东北来到北京闯荡,做烟酒生意。烟酒行业有一个潜规则,除了从正规渠道进货以外,有时候也会低价从顾客手中回收一些闲置的烟酒,再以市场价出售,以增加获利。

杨振东第一次收购老酒是在2000年1月21日,20多岁的他骑着一辆凤凰二六自行车,背着一个大书包,怀里揣着现金就出发了,目的地是北京三里河的一个老太太家。到了那里,他看到了三瓶老酒。收购这三瓶老酒可以算是他人生中第一单回收老酒生意。

这时候的烟酒还不分新老,大家对老酒也没有现在的认识,回收老酒只是烟酒店一个普通的业务而已,当然,对老酒的认识也停留在经济实惠、好喝不贵的程度上。

2001年初夏,一个担任厨师长的同学邀请杨振东去他工作的酒店吃大餐,杨振东便拿了一瓶刚刚以30元收来的老酒前往,但不巧的是,那天酒店临时有接待任务,同学一直忙到晚上11点才下班,于是他们决定直接在酒店外面吃烧烤、喝啤酒,那瓶老酒就没有喝,又被带回了店里,被杨振东随手放在柜台的一角。

次日,浙江温州乐清的一位朋友来到店里,瞥见了那瓶老酒,很是惊喜,希望能买这瓶老酒。

他问:"多少钱一瓶?"

杨振东信口回答:"100吧。"

"好,那就180。"

这瓶老酒就这样在南北方口音差异的作用下,让杨振东戏剧性地净赚150元,这让他没有想到。

晚上这位温州朋友还请杨振东吃了大闸蟹,并委托杨振东今后多收一些名牌老酒给他。

杨振东敏锐地意识到了其中的商机,第二天就去旁边的打字复印社用A4纸打印了很多份小广告,上面写着回收老酒和自己的电话,然后张贴在北京大街小巷回收烟酒的店铺外，开始有意识、有规模地收购老酒。

北京三里河附近是重点区域，每家多多少少都会存着酒用来招待客人，在旧城改造、拆迁搬家的过程中，很多酒就卖给了烟酒店。

杨振东依旧以30元一瓶的价格进行回收，但能收到的数量很少，远不能满足温州客户的需求。于是他不断提价，50元、80元、100元、120元……收购价格高了，收的酒自然也就多了。

到了秋天，杨振东一共收了100瓶老酒供给这位温州朋友，温州朋友转手卖给了一位准备举办婚宴的客户。但是客户看到破破烂烂、规格不一的老酒后非常不满，觉得新婚用老酒，有"二手"之嫌，放在婚宴上不太合适，拒绝为此买单。就这样，100瓶老酒全被退了回来。

这可让杨振东进退两难了，温州朋友也感到不好意思，便给杨振东提供了一个重要信息："你到广州去看看，那边的人也喝老酒，而且买卖价格比我还贵呢。"并给了他一个广州客户的电话，杨振东立马就拨过去了。

电话通了，那边问："你都收了什么酒？"

"老的四大名酒。"

"你（的）是哪年的？"

杨振东迟疑了一下："我75年的。"

"我是问你，酒是哪年（生产）的？"毫无疑问，这时的杨振东对酒的年份毫无概念。

"在哪儿看啊？"

"右下角有个数字。"

这时他才注意到瓶身酒标上原来是印有生产日期的。

"1983年。"

"你有多少？"

"我有几瓶这样的，你给我多少钱？"关于数量杨振东虚掩了一下。

"每瓶240给你。"

果然，这比温州朋友给的还要高不少。

这位广州客户还表示，如果能收到更多的老酒，自己可以自行前来北京取。于是，杨振东第二天就立马把收购价格提高到150元，极短时间内又收了很多老酒，达到了广州客户的要求。

随即，这位广州客户专程坐飞机来到北京，杨振东还请他吃了一顿炸酱面，当时以为他坐飞机来北京还要办其他事，顺便收他的酒。吃饭期间闲聊，他才得知广州客户是专程来北京收他这批酒的，回去也是坐飞机，飞机票单程就要1500元，来回就得3000元。杨振东从如此昂贵的飞机票推测出，老酒在广东价格应该更高。

当时，那批酒需要托运，杨振东用一个木箱将老酒装好，担心路上碎了还买了《新京报》《精品购物指南》等报纸杂志塞到里面防震，还是不放心，又把家里的旧衣服、旧被子也塞进去，从木樨园雇了一辆人力三轮，拉到货运站发走了。当时，杨振东美滋滋地想，这可是个大客户，以后可以长期合作。

但是不久之后，杨振东得知一个让他十分不悦的消息。这次交易后广州同行发现北京和广东的老酒价格差距很大，就越过了杨振东，常驻北京，以和杨振东成交的每瓶240元的价格直接在北京各烟酒店收酒。面对这种釜底抽薪式的竞争，杨振东很不满地说："亏得上次我对他那么好，还请他吃了炸酱面。"

于是杨振东和弟弟也飞去了广州，以送酒的名义找到了位于广州天河区的这位同行的老酒回收店。顺利交接了这批酒后，他们也没着急回去，在附近大小烟酒回收店进行了调查，得知汕头的老酒价格更高，一瓶老酒可以卖到500元。

杨振东立刻让弟弟前往汕头考察，没想到在汕头的一个酒商那里，再一次遇到了这位广州同行正在与他的"上线"进行交接，真是冤家路窄。在汕头了解到老酒的行情并建立了联系后，杨振东在北京又一次提高了收酒价格，以每瓶260元的价格收购，以500元的价格直接供货给汕头那边的酒商。

就这样通过各种机缘巧合，在竞争中抓住机遇反客为主，杨振东不断升级，进而挖掘了更多商机。

提及这段经历，杨振东感慨地说："应该要感谢广东潮汕、广州、深圳和上海的朋友，是他们喜欢喝老酒从而让更多的人将老酒作为一门生意来经营，这其中便包括早期收购我的老酒的客户，他们是最早也是最大的客户。"

时间就是金钱

21世纪之初的方庄被称为北京的"富人区"，很多演艺界人士在这里居住。2001年11月的某天，在方庄一家烟酒店里，一位老太太带来几瓶洋酒要出售，烟酒店老板就同时给几个收酒的上线打了电话询问价格。杨振东准备报价300元过去收酒,往常在北京他都是骑自行车的,但这次直觉告诉他可能是个大单,就打了一辆出租车过去,最后以450元的价格成交。

当杨振东把酒放入自己的包中,一身轻松地出门,又遇到了满头大汗匆匆赶来的广州同行。原来他也得到了这个消息,但他是坐公交车来的,晚了一步。虽然没收到酒,但他很好奇,杨振东把包打开一条缝让他看了一眼,是7瓶轩尼诗XO,广州同行顿时羡慕不已,仅这一单杨振东就赚了20000元。

此次方庄收酒的经历,让杨振东意识到,时间就是金钱,有车是很重要的。第二天,他就到菜户营旧货市场花了18400元买了一辆二手长安面包车,为他的收酒之路提了速。

后来有一次,杨振东以老酒藏家的身份参加某老酒拍卖会时,又遇到那位广州同行,他依然还在坐公交车来回收酒。

鉴赏乐在其中

回头来看,像诸多"北漂"一样,一开始杨振东只是做着普通的烟酒生意,逐渐他意识到,收购名老酒的利润超高,便倾注了大量心血投入这门生意。随着老酒的价值逐渐被大家发现,也慢慢出现了假酒,这时,辨别真假的能力显得尤为重要。杨振东说:"诚信是最重要的,万一我收到假酒,自己不知道,卖给了客户,他们发现后,一定会回来找我算账,我肯定认账,但失去的诚信是拿钱换不回来的。"

所以,杨振东利用一切可以利用的机会学习鉴别中国名酒的知识,对各大酒厂的文化历史、生产工艺、产品名录、防伪标识等方面做深入研究,并多次自费去厂家学习。

杨振东品鉴中国名酒泸州老窖

杨振东收藏的不同时期泸州老窖产品

在这个过程中,杨振东逐渐找到了乐趣,他说:"我是真的喜欢琢磨那些厂家的历史,研究酒的知识,也真是把现在的工作当成是一份事业。尤其是可以辨认出哪些是以假乱真的假酒时,那种成就感是非亲身经历所无法体会到的。"

随着杨振东鉴别水平的不断提高,收酒的效率也不断提升,收上来的老酒越来越多,老主顾也越来越多,买家口口相传蜂拥而至,一度忙得在全国各地收购老酒,朋友们长时间都见不到人。当时,他收的泸州老窖数量相当多,一度达到4000瓶以上。

同时,杨振东也开始认真审视起这些老酒。有很多酒他是一直舍不得卖的,只是自己喜欢,有的买家开价颇高,他都毫不犹豫地回绝了。如果说这种不经意的行为就算收藏的话,那么杨振东的老酒收藏自那一刻就开始了。

而舍不得卖掉的那些老酒,在今天都成为了动辄百万甚至千万的珍品。

发现老酒拍卖商机

近年来,老酒收藏渐渐成为国内最具活力的新兴收藏门类之一,成为艺术品拍卖市场活跃的新宠。杨振东是中国最早一批以老酒收藏为主业的人,也是最早推动老酒行业实现体系化、规模化、专业化的人。他通过拍卖手段实现了老酒的金融化，同时参与并推动建立起了老酒市场的价格交易规则。

杨振东来到北京之初就有一个愿望，就是希望在北京能有一间属于自己的店铺。经过了六七年的奋斗，他在2007年终于如愿以偿，在北京芍药居花了100多万买了一间店铺。为了买这个店铺，他卖了好几千瓶老酒。

2007年，是国际金融危机的前一年，老酒市场也受到重大影响。就在杨振东买完那个店铺之后，老酒就开始掉价，老酒行业也慢慢出现低迷态势，这种情况一直持续到2010年。

在此期间，杨振东也没有闲着，他学会了上网，一个老酒论坛——烧酒网进入他的视野，在这个网上他接触到了很多老酒藏家和行业信息。在2009年的时候，烧酒网上发布了一条令所有老酒藏家为之兴奋的消息。

当时的情况是这样的，荣宝斋的总经理刘尚勇受委托为鲁迅儿子周海婴拍卖17饼普洱老茶和三瓶老酒，在拍卖会上，一瓶20世纪80年代的老酒竟然被拍到3万多元，20世纪50年代的老酒则卖到了20多万元。

消息一经发布，就受到了酒圈的密切关注。杨振东说："那时，整个干老酒的人都去关注老酒拍卖了，因为当时我们私下交易，20世纪80年代的老酒才几千块钱，上了拍卖会就能卖到几万块钱，这是一个惊人的信息。"

于是，杨振东开始迅速行动起来，他先在网上查找中国拍卖公司的信息，了解到国内在这个领域排名比较靠前的几家公司是北京保利国际拍卖有限公司（以下简称"保利"）、中国嘉德国际拍卖有限公司（以下简称"嘉德"）、西泠印社（以下简称"西泠"）、上海朵云轩拍卖公司（以下简称"朵云轩"）等，并获取了它们的地址。然后，他抱着试一试的心态，盘点自己的存货，列了一个单子，写明自己有多少老酒，还把自己的老酒都拍了照片，连同清单一起，厚厚一摞如同一本字典，一同塞进信封，分别邮寄给这些拍卖公司，每个月都寄一次。

三场老酒专场拍卖会

功夫不负有心人，2010年5月，杨振东突然接到了保利的电话。电话那边问："你是姓杨吗？"并确认了先前的老酒资料是由杨振东寄出的，他们约定到保利谈拍卖的事宜。于是，杨振东满怀欣喜就去了。

当保利的一个主管得知杨振东有几千瓶老酒时，他还是不太相信，当杨振东开车送来几百瓶老酒之后，主管终于相信了。

主管告诉杨振东，在此之前有人想办老酒专场拍卖，但体量太小了，办专场得500万起。杨振东表示没有问题。于是，保利确定在12月举办一场拥有600瓶老酒的史无前例的老酒专场拍卖会。

时隔一个月之后，嘉德也给杨振东打电话了，也约他去谈谈老酒拍卖的事宜。见面之后，杨振东就直接把给保利的单子给他们看，对方要求300万保底。在经过一番磋商之后，确定在12月份举办专场拍卖会。

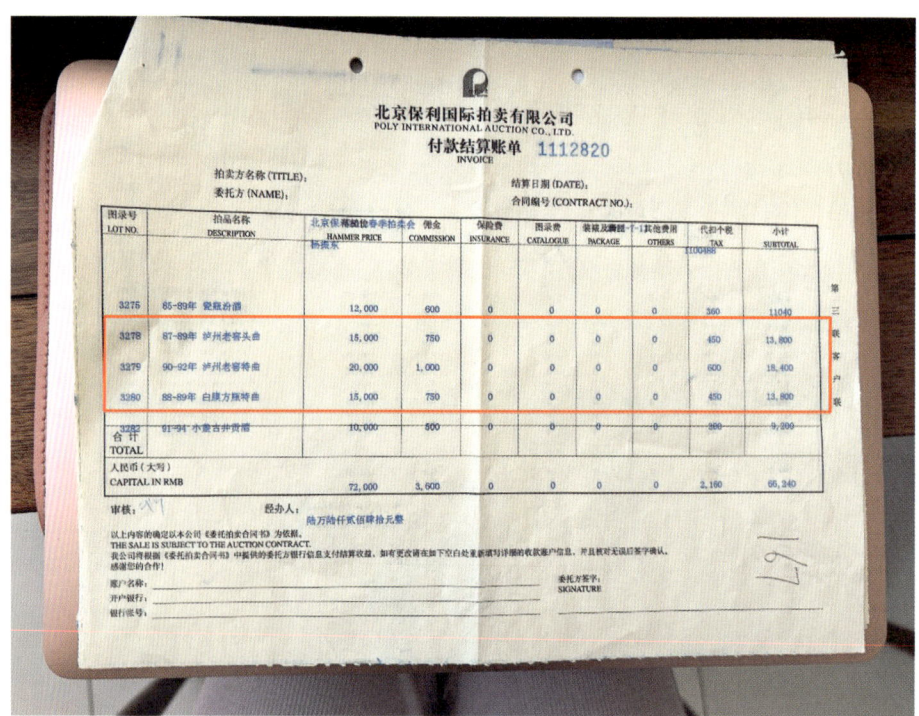

北京保利国际拍卖有限公司付款结算账单中关于泸州老窖产品的拍卖价格

又过了两个月，2010年8月，西泠的人也打来电话，对方说话特别客气："请问您是杨先生吗？"

杨振东回答："是的。"心中暗爽，他们现在都称呼我"先生"了。

对方邀请他到杭州商谈老酒拍卖事宜。

于是，杨振东第二天就去了。

经过会商，确定在12月举办老酒专场拍卖会。

2010年12月，杨振东非常忙碌，在2日、18日、30日，分别与保利、嘉德、西泠举办三场老酒拍卖会。杨振东坦言，这三次拍卖会仅是个人所得税，他就交了上千万元。

在这些拍卖中，有很多泸州老窖的产品。比如20世纪80年代泸州老窖头曲、90年代泸州老窖特曲、80年代方瓶泸州老窖特曲等，这些老酒的价格达到了13800～18400元/瓶。

2010老酒拍卖元年

由于2010年底老酒交易融入了拍卖这一金融杠杆，转过头的第二年，老酒的价格就开始暴涨，2011年3月份，老酒价格开始飙升，泸州老窖的陈年白酒当年曾暴涨八九倍。但快速上涨的势头并未持续很久，由于当时市场存货量巨大，供给充足，价格逐渐又回落到最高点的三分之一左右，一直持续了很多年。这个价格应该说是市场的一个均衡价格，基本代表了商品的价值。但即使如此，比起2007年的价格也翻了两倍多，这个价格的波动和杨振东的这三次拍卖是分不开的。

从2000年正式从事老酒交易至今，杨振东见证并参与了老酒从饮用到收藏、拍卖、金融化的全过程。2010年被藏家们称为"老酒拍卖元年"，这一年，杨振东名下企业名扬轩连续与保利、嘉德、西泠三家拍卖公司的合作，将陈年白酒彻底推向了拍卖市场，并以高成交额推动着中国名酒收藏交易进入新的阶段。此后，全国多家拍卖公司纷纷跟进，带动了中国陈年白酒市场像艺术品一样，在拍卖领域占据一席之地。尤为重要的是，通过拍卖手段实现了陈年白酒成为可以饮用的收藏品、可以交易的拍卖品、可以实现财富升值的投资品。

2014年,四大名酒鉴定会及拍卖会——民间收藏老酒品鉴活动上杨振东(前排中)与藏家焦健(前排左一)、余洪山(前排右一)等进行交流

名酒图志

除了拍卖之外,在名酒收藏鉴定方面,杨振东也做了许多有意义的探索,他奠定了目前陈年白酒鉴定的基础,将其标准化、流程化,并通过编撰"图志"的方式进行广泛推广。

早在2011年,杨振东就与史进财、刘钢、国建立一起创编了《中国名酒图鉴》。在此基础上,2015—2022年杨振东又独立编撰了三本名酒图志,将实践与理论相结合,深入浅出却又极为翔实,通过图文形式,将多年来的老酒的发展历史做了系统化梳理。此系列图书一经出版,市场反响很好,为老酒的鉴定提供了重要依据。

更令人称赞的是,杨振东将售书所得收入的22.7万元拿出来资助了12名品学兼优的贫困学生,助其完成学业。此义举深受圈内外的赞扬,起到了很好的示范带头作用,众多收藏爱好者也纷纷加入了一对一助学活动中来。

在此之后,杨振东及其团队又紧锣密鼓地投入《泸州老窖图志》的编撰工作中,于是就有了开篇的那一幕。对此,杨振东信心满满地表示,我们花费这么大心血来编撰中国名酒系列图书,尽可能以客观而全面的角度,用图文对接历史、用脉络传递精神,以期为中国白酒界提供一部集文献、品鉴、收藏、欣赏等为一体的专业工具书,并通过传播中国酒文化来传承和弘扬中华民族优秀传统文化。

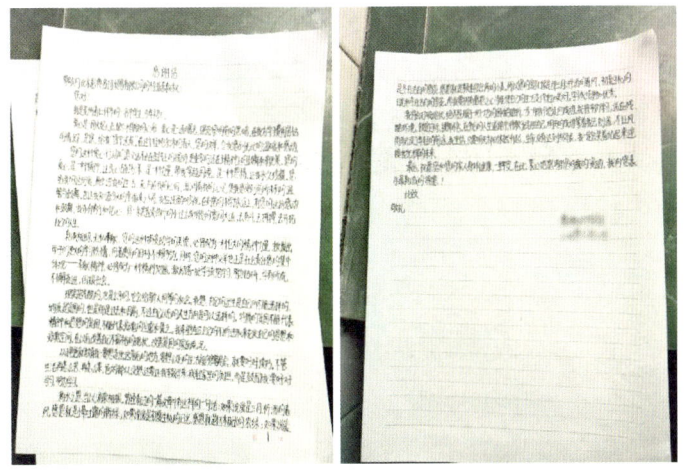

受助学生写来的感谢信

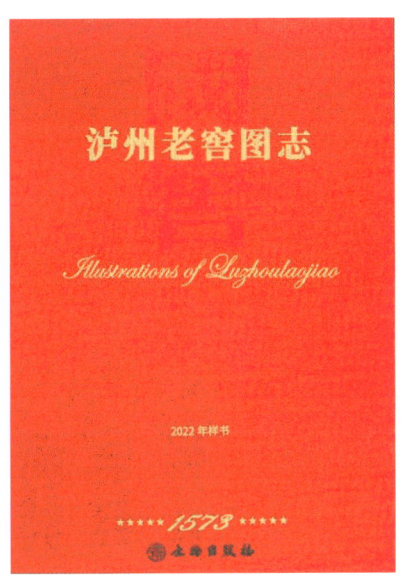

2021年,杨振东及其团队编撰的《泸州老窖图志》样书

品鉴与交流

说起老酒收藏这块，起初杨振东仅仅是拒绝出售一些自己喜欢的酒，随着喜欢的酒数量逐渐增多，他在东北建设了自己的专业酒窖来储藏这些老酒。随着生意越来越大，他开始有意识地从各方面搜集老酒的信息，在拍卖中碰上非常珍贵的老酒，也会参加竞拍，他现在珍藏的很多珍贵老酒就是在拍卖会上拍到的。

如今，作为国内知名的实力派老酒藏家，杨振东参与了大量的品鉴交流活动。2023年12月7日，"品味450年 名酒荣耀鉴新篇"泸州老窖全国巡回鉴评会在北京召开，杨振东作为重要嘉宾参加了此次盛会，并在活动中被颁发了"泸州老窖名酒收藏家"证书。

中国陈年白酒鉴定师培训班是由中国酒业协会名酒收藏委员会主办，面向广大名酒收藏爱好者、陈年白酒领域从业者开设的专业课程，内容丰富、理论与实

2023年，"品味450年 名酒荣耀鉴新篇"泸州老窖全国巡回鉴评会北京站活动现场，中国酒业协会理事长宋书玉（左一）、泸州老窖股份有限公司党委副书记、总经理林锋（右一）为杨振东（左二）等名酒收藏家们颁发了"泸州老窖名酒收藏家"证书

践相结合，自开办以来已经有全国各地近三千人参加培训并通过考核。杨振东曾多次与泸州老窖舒志军、李宾及川酒藏家胡义明等白酒各界知名人士一起组成专家团队，对学员讲述包括白酒历史文化、酿造工艺、品评技艺、真假鉴定和价值评估等内容，专业度获得了大家的一致好评。

从业之初，杨振东就对行业内的各种乱象深恶痛绝。多年来，他一直凭借自己的力量，通过各种方式，去推进市场标准化发展，积极传播老酒品鉴技术，推广老酒文化。2018年12月，由中国收藏家协会主办、中国收藏家协会烟酒茶艺收藏委员会协办的2018全国老酒文化收藏会议在北京举行，来自全国的100多位老酒收藏家、从事老酒研究的专业人士及中国标准化研究院、国家政法部门等权威机构的专家、学者参加了此次盛会。在本次研讨会上，杨振东进入老酒收藏标准研究课题组，为老酒收藏标准的建立、规范老酒收藏市场、推广老酒收藏文化、普及老酒鉴赏知识等方面贡献了自己的专业力量。

老酒的未来

借着"品味450年　名酒荣耀鉴新篇"泸州老窖全国巡回鉴评会在北京召开，泸州老窖企业文化中心的工作人员专程拜访了杨振东。

杨振东的北京恩典名扬轩贸易公司位于北京丰台区草桥，在新落成的老酒博物馆内，阳光明媚，大家围坐在茶桌前，杨振东打开新配备的高级音响，放着蔡琴的《被遗忘的时光》，大家品着茶，欣赏着音乐，气氛融洽而舒适。

杨振东说起他的过去，他是黑龙江人，初中毕业以后，修过车，当过司机，做过很多职业。后来来到北京收老酒，他收藏的4000瓶铁盖泸州老窖一直是他的骄傲。

杨振东说："一切东西都要经过市场的检验，只有这样它才能走得更远。"

多年来，杨振东收藏的众多老酒价格都有大幅提升，但是提高的比率却大不相同。有的老酒品种涨了一百倍，大部分中国名优品牌，涨幅只有二三十倍。

对此杨振东解释道："文化输出是品质认可的第一步，如果没有文化，品质也很难得到认可。"作为嗜好品的白酒，不应只看到其物质层面。

在未来，中国白酒的竞争依然很激烈，各大酒企不进则退，很容易被淘汰。而不同品牌老酒的价格，也会随着这些酒企的优劣而发生变化。

"寻9"札记

杨振东对老酒情有独钟。

他说喝酒有三个境界:一是微醺,心情舒畅;二是酣畅,畅快忘我;三是酩酊,回家睡觉。

除了酒之外,杨振东是一个音乐爱好者,喜欢摇滚,喜欢rap,喜欢莫西子诗,喜欢蔡琴。

他最喜欢和二三好友,在他的老酒博物馆里,点一些简单的外卖,喝一瓶老酒,听着音乐,达到酣畅的状态。他是一个丰富而真实的人,在聊天的时候,经常会半开玩笑地说"亏了,亏了。""这个你得付费才告诉你。"

更重要的是,杨振东有着敏锐的洞察力以及高效的执行力,他看好一个方向,就会立刻行动起来,迅速抢占制高点。可以说,老酒成就了杨振东,杨振东又促进了老酒行业的发展。

从做生意,到做标准,再到普及行业知识,提升业内鉴定水平,杨振东在业界取得了可观的成绩。但他始终保持着低调的心态,为人和善,谦虚谨慎,仍然在这个领域稳步向前。

他虽然将老酒引入了金融领域,并进行商业化运营,但他并非仅仅把老酒当作一个赚钱工具,始终保持着对老酒行业的敬畏,身体力行地推动着老酒行业的健康发展,为老酒行业做出了卓越的贡献,是中国老酒行业的一位实力派人物。

无疑,杨振东是成功的,当问及他对成功的理解时,他认为,"成功的标准是自己对自己的认可。要按照自己最愉快的状态去生活,你认为合适的事就去做,不合适的事就不做。"

"在老酒收藏行业,很多人图便宜,觉得自己很可以了,其实不然。不要抱着捡漏的心态进入这个行业。"对于老酒收藏,杨振东认为,想要进入老酒行业的人应该先找到行业标准,再找到行业的制高点。先与标准靠近,然后再和制高点反复对比,才能迅速提高自己。

泸州老窖特曲外观鉴别要点

收藏老酒看似门槛不高,实则学问很多。

老酒收藏是有诀窍的,如同中医讲究"望、闻、问、切",收藏老酒也讲究四看一品:看封口、看酒标、看容量、看包装、品酒香。

收藏老酒需要的知识面广泛,一般通过鉴别瓶形、瓶盖、瓶标、包装、商标、酒体、酒花、口感、味道等方面内容,来推测一瓶老酒的真实身份和背后的历史信息。有时甚至要精细到一个异体字、一个小标签或者一个数字,才能辨别其真伪。毫不夸张地说,一位优秀的老酒藏家需要同时兼具侦探的细致、老师的博学、艺术家的直觉和商人的敏锐。

在一众藏家的帮助下,泸州老窖相关部门凭借着多年鉴定老酒经验的积累,逐步总结出泸州老窖不同年代、不同品牌、不同瓶形下的细微差别,通过对不同生产年份的上万瓶年份酒的瓶形、瓶盖、瓶口、颈标、酒标、生产日期等外观细节进行观察鉴别后,进而归纳总结出一般规律,如下文所示。

一、"工农牌"泸州老窖特曲酒(圆柱瓶)外观鉴别要点

1. 瓶形

圆柱瓶,俗称"手榴弹瓶",自诞生以来20余年,瓶形无变化,瓶身玻璃呈淡绿色,光洁度好。

2. 瓶盖

1971年以前,木塞套酒精膜,之后主要为白色塑料盖套酒精膜;1986年瓶口开始使用白色封膜,封膜上印有"中国泸州老窖特曲"和"四川省泸州曲酒厂"红色字样。

3. 瓶口

1980年以前为"宽瓶口",约5毫米(如图);1981年后改为"窄瓶口",约3毫米(如图)。

"工农牌"泸州老窖特曲酒(圆柱瓶)瓶盖及瓶口

4. 颈标

黄底带绿色（内圈）和金色（外圈）边框。"特曲"二字红色套金边，"中国名酒"四字呈绿色居中。

5. 酒标

四周环绕金边，内侧周围蓝底衬托出白色江水波浪纹，寓意泸州老窖酒经长江航运走向蓝色的海洋，远销海内外。"工农牌"圆形商标标志居中上，图案由黄色齿轮麦穗和厂房组成，"工农牌"三字为红色，两侧麦穗麦粒各15粒。"泸州老窖特曲酒"七个大字为红色套金边，触摸有凹凸质感。厂名落款及拼音等字样为绿色。

6. 生产日期

手工加印，位于酒标背面；阿拉伯数字，红色蓝色均有使用，无明显规律，总体说来，1973年以前，以蓝色为主，偶见红色；1974—1978年以红色为主，偶见蓝色；1978年下半年至1982年，以蓝色为主，偶见红色；1983年下半年，又变成以红色为主。

目前发现最晚的"工农牌"泸州老窖特曲生产于1988年12月30日，1989年1月以后未再生产。

"工农牌"泸州老窖特曲酒（圆柱瓶）颈标及酒标

"工农牌"泸州老窖特曲酒（圆柱瓶）生产日期

二、"泸州牌"泸州老窖特曲(异型瓶)外观鉴别要点

1. 瓶形

刀币瓶的创意来源:一是强化泸州老窖作为浓香鼻祖的品牌荣耀(酒界泰斗周恒刚先生为泸州老窖挥毫题写"浓香正宗"四字);二是彰显浓香型产品标准制定者的行业地位。设计上用秦国货币"刀币、布币"代表标准之义。白色优质玻璃材料,光洁度、通透度好。

2. 瓶盖

1989年上半年至1992年上半年为白铝盖(SDC),印有"泸州老窖特麯"字样;1992年下半年至1993年上半年为花盖(金底黑字);1993年下半年至2003年为黄盖。

3. 颈标

环绕瓶颈一圈,金底套黑边,印有红色"中国名酒"字样及英文Chinese Famous Spirits。

"泸州牌"泸州老窖特曲(异型瓶)瓶形及瓶盖

4. 酒标（前标）

外形呈布币状，上部分居中为红底配黑边，上部为"泸州牌"注册商标，下部为魏碑隶变体"泸州老窖"字样和"特曲"篆字印章。下部分为金底配以黑色线条的注册图案"江阳运酒图"。

5. 厂名变更

1990年8月以前为"中国四川省泸州曲酒厂"；

1990年上半年至1991年上半年为"中国·泸州老窖酒厂（原四川省泸州曲酒厂）"；

1991年下半年至1994年9月为"中国·泸州老窖酒厂"；

1994年10月至1995年9月为"泸州老窖股份有限公司（原泸州老窖酒厂）"；

1995年10月以后为"中国·泸州老窖股份有限公司"。

6. 背标

上部分为三个金质奖章图案，触摸有明显的凹凸感，其中中间为金鹰奖杯，是为纪念1987年9月泸州老窖荣获泰国国际金鹰奖；左侧奖章为1915年泸州老窖荣获巴拿马太平洋万国博览会金奖奖章，右侧为1980年、1984年国家质量奖奖章。配料：1994年以前，配料为"高粱、小麦"，1994年以后，按国家标准，配料加上了"水"。

7. 生产日期

为手工加印，位于酒标背面。阿拉伯数字，红色和蓝色均有使用，以红色为主。

"泸州牌"泸州老窖特曲（异型瓶）颈标及酒标（前标）

泸州老窖特曲外观鉴别要点 **延伸阅读**

"泸州牌"泸州老窖特曲（异型瓶）酒标（背标）及生产日期

寻找岁月陈酿的酒

THE STORY OF AGED BAIJIU COLLECTORS

使命与征程
老酒新零售探寻者
曾宇

寻味老酒
码上相逢

- 江西南昌人。曾品堂创始人，曾品堂老酒博物馆馆长，中国酒类流通协会老酒收藏与市场专业委员会副会长兼执行秘书长，《陈年白酒收藏评价标准》制定者，二十余年老酒收藏、研究、投资经验。

楔子

江西南昌。

曾品堂老酒博物馆中，一枚木质印章，静静地躺在那里。

那枚印章上刻有四个朱文——"温永盛号"。

这是关于泸州的一个文物，对泸州老窖的历史具有重要的研究价值。

在它背后曾经藏着多少故事，我们已不得而知。由于是一件孤品，没有见到与其相关联的史料佐证，即便是国内知名的老酒专家也不能肯定地说出它确切的年代和用途。

可以肯定的是，它出于民国时期，在那个战乱的年代，"温永盛"异军突起，在国内已经是知名白酒品牌，"三百年老窖大曲"誉满全球。

这枚木质印章无疑经历了中国近代最动荡的时代，它像一位老人见证着曾经的风风雨雨。

也许它是内部的一枚私章，在重要的文书上会留有它的印迹。

也许它是豪华版"三百年老窖大曲"封印上的一个标识。

也许它曾远渡重洋，参加在美国旧金山举办的"巴拿马太平洋万国博览会"，见证了泸州老窖荣获金奖的荣耀时刻。

也许它跟随主人，在重庆陕西路等分号中被频繁使用。

也许它在中华人民共和国成立之后被主人小心存放在一个精致的小盒中。最后，在公私合营之后逐渐被人们遗忘在时光的角落……

2021年9月，当泸州老窖的员工再次看到它时，大家都显得很兴奋，驻足良久。站在它的面前，与它对视，略带斑驳的印痕似乎在诉说着它历经的百年沧桑。

曾品堂主人曾宇表示，他尤其关注各大名酒厂以前的老作坊及相关实物，这枚温永盛作坊木印是他二十多年前无意间所得，是酒坊相关现存实物中比较早的一个文物，历史价值很高，一直珍藏至今。他说："虽然我们也不知道它的确切用途。如今，它在这里与我们相遇，就是对那段历史的一种见证。"

这枚印章只是曾品堂老酒博物馆其中的一件珍品，在这间博物馆中还有着很多像这样有故事的藏品，这么多的藏品曾宇是怎么一步步汇聚到这里？曾宇在收藏老酒时还有什么精彩的故事？下面我们就一起走进他的老酒世界。

民国时期泸州老窖温永盛作坊木印——"温永盛号"

荣获"巴拿马太平洋万国博览会"金质奖章的温永盛三百年老窖大曲

初识白酒

　　1999年,对于江西南昌的发展来说是一个具有里程碑意义的重要时刻。那一年,南昌的版图突破了八一桥,红谷滩开发拉开帷幕,这座英雄城正式开启了"一江两岸"的新时代。

　　也是在这一年,学习土木路桥设计专业的曾宇大学毕业了,他如愿被分配到江西省交通设计院。作为省内交通基础设施建设排头兵,能在这样一个专业对口的事业单位工作,对于曾宇来讲是一件十分幸运的事情。

　　在即将到来的充满机遇与挑战的21世纪,跨过赣江,在滩涂地上再造一座新城,时代所赋予曾宇的也许是一个大展宏图的机会。

　　但不确定才是人生常态。2001年,在各种机缘巧合下,曾宇选择了下海创业,成为国内第一批开办民营设计院的人之一。在那个大发展的时代,他很快便赚到了人生的第一桶金。

　　在做企业的过程中,曾宇免不了要参加一些商务活动,觥筹交错之间,喝到了不少不同口感、不同风味的白酒,也逐渐有了品鉴白酒的意识和兴趣。

　　一个偶然的机会,曾宇看到一瓶父亲留在家里的老酒,他好奇地打开瓶盖闻了闻,顿时被酒的香气所吸引,尝一口更是口感醇厚、回味无穷,是往常喝的那些酒所不能比的。

　　正所谓酒不醉人人自醉,这是曾宇初次见识到老酒的奇特魅力。

　　从小曾宇就很喜欢研究传统文化,后来在与酒接触的过程中,他逐渐认识到酒文化也是中国传统文化的重要组成部分,既然收藏酒文化唾手可得,为何不去做呢?

　　彼时,曾宇的事业比较顺利,手里也有了一些闲钱,从家里那瓶老四特酒开始,曾宇开启了自己的收藏生涯。

　　起初的一段时间,一有空闲,曾宇就开着车游荡在南昌的大街小巷,即使

20世纪80年代"工农牌"泸州老窖特曲酒

很小的街道也要拐进去看看。

"我走街串巷,到处找烟酒回收店。那时候老酒很便宜,我就收了很多。另外,朋友慢慢也知道我有这个爱好,便会直接转给我。"曾宇说。

曾经有一位朋友将一瓶泸州老窖陈年白酒转给曾宇,他第一次品尝到这来自酒城泸州的老酒,就被这种"醇香浓郁、清冽甘爽、饮后尤香、回味悠长"的浓香所征服,并在今后的日子里将其作为招待贵客的好酒。

慢慢地,曾宇收藏的老酒数量越来越多,偶尔也会拿出几瓶来招待客人,但那时大家对老酒的认识尚处于基础阶段。

"这酒怎么没有保质期?"

"放了这么长时间,这酒还能不能喝?"

"这老酒不会影响身体健康吧!"

经常有人提出这样的问题,让曾宇啼笑皆非。于是,他就给大家普及老酒知识,并邀请大家品尝。朋友半信半疑地听着,重新审视这种"过期酒",并试着品尝。慢慢地,周边朋友都接受了老酒,并称他为老酒专家。曾宇发现老酒这个品类不错,口味能得到大家的一致好评,在酒桌上也能为自己加分,并能得到大家的共鸣。

寻找的快乐

那时虽然曾宇收藏的热情很高,但藏品数量增长并不快。2005年,烧酒网、淘酒网等网络平台陆续出现,他没事就泡在网站上,发帖子进行信息交流,有时在网上碰到好消息后,立马下线带着现金独自开车去陌生的城市收酒。

那时没有那么多的高速公路,也没有导航。曾宇手扶着方向盘,内心满是兴奋。汽车奔驰在公路上,掠过一阵尘土,远方是让他满怀期待的地方。

到达目的地后,曾宇首先要买一张当地地图,用笔标出交易的地点,再仔细规划行车路线,就这样还总是迷路,要一路打听才能找到。当然,并不是每次都会有惊喜,一无所获是常有的结果,但寻找的过程是充满希望和惊喜的。

以至于多年以后,曾宇依然感慨地说:"我还是比较怀念那个时代,带着现金,自己拿着地图去慢慢找。现在我在手机上看过照片,联系好直接就寄到家

了,反而没有以前那种身体力行的快感。"

这些年,曾宇每年会收上千种的老酒,以及数以千计的老资料和物件。收来的每一瓶老酒、每一张酒标、每一个酒器他都会亲自打理。多少个寂静的夜里,他独自在灯下记录、分类、包装、欣赏……当年的历史文化、社会变迁、产业形态等跃然于眼前,对酒文化的崇敬之情油然而生。

多年前的一天,济南火车站,曾宇怀抱一个封装得密密匝匝的包裹,小心翼翼地穿梭在拥挤的人流中。上车后也丝毫没有放松,怀里的包裹并未放在行李架上,依然抱在怀中,致使周围有些乘客投来异样的目光。

到南昌后谜底揭晓,是一瓶1970年的"葵花牌"金奖白兰地,曾宇满怀敬畏地说:"这瓶酒是被我请回南昌的。"

因为要到各地去收酒,一走就是好几天,最初家人是担心和怀疑的,并不理解他。对此曾宇调侃道:"我总是这样对家人说,'赚的钱总要有出口,不花在老酒身上,就会花在别处。花在老酒身上,至少不庸俗,反而是高雅的追求和爱好。'"

后来,家人也逐渐理解了他的热爱,并对他的老酒事业提供了默默支持,初期的很多老酒文化方面的研究成果,与家人的鼎力相助是分不开的。

全要了

由于从小就喜欢中国传统文化,曾宇每到一个地方都会去参观当地的博物馆。昏暗的博物馆里,他的目光总会被一件件斑驳的陶罐器皿所吸引,其中相当一部分的器皿竟然都是酒器。他逐渐深刻地意识到——酒文化在中国的历史中可谓举足轻重。

也是冥冥之中自有天命。自从接触了老酒后,曾宇的收藏喜好逐渐聚焦,不再广泛地做其他诸如瓷器、书画等研究和收藏,而是更加专注地研究酒文化——不仅要品其风味,还要究其根本。

研究需要大量的一手资料,刚好那时曾宇事业顺风顺水,资金比较宽裕,能够支持他大量购入老酒和老资料。

最初曾宇收酒的时候,不管是白酒、啤酒、葡萄酒或是露酒,只要是中国酒他都收，资料也涵盖了酒标、酒器、酒文书、票证等。其实，他那时也不太懂，只要和酒有关就都纳入囊中。

"感觉当时我就是人傻钱多。"那时候曾宇的口头禅就是"全要了。"久而久之，大家就给他起了个外号"全要了"。

就是在这样无差别的收藏过程中，有一些当年看似不重要的藏品，在日后的深度挖掘中体现出重要意义。

对于这些器物，文化层面的重要性暂且不说，其背后的故事更让曾宇着迷。他说："只要是原生态的、传统的、有历史故事的酒都值得收藏。即使是民间作坊做出的锅烧，也同样值得珍藏，因为其中也有工匠精神、传统文化

2022年，泸州老窖股份有限公司副总经理、总工程师沈才洪（中）参观曾品堂老酒博物馆

的存在。"也许，正是曾宇这种纯粹的理念造就了他藏品的丰富度，也为他今后以文化为核心的多元发展埋下了伏笔。

以书为媒

2011年，是曾宇进入老酒行业的第十年，经过这十年不间断的收集，藏品十分丰富。为了系统梳理自己的藏品，并在此基础上去研究中国酒文化，他成立了我国第一个陈年白酒研究平台——江西陈年白酒文化研究机构。

此外，在整理藏品的过程中曾宇始终保持着作为文人的好习惯，总会随手记下自己的收藏经验和心得体会。日积月累，这些随笔也攒了厚厚一沓，整理成了书稿。一次偶然的机会，曾宇遇到了北京紫图图书的一位负责人，正好也喜欢酒，看了曾宇的书稿后很感兴趣，即刻商量是否能在此基础上出一本书。就这样，2011年底，《陈年白酒收藏指南——十七大名酒》顺利出版，次年开始在机

场书店和新华书店销售。

那个时候,人们外出普遍是拿本书消磨时光。尤其是在机场,等待和长途旅行中最好的消遣无非是看一本好书。因此,那时的机场书店门庭若市,里面展示的书一般也都是精品,质量和销量都很好。

2012年5月之后,人们发现在机场书店中出现了一本16开软精装名为《陈年白酒收藏指南——十七大名酒》的书,这本书详细介绍了中国十七大名酒的历史、特征、投资趋势,并结合作者的多年收藏经验,用亲身经历的小故事,深入浅出地向大众介绍了中国陈年白酒的历史文化知识和收藏投资中的常见问题。

其中,专章对泸州老窖特曲进行了叙述,开篇引用华罗庚的诗——"何以解

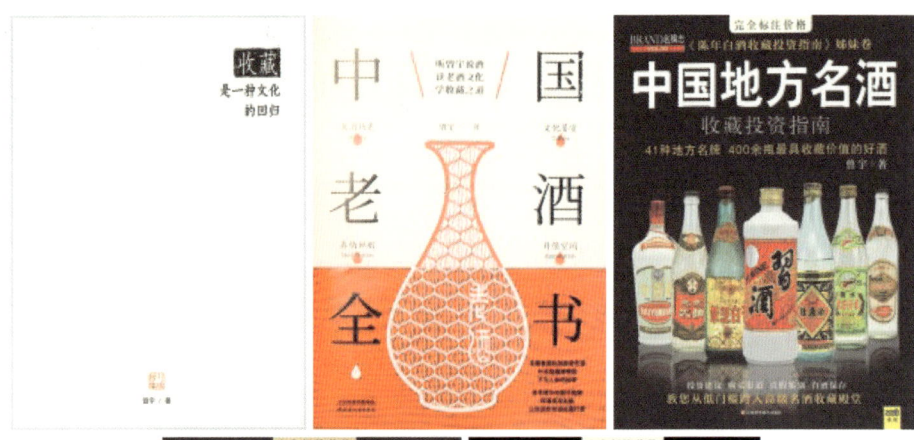

曾宇著作

忧，唯有杜康。而今无忧，特曲是尝。产自泸州，甘洌芬芳。"之后，曾宇详细描述了他对"工农牌"泸州老窖特曲的评价："工农牌"商标附着了深厚的文化印迹，它始现于1966年，直至1989年左右才绝迹市场。"工农牌"泸州老窖特曲酒在泸州老窖系列年份老酒中具有较高的收藏价值。

在书中曾宇提醒大家："在'工农牌'泸州老窖特曲之前使用的注册商标，应为'白塔牌'，酒为木塞封口。自我藏酒以来十余年，见过的几瓶'白塔牌'泸州老窖特曲酒均为换标酒。在酒标收藏市场，有众多'白塔牌'酒标，再次提醒一些收藏爱好者，这些酒应该在标与瓶的结合上非常具有历史感，二者之间形成了自然的包浆，且完全不可分割。"

此书一经推出，在老酒行业内外便引起巨大反响，读者众多。《陈年白酒收藏指南——十七大名酒》虽然不是老酒界的第一部著作，但相比赵晨2010年出版的《茅台酒收藏》，史进财、杨振东等人2011年创编的《中国名酒图鉴》，这本书是第一本面向普通大众的综合性老酒书籍。

后来，在家人的支持下，曾宇又陆续撰写了《陈年白酒收藏投资指南》《中国特色酒收藏投资指南》《收藏是一种文化的回归》《中国老酒全书》等图书，将自己多年的研究成果系统展现在大众面前。这些书一经推出便成为老酒界教科书式的存在，也成了大众了解老酒的入门级读物。

除了曾宇之外，赵晨、杨振东等人也陆续编撰了系列图书，这些老酒的书籍进入大众消费领域后，对老酒的科普与推广起到了积极的作用。曾宇说："我们当年跟别人讲老酒，很多人连陈香都不知道。现在大家动不动就说，我们家的老酒陈味优雅。这种改变与我们那批人的不断推广是分不开的，对消费者认知的提升，我们这批人还是起了点作用的。"

曾品堂

2014年，曾宇37岁，创办了江西陈香老酒实业有限公司，并成立了"曾品堂"。

"曾"，为其姓。也意指老酒为曾经之酒。

"品"，酒品、人品、品鉴、品质、品尝，皆有品字。

"堂",乃传统字号。

曾品堂陈年白酒收藏馆最初隐没于南昌的一条寻常街巷——翠林路,从门口看并无特别之处。但迈过门槛后便进入了另一番天地,黑色的地砖,棕色的窗帘,至顶的橱柜中,射灯照亮一瓶瓶老酒,古朴肃穆感油然而生。不同品牌的老酒分区摆放,前面有标牌做详细介绍。墙上展示着年代久远的酒标和海报,酒架上摆放着造型各异的酒器。有一幅书法横幅"实样酒典"格外注目,那是中国酒界大师陶家驰先生对曾品堂最公允的评价。

曾品堂成立后,曾宇开始招募团队,积极筹备各项文化项目。

有一天,曾宇走到公司设计人员身后,看着他们轻松地在网上找素材,在PS软件上熟练操作,一幅五彩斑斓的国风画作逐渐成形……

但曾宇却摇摇头,这种炫目的效果,所谓的流行国潮风格,他并不觉得高明。

一位设计人员问曾宇:"老板,你有什么意见?"

"你练习毛笔字吗?"

"不会,但现在这个时代也没有必要吧,我的电脑里有上千种字体。"

曾宇指着墙上的酒标,对着所有设计人员说:"你们现在天天拿着电脑干活,以前的设计师可没这条件,他们首先要写得一手好字,还要会画画,可以说必须得艺术功底非常好的人才能做这个事情。"

曾品堂陈年白酒收藏馆珍藏的中国酒界大师陶家驰书法作品

正如曾宇所讲，他认为现在很多酒行业的文化设计不如以前。在没有电脑的时代，一个设计师基本就是一个艺术家，笔画的苍劲、线条的流畅，都是多年的积累，每一件作品都是穷其一生的创作。

除了设计，曾宇认为现在很多风味的酒都逐渐消失了。对于酿酒，中国人并不缺乏创造力，曾几何时，在中国的大地上，出现过多元酿酒原料、各种口味的酒。自贡三开堂的郑杰老师也曾表示，他的一个遗憾是，童年时印象深刻的一款酒——"口里酥"再也没有见过。

曾宇进一步解释道："由于市场导向，大家逐渐偏向某一种口味，久而久之其他风味的酒就慢慢消失了。不像国外的葡萄酒，每个地方的葡萄酒都有其独特的地方风味。"

正是因为他做了丰富而全面的收藏，看到了曾经的辉煌与落寞，也有了复兴的责任感。

于是，曾品堂的一个使命就是"复兴"，把失去的风味、失去的特色、失去的品牌、失去的故事都找回来。

老酒文化的复兴，可以说就是对历史上存在过的酒，以及创造了那些美酒的工匠们的一种致敬。

曾品堂，在那时还并未显露出它巨大的能量，但后面的故事我们都已知道。一个以曾品堂为IP的多元化商业版图即将渐次展开……

泸州老窖博物馆收藏的泸州老窖"工农牌"口里酥

复刻酒

李渡酒厂的汤向阳总是戴着一顶有红五星的帽子，他人缘好、能力强，被业界称为汤司令。李渡酒历史悠久、味甘醇厚，是南昌市进贤县的特产。

汤司令与曾宇相识于2014年3月,那时曾宇还不卖酒,只是搞老酒收藏、做文化研究、出版相关图书。汤司令被曾宇的藏酒所吸引,也叹服于他对酒文化的执着研究,便邀请曾宇到李渡去考察,希望能够携手开发复刻产品。

彼时,曾宇问的第一个问题是:"你们现在有哪一款酒可以和老酒品质差不多?"汤司令语塞了半天,直言很难。

经过考察,曾宇发现李渡酒厂是一家有历史文化、有传统技艺、有基酒存储的优质酒企,具备开发复刻酒的基础。

在外观上,曾品堂通过深度挖掘李渡元代的古窖文化,并结合李渡酒20世纪的酒标特色进行设计,酒体则以老基酒进行反复勾调,以还原老酒品质。

2014年,老酒圈第一款复古包装酒"曾品堂李渡高粱酒"(即李渡1955前身)面世,如今这款酒依然是光瓶酒的代表之作。曾宇说:"我们提供给李渡一个光瓶的概念,给它一个复古的商标,那是七八十年以前的商标,酒厂都已经忘却了,我们帮助他们复兴了。"

可以说,复刻酒是在老酒价值认知基础上,应运而生的一种焕新产品。一般具有两个特征:一是瓶子外包装基本原样复刻该酒某一特定时期的经典样式;二是酒体中添加了若干陈年的老酒或基酒。复刻酒具有名酒基础、消费焕新、成本控制等市场优势。

提到目前市面上五花八门的复刻酒,曾宇认为很多外表雍容华贵的产品并不成功,他认为一款好的复刻酒应该同时兼具历史美、外观美、内在美、场景美。为了能够设计出真正的好酒,曾宇有一段时间在全国各地遍访美酒,亲自探访百余家酒厂寻找令他满意的味道。

目前,酒是陈的香已成为大众共识,但原装的老酒数量越来越少,价格也越来越昂贵,已经到了普通消费者望尘莫及的程度。

从这个角度来说,复刻酒就是用复古的新酒瓶,装上无限接近老酒的酒体,从而能够让消费者重温从前的味道,让更多的人享受回忆中品饮美酒的乐趣。

2017年,曾品堂推出复古版地球汾。"在研究汾酒的历史中我们发现,20世纪60年代的地球汾是最漂亮的,是能够代表汾酒文化的典型产品。"曾宇说。复古版地球汾当年销量突破10万箱。此后,曾品堂又陆续推出复古版董酒、沱牌大曲、鸭溪窖等产品,掀起了老酒界的复古风潮。

同时，针对当下过度包装的风气，曾宇提倡复刻酒使用简约包装，希望能借此给中国酒行业带来一股清流，对此他解释道："好品质的酒用简约包装，比如像泸州老窖特曲60版，是非常好的酒，不需要再使用豪华包装喧宾夺主，那也是一种浪费。"

泸州老窖特曲60版，根据20世纪60年代的"工农牌"泸州老窖特曲原酒甄选标准，复刻20世纪60年代"中国名酒"品质，既是对原版原味的坚守，也是对名酒品质的保证。

泸州老窖特曲60版

老酒博物馆

随着时间的流逝，曾品堂的藏品越来越多，设计团队也日趋成熟。

2019年11月，曾品堂老酒博物馆正式启动，经过一段时间的运营，受到各界普遍好评，2020年被评为南昌市的3A级景区。整个场馆拥有四大文化场景、十八大主题展厅，占地4500平方米，相当于10.71个标准篮球场的面积，被称为老酒"故宫博物院"。馆内共收藏各类老酒10126个品种，各种酒标和酒具13065件，其藏品的规模和珍贵程度，在国内实属罕见。

走在博物馆内，从清末主题文化场景到民国，又到中华人民共和国成立初期，再到今天，一瓶瓶老酒从身边经过，一个个地区的酒文化展现于眼前，展陈精美，移步换景，让人如同走在酒文化的历史长河中。偶尔一处老旧的场景还可以参与其中，或坐上东方红拖拉机，或抚摸那些老物件，让人瞬间穿越。这样走走停停，轻松体验，一趟下来也需要两个小时。

寻找岁月陈酿的酒
THE STORY OF AGED BAIJIU COLLECTORS

位于江西省南昌市翠林路的曾品堂老酒博物馆

曾品堂老酒博物馆内酒标墙

这里是"爱酒之人一生必来的地方",有超过三千种已经停产的老酒,以及一些尚存世间的孤品。很多消失的记忆都可以在这里找到。

"我希望把我对白酒的认识通过这座博物馆展示和表达出来,让更多的爱好者能够在博物馆里感受到中国近代酒文化的演变历程。"曾宇说。

曾宇表示,在中华酒文化浩浩荡荡的巨制长篇中,泸州老窖谱写着其中璀璨夺目的一章。"泸州老窖"之所以得名,是因为它的老窖池群创下了几个中国之最:建造最早、连续使用时间最长、保存最完整。如今大家所熟知的国窖1573,便得名于老窖始建于公元1573年的史实。

曾宇说:"我曾邀请多位知名国家级白酒评委前来我处品鉴国窖1573,一致的结论是:'窖香浓郁、浓香幽雅、陈香明显、酒体醇厚丰满、回味悠长、空杯留香持久'。"

如果你来到曾品堂中国老酒博物馆,这里的镇馆之宝是一定要去看看的,"永利威牌"玫瑰露酒、虎骨酒、永利威五加皮、真鼎阳观佛手露酒等,都是老酒中的极品。

曾品堂老酒博物馆收藏的泸州老窖老酒

曾品堂老酒博物馆镇馆之宝

    这瓶真鼎阳观佛手露酒，是载入1915年巴拿马太平洋万国博览会史册的酒，其品相完好，意义深厚，是迄今为止能够看到的关于巴拿马太平洋万国博览会最早的实物之一，如今静静地在这里展示着它的风雅和过往，百年风韵，触之可及。

    这瓶酒的背后还有着一个动人的故事。

    多年前，曾宇在上海一位老人的家中偶遇这瓶酒，念念不忘，想出高价购买，老人以为他是贪财图利，拜访多次也未果。正所谓精诚所至，金石为开，交往的次数多了，老人得知曾宇是真心喜欢酒文化，也是为了研究酒文化才执着于此，便同意转让。

    "放到曾品堂，作为文物和那个时代的酒站在一起，也算是一个更好的归宿，有空还能去看看。"老人这样说。

    曾宇感慨："在寻找中国的美酒之旅中，有特意而不得，有偶然而得之，正如人生之得失，都在缘分里。"

    另外，在博物馆中还有一个地方是初次接触老酒的人一定要去体验的。在一堵白色的墙上放置了12个装置，你凑近了捏一下球囊，就可以闻到中国白酒12种不同的香型。

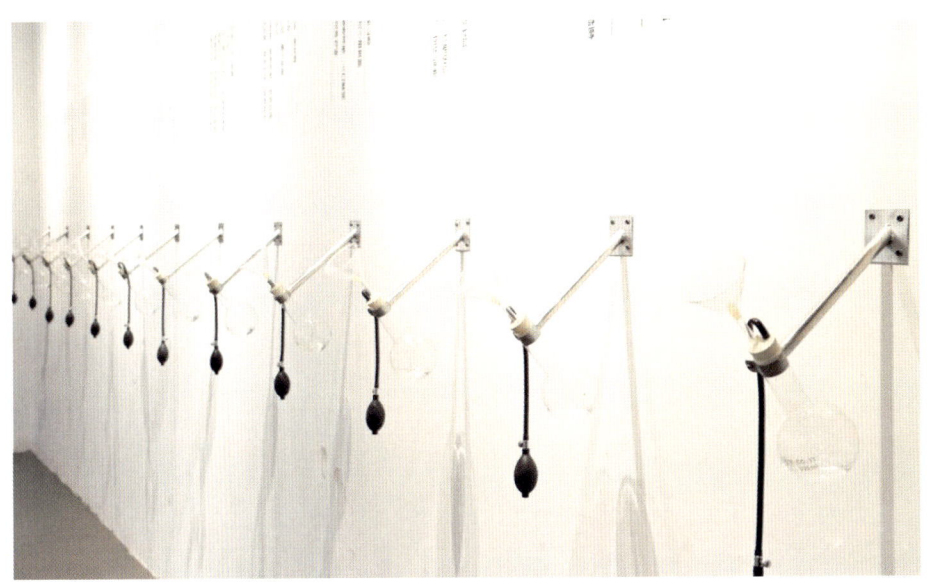

曾品堂老酒博物馆白酒闻香装置

由于日常的白酒体验都是把酒盛装在酒杯之中，香气挥发较快且不能长久保持，只能单人体验。为解决此项难题，曾宇还创造了一项实用新型专利——白酒闻香装置。

这个装置主要由打气球囊、烧瓶、导管、橡胶塞等组成，各种香型的白酒被放置在密闭的烧瓶中，需要闻香的时候就握一下打气球囊，带有酒香的空气就被压出来，给人们带来对12种香型的深度体验。后来这个装置，也被广泛运用在曾品堂的实体体验馆中。

回头来看，也许这个装置的创造和曾宇对老酒的初次体验有关吧，2001年的那一天，他初次打开那瓶老酒，空气中香气清雅，久久不能散去……

曾宇说酒

2023年3月24日，曾宇在抖音上发布了一条短视频，主题为"我是全网最傻的酒类开发商"。

"从2014年开始,我们作为一个精选酒质的品牌,是一个严选商。我可能是全网唯一一个坚持在酒外包装加上自己品牌logo的酒商……有很多人跟我说,如果不加logo,酒可能卖得更好。但我还是保持初心,因为加上logo意味着经过了严选,它代表更好的品质、更合理的价格。无论如何,我就想把这个傻事一直坚持下去。"

以上只是"曾宇说酒"的一个小视频的内容,截至2025年1月,"曾宇说酒"作品达505个,粉丝已达到16万,获赞16.9万。

此前,曾宇也曾在电视荧屏上给大家讲述老酒故事。2015年,他在江西电视台《家有收藏》栏目开讲,系统讲述了各地名酒的前世今生。另外,曾品堂携手各地举办《曾品堂——老酒讲堂》,吸引了行业人士的关注,现场总是异常火爆。

面对新媒体的崛起,曾宇对酒文化的传播也与时俱进。

微信公众号曾经是自媒体活动的重要平台,2013年11月,曾宇就推出微信公众号"陈香老酒",至今仍在更新,这些年不乏佳作受到关注,曾有单篇文章超过200万的阅读量。

2021年开始,曾宇在抖音上推出"曾宇说酒",利用自己多年积累的资源,在博物馆中、在仓库里、在书桌前、在汽车上、在赣江边、在小区楼下……隔三岔五以口播的形式,用一两分钟向大家科普老酒的方方面面,如藏品特点、历史故事、品鉴要点、发展趋势等,丰富的内容、高质量的制作,让曾宇在大众心中留下了博学、自信、亲切的印象。

曾宇对于国内名酒的推介是这个节目的重要内容。在2021年3月30日的"曾宇说酒"中,他介绍道,"泸州老窖最好的酒是特曲,然后是头

抖音"曾宇说酒"视频截图

曾品堂老酒博物馆收藏的不同时期全国各地糖烟酒厂的联络信件

曲、二曲、三曲，这是中国第一个按酒质去评级的酒企。在2000年左右，泸州老窖推出国窖1573，现在上升很快。而且我接触过泸州老窖，他们的团队很有朝气，都是年轻人，未来可期。"

曾品堂的文化板块，除了图书、老酒博物馆、酒文化传播外，还包括老酒培训学校、产品设计服务和空间设计服务等。每年曾品堂老酒培训学院都会向社会输送百名以上的老酒鉴定专业人才。

曾品堂还用现代的设计理念，将潮流文化和传统文化相结合，展示老酒背后丰富多彩的中国酒文化。

困境与挑战

近些年，由于受到大环境影响，中国酒业发展整体呈下降趋势。

近半年来，曾宇曾多次表示对中国酒业市场发展不乐观，强调要勒紧裤腰带，转型升级成为新酒商。

"这两年是比较煎熬的，甚至有些人躺平了。过去十年一直高速发展，但去年到今年，确实出现巨大问题。"

"这几个月越来越难做，20多家直营店数据不好。"

"关注抖音2~3年，自己做了一年多，发现线上也并不好做。"

"疫情三年，大家都积压了很多库存，我们已经把华而不实的酒，都清空了，回笼了更多的流动资金。酒行业不会消失，面对挑战要调整方向。每个时候，危险和机遇都是共存的。"

有一次，曾宇参加一个投资人朋友的聚会，有个朋友说道："你知道吗？这个时代只有双面人才能赚到钱，反而是那些追求合理利润的、实实在在的人，都在生死线上挣扎。"这一番话给了曾宇一些思考，自己赚钱也要这样吗？

最后他还是告诉自己，"要坚持初心，可能走的路更长，让心沉淀下来，痛苦是短暂的。"

有时，曾宇会想起小时候。那时他喜欢收集邮票，从父母的办公室里，从别人的家中，看到信封上有自己没有的邮票，就会征得主人同意，把它们取下来，放进自己的集邮册中，这种寻找的快乐让他特别满足。以至于后来，邮局出了整本的集邮册，他却一点儿兴趣都没了。

也许正是这种不断的追求、寻找，在推动着他不断前行。

二十多年前，他只是因为好奇酒桌上的一杯佳酿，逐渐进入老酒收藏领域。

十多年前，他通过文字对自己的每一瓶酒做注脚，向大家讲述老酒故事。

八年前，他成为一名酒商，畅谈老酒新零售模式。

目前，曾品堂历经十余年发展，已成为一家集复刻酒开发、老酒新零售、老酒线上交易、酒文化自媒体运营、产品设计与空间设计服务于一体的创新型企业。

未来，曾品堂将走向何处，曾宇并没有特别明确的目标，但他知道自己要坚守的方向和秉持的态度。

一如在曾品堂老酒博物馆墙壁上的那一句话——"正对历史，预见未来"。

尾声

十年前的一天。

车子来到南昌邻近赣江的一条幽静小路,停在了翠林路82号前。

一箱箱老酒被搬入曾品堂,放入白色的铁皮文件柜中。

曾宇坐在实木靠椅上,看着面前新收购的上千瓶老酒,一点都高兴不起来。他饮下一杯香茶,长长地呼出了一口气,心里竟然涌起一丝悲凉。

曾几何时,那位藏家是自己的前辈,也是中国知名老酒收藏家,还曾经获得大世界基尼斯记录。若不是真的遇到了不得已的难事,怎么忍心把自己珍藏多年的老酒变卖掉。

想起自己在收酒时的艰辛、惊喜与遗憾,他比谁都清楚,那些老酒对那位藏家意味着什么。

十年了,他的眼前时常浮现起那位藏家落寞的眼神和无奈的表情。

十年了,他一直在努力地寻求一种商业模式,以便能够支撑现在的局面。

其实,在心灵深处,他最喜欢的事情是与三五好友,畅谈老酒,把盏言欢。

虽然现在已经开创出一片属于自己的商业版图,但他知道现在还不能停下来,究其根本,商业不仅仅代表着利益与价值,更是维系收藏之路的根基所在。他要努力通过商业模式产生价值,来留住那些老酒。

对他来说,收藏带给他很多快乐和惊喜。

但同时收藏也是个无底洞,收藏是辛苦之路,收藏是一次征程……

"寻9"札记

第一次和曾宇老师接触,是通过线上会议完成的,当时我们在无锡江南大学附近的一家商务酒店里。

那次去无锡,我们拜访了许正宏教授,也打算去"沈号门"拜访张继斌老师。

不巧的是,"沈号门"正在装修,张继斌老师事务繁忙,没有成行。

幸运的是，我们联系上了曾宇老师，并通过视频会议进行了首次采访。

曾宇老师是我们最后一位着手访谈和撰写的藏家，为了准备采访，我们浏览了他300多个抖音短视频和2013年至今微信公众号里的文章，仅仅在网上收集到的资料就有10万多字，还研读了他写的那几本书。

从以往的背景调查得知，曾宇老师是一位很有情怀且有商业头脑的人。为了做到采访有的放矢，我们很慎重地讨论访谈提纲，滤去他在媒体中已经回答过的，精心组织了20个问题，生怕会有什么问题显得外行或唐突。

事实上，那次访谈很顺利，曾宇老师也非常谦和，有问必答，甚至还有一些小可爱，比如他在讲述早期收藏时，用"人傻钱多"来形容自己。

当然更多的是赞叹，他对老酒的坚守，他对老酒行业的分析和判断，用实际行动，以文化复兴为核心，构建了自己的商业版图。他在业内创造了多个第一：写了第一本面向大众的老酒书籍，在老酒界首次推出复刻酒，建设了目前国内最大的老酒博物馆，在业内首创老酒新零售模式……

当问到有什么目标时，他说没有什么目标，只是要"按照自己的良心走，守住自己的底线。"

多年的商业打拼，曾宇老师看惯了太多的悲欢离合，人也变得更加沉稳和随和，"尽人事、知天命"也许是今天更好的选择。

在梳理资料的过程中，我们也发现了曾宇老师心路历程的变化，从早些时候的媒体报道中可以看到"收藏老酒，是一种责任，这无关其市场价值，也无关其未来走向。"后来，则见到有这样的话"因为博物馆还要生存，我们现在全国有大概将近90家连锁店……""商业，不只为谋利，更为不辜负收藏。"

在访谈老酒藏家吴俊杰时，他说："前几天我还和曾宇打电话，我开玩笑说，你原来是个收藏家，怎么也和我一样变成了一个酒商。"

每一位成功者的背后都有看不见的艰辛，也许正是一种执着和忧患推动着他不断扩张着自己的商业版图。

用热爱来做商业，会达到极致，但爱之越深，就有越多牵挂。老酒对于曾宇老师来说不是一个赚钱的工具，他爱那些老酒，他以文化为利剑，来挑战商业的冷酷。所以，他少了一份企业家的野心，但也会比别人多了一份坚守的勇气。

老酒行业需要老酒圈人的同心守望和彼此互助。

温永盛酒坊

《泸县志》卷三《食货志·酒》记载:"清末白烧糟户六百余家,出品运销永宁及黔边各地……大曲糟户十余家,窖老者尤清冽,以温永盛、天成生为有名。"

进入民国后,随着生产力的进一步发展,泸州大曲酒的酿造工艺日臻成熟,酒质越来越好,酒业开始逐渐从传统手工业中脱离出来,成为一个与盐业、茶业、糖业、纺织、缫丝等并列的独立行业。

民国初期,担任国会议员的温筱泉先生深受实业家张謇、黄炎培等人"实业救国"思想的影响,毅然返回泸州兴办实业,与弟弟温幼泉一起经营祖父留下的"豫记温永盛"酿酒作坊,并将其改名为"筱记温永盛"。

在温氏兄弟共同努力下,"温永盛"酿酒作坊的传统酿制技艺不断改进,家族首创的"三百年老窖大曲"获得了消费者的青睐。

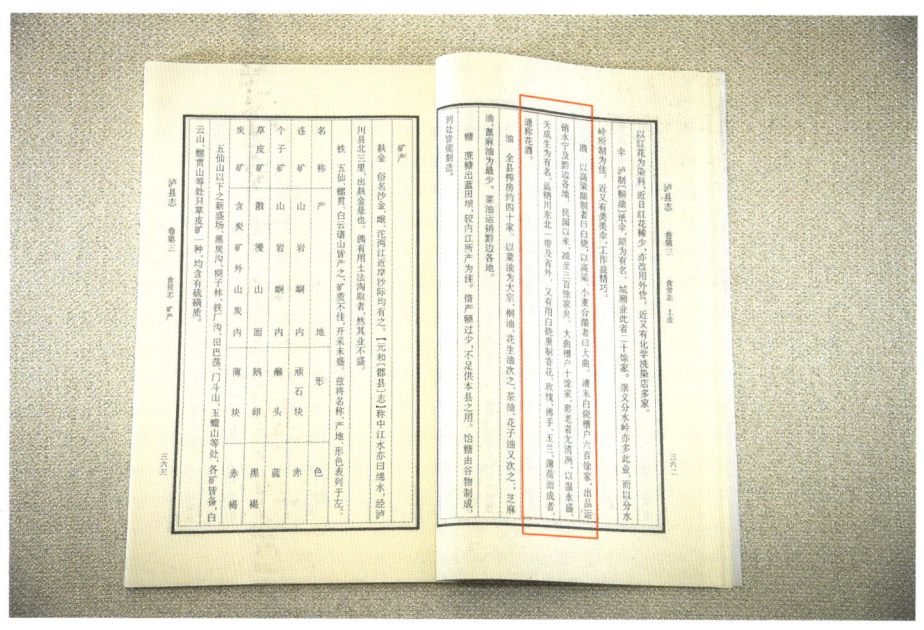

《泸县志·食货志》(民国)"(泸)酒,以高粱酿制者曰白烧,以高粱、小麦合酿者曰大曲。清末白烧糟户六百余家,出品运销永宁及黔边各地……大曲糟户十余家,窖老者尤清冽,以温永盛、天成生为有名。"

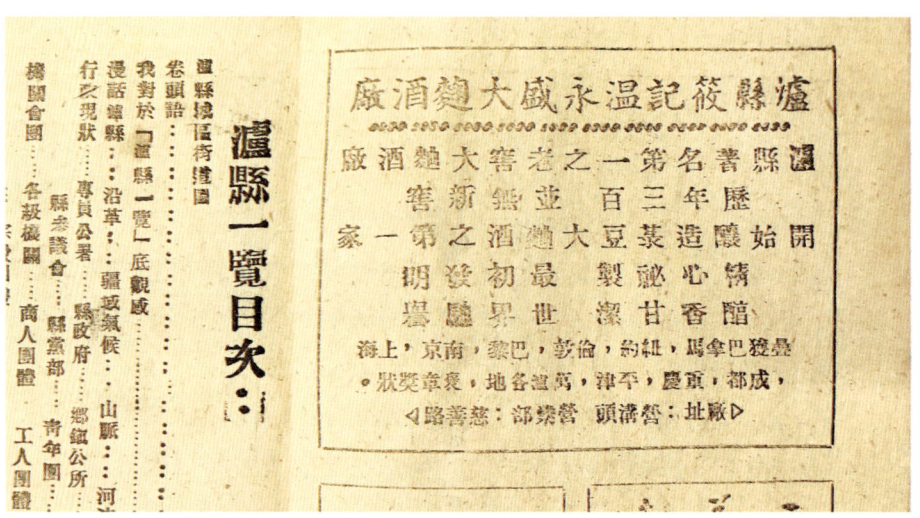

1947年,《泸县一览》记载的温永盛大曲酒资料

"巴拿马太平洋万国博览会"金奖(正反面)

  温筱泉不仅在酿酒技艺上钻研,还用陶瓷瓶对"三百年老窖大曲"进行包装,这就与其他酿酒作坊区隔开来。因为品质优良、宣传到位,"三百年老窖大曲"沿着长江走向了全国,多次获得南京、重庆、成都劝业会及上海展览会、北洋劝业会等奖项,品牌影响力初现。

1915年,"三百年老窖大曲"远渡重洋参加在美国旧金山举办的"巴拿马太平洋万国博览会"并一举获得金质奖章,由此,芳香四溢的大曲酒开始走向世界。

海外获奖,载誉归来,"温永盛"迅速在泸州众多酿酒作坊中脱颖而出。成为泸州老窖大曲酒中最著名的代表。越来越多的人慕名远道前来,只为一品"温永盛"大曲酒的醇香。不仅如此,"温永盛"还带动了天成生、爱仁堂、协泰祥等众多酿酒作坊蓬勃发展,促成了泸州酒业同行你追我赶、博采众长、百花齐放的局面,推动泸州酿酒技艺不断提升,老窖大曲酒的品质也日臻优良。

难能可贵的是,即便是在军阀混战的动荡时期,包括"温永盛"酿酒作坊在内的泸州酒业也并未受到冲击,反而在生产规模上实现扩张,产量不断提升。

1937年11月,国民政府定重庆为"战时首都",四川成为当时全国的政治、经济和文化中心,人口激增,商业繁荣。泸州作为与重庆一衣带水的城市,是国民政府大后方重要的战略物资转运码头,主要承担抗战物资转运、兵力输送等后

1941年,重庆民族路"爱仁堂名酒总批发处"

20世纪40年代,重庆最著名的"国民酒家"售卖泸州大曲酒

勤工作,旺盛的市场需求极大地刺激了泸州大曲酒的生产,为满足大后方的军需民用,增强地方经济,当地政府投入大量资金帮助提升泸州曲酒的生产水平,扩大生产规模。

这时期,川东、川北各地和省外的酒商都驻扎在重庆购买泸州大曲酒,因而重庆成了泸州大曲酒的主要销售市场。酿制泸州大曲的三十六家酿酒作坊中不少都在陪都重庆开设分号:"温永盛"在陕西路和大阳沟均开设了分号;"爱仁堂"在民族路开设了重庆总批发处;"福星和"直接将坊中子女与重庆经销商张氏家族联姻;"协泰祥"及"天成生"等都曾在如今的解放碑附近开设了重庆分号;连当时重庆最著名的"国民酒家"也主要售卖泸州大曲酒。20世纪30~40年代,泸州大曲酒毫无疑问成为川渝乃至全国曲酒市场的绝对主角,是当时社会各阶层最喜爱的饮品,是公认的馈赠亲友的佳节礼品。

酒城香依旧,时代焕新颜。随着中华人民共和国的成立和四川省的解放,泸州老窖也开启了历史新篇章。那些不间断酿造的老酒坊,也在继续书写着关于传承、延续、卓越的传奇。

温永盛酒坊 **延伸阅读**

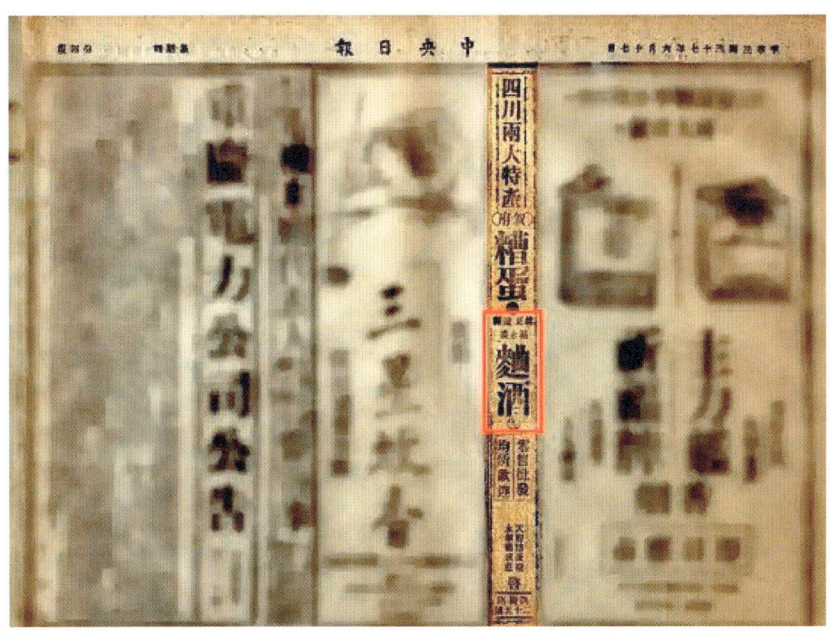

1948年,《中央日报》称"泸县温永盛曲酒"为当时四川最著名的两大特产之一

1949年《新闻报》对四川土产公司大曲酒等进行介绍

20世纪50年代初,香港《大公报》对温永盛逾370年的悠久历史进行介绍

寻找岁月
陈酿的酒

THE STORY OF AGED BAIJIU COLLECTORS

今朝有酒醉今朝
不负热爱的酒痴一个

酒版、酒藏、酒事春秋

焦健

- 四川成都人。著名酒类收藏鉴定专家,中国酒业协会名酒收藏委员会兼职副秘书长、鉴定委员会专家委员,中国陈年白酒鉴定师培训教师,国家职业技能鉴定高级考评员,一级品酒师、高级酿酒师、高级营销师,川酿白酒体验馆馆长。

楔子

唐，杜甫，在成都的"草堂"住了将近四年，上元二年（公元761年）之一夜，他观雨，写下千秋名篇《春夜喜雨》。诗的前四句：好雨知时节，当春乃发生。随风潜入夜，润物细无声……美景机缘，确实润物无声。

1200多年后，2009年的一个秋日，四川泸州，三星街，泸州国窖广场，山水相映，天高云淡。我们的主人公——成都青年焦健，行于此地，邂逅"国窖1573"之"青龙、白虎、朱雀、玄武"瓦当四尊酒版套装，美轮美奂，于是从眼睛到胸怀，不由得心潮澎湃，热血沸腾。

此时的焦健，醉心于酒版收藏。但当时这套酒版的价格三千多元，掂量自己的收入，不免囊中羞涩。徘徊、流连，最终，在扼腕叹息中，他还是恋恋不舍地打道回府了。归途，秋雨绵绵，他看着车窗外的群山，他问自己，我的收藏，如何继续？

回到成都，呼友茶叙，心心念念，依旧难以忘怀"青龙、白虎、朱雀、玄武"瓦当四尊——朋友也是"藏酒圈"人，同道同好，当然义不容辞。带上现金，他们第一时间坐大巴车重返泸州，依旧青山细雨，兴

川酿白酒体验馆馆藏的"国窖1573"瓦当四尊

高采烈地"接"回两套"国窖1573"瓦当四尊，一人一套。直到今天，焦健都非常感谢那位朋友，他感慨地说："当时如果没有这位朋友，我可能在信心上就迷失了。"

这是焦健收藏生涯的一个"难"坎儿，顺势翻越，才有了后来的因势利导，从此，他的收藏之路依然有坎坷，但却没有动摇，哪怕是踏遍千山万水，哪怕是辞去航空公司的工作，哪怕是面临财务上的困境，都跟随自己的心走，不再犹豫……

今天的焦健，已经成为中国"藏酒圈"的佼佼者，究其所以然，确实有"好雨知时节，当春乃发生"的相遇……更重要的是"发心"虔诚，所以拥有了"左青龙，右白虎，前朱雀，后玄武"的"照应"，也恰如其分地印证了杜甫《春夜喜雨》的后四句——野径云俱黑，江船火独明。晓看红湿处，花重锦官城。

缘起，"六朵金花"

20世纪80~90年代，国内物资相对匮乏，精致的物件让人有无法抗拒的吸引力，因此诸如对烟标、邮票、钱币、门票等的收藏几乎成了群体爱好。当时，名酒的价格开始"起势"，用途基本就是饮用，收藏的价值未被广泛认知。而焦健属于那时候、那一批藏酒的先行者。

川蜀大地，古来名酒荟萃。中国历届评酒会合计评出的17大"中国名酒"金奖产品中，它占6席，分别为泸州老窖、五粮液、全兴大曲、剑南春、郎酒、沱牌曲酒，世称"六朵金花"。

1993年的一天，18岁的焦健在成都总府路的红旗商场里发现了一套"六朵金花"的漂亮"小酒"礼盒，立刻便被它的精美可爱深深吸引住了，精致的包装和漂亮的外形，让他驻足观赏，久久凝望，不肯离去。

小型酒又称"酒版"。酒版是指酒的样版，也称酒办、酒伴、酒样或"迷你"酒。它是酒厂按比例将各种名酒缩小制成的微型瓶装酒，专为促销宣传、饮用品鉴、收藏者收集而特意生产。酒版与原装酒在外观、材质、酒液、酒标上除大小外，其他完全一样，瓶内通常装有30~50毫升的成品酒。

川酿白酒体验馆馆藏川酒"六朵金花"酒版套装

当时,这套"六朵金花"酒版礼盒售价358元。在那个年代,他的父母月工资加起来也就300多块钱,买,几乎就是"非分之想"。心之所向,行之所往。怦然心动之后,逢年过节,焦健有空总会坐上公交车来到人民公园,然后步行前往这家商场,目的就是看看这套酒版还在不在。

一晃,就是三年多。

1996年底,焦健大学毕业,进入西南航空公司成都飞行部工作。第一个月,800元工资刚发到手,他就直奔红旗商场,抱回了自己魂牵梦绕的"花儿",终于得偿所愿。回家后,他在自己的房间里足足欣赏把玩了两个小时,兴奋得连饭都忘了吃。

从此,焦健一头钻进了酒版的世界,随着时间的推移而愈发痴迷。回首往昔,若不是18岁那年的念念不忘,若不是那些"花儿"花期绵长,焦健可能不会进入白酒行业。缘起缘兴,缘来缘往,看似不经意间的驻足一望,实则是宿命中无法阻隔的情愫相拥、双向奔赴。

弹指一挥间,到了2012年,在一个名为"守望·爱"的慈善活动中,焦健

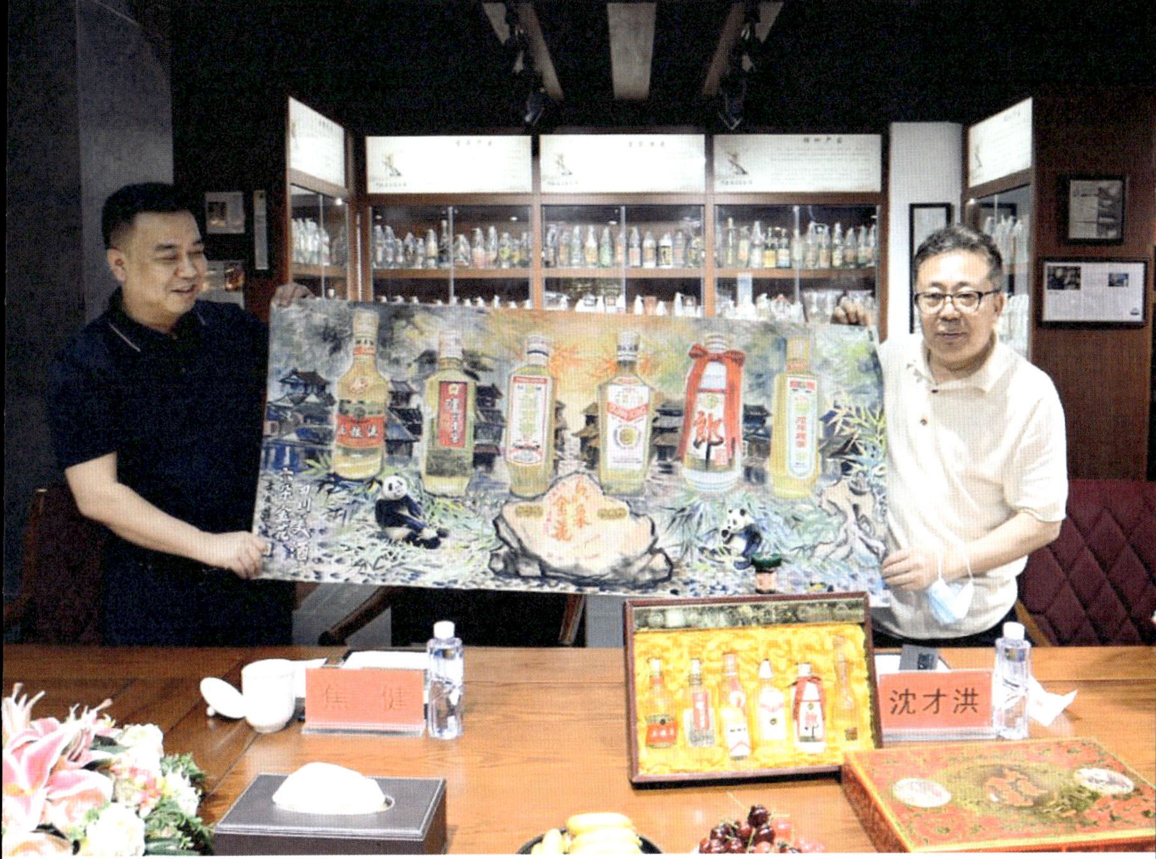

2022年，泸州老窖股份有限公司副总经理、总工程师沈才洪（右）与川酿白酒体验馆馆长焦健（左）在川酿白酒体验馆与“六朵金花”宣传画报合影

为了资助留守儿童，将这套来之不易又具有纪念意义的“六朵金花”捐献了出去。这套小酒曾开启了一个青少年的收藏之梦，又成了托起更多孩子成长的翅尖之羽。焦健手捧着这套酒版，收藏的意念开始升华，此时此刻，收藏，已然超凡脱俗，绝非为一己私欲。热“爱”，一定在“守望”之中向善而行。“喜欢的东西捐出来，也不觉得可惜和心痛，能帮孩子们最重要。”2012年3月6日焦健对《华西都市报》记者如是说。

焦先生捐出全兴纪念版和六朵金花纪念酒。

名酒收藏家

捐出珍藏“六朵金花”帮孩子最重要

除了书画作品，各类珍藏名酒在拍品中格外显眼，如市价近2万元的至尊舍得酒、姚家族葡萄酒公司推出的姚明·那帕谷赤霞珠2009年份干红葡萄酒、四川六朵金花1994年白酒珍藏版……

至尊舍得酒由四川省敏捷贸易有限公司水晶舍得销售部捐赠，而四川六朵金花1994年白酒珍藏版由巴蜀酒文化（收藏）研究会秘书长焦健捐赠，包含五粮液、剑南春、泸州老窖、郎酒、全兴大曲、沱牌特制珍品。

“这是上世纪90年代，我花了大半个月的工资买的，对我来说非常有纪念价值。”焦健说，华西都市报关注留守儿童，这样的慈善之举一定要支持，“喜欢的东西捐出来，也不觉得可惜和心痛，能帮孩子们最重要。”

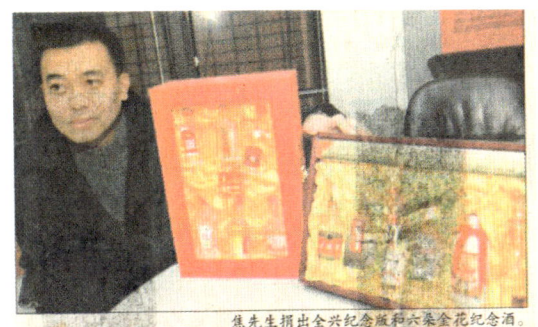

焦健捐出珍藏的“六朵金花”帮助留守儿童的报道

收藏观亦见价值观，焦健的这种价值取向，也一以贯之地体现在他对行业、对朋友、对收藏的处世逻辑中。

无悔，踏破铁鞋

在成功入手"六朵金花"并品尝到小酒带给他的收藏之乐后，思考中，视野开始渐渐辽阔，焦健开启了更为宽广的"寻宝之路"。

大酒易得，小酒难寻。在那个互联网不发达的年代，常常是耗费大量心血却最终无果。

"街上卖的最小只有100毫升的，这不在我的收藏范围之内，我的收藏品都是50毫升非卖品。"

"那时候做收藏很难，很多时候几个月就只找得到一个品种，而且很多时候，那些有酒的前辈们是不愿意割爱，或不轻易割爱的。"

但焦健始终乐此不疲，从未气馁，在他看来追梦本身就是甜的。为了寻找酒版，焦健在工作之余跑遍了四川泸州、宜宾、邛崃、绵竹等地，甚至到了云南、贵州等外省。尤其是白酒产区，每年都会去上好几次。每次出游只要经过一家商场或卖酒的商店，他都会进去寻觅，就连小街巷的小店铺也不会放过。用他自己的话说，从天一亮就出发，等铺子开门，挨家挨户地问，饿了吃个馒头，喝瓶酸奶，能走一天。直到所有的酒铺都闭门歇业，感觉又累又饿，才到小餐馆点个菜、喝瓶啤酒歇歇脚，解解乏。

那时，焦健得到某处有珍贵酒版的消息，会立刻驱车前往，为了赶时间来回几百公里都不休息，每每成功找到一个新的酒版品种，都让他兴奋不已。

在与家人的旅行中，焦健也常常自己"溜号"去寻酒。有一年国庆节，他和家人去乐山旅游，把家人送到景区门口之后，自己就跑去乐山的大街小巷里寻找酒版。终于，在一家小杂货店中看到了两个"峨秀特曲"酒版，可是老板说什么也不想出售，他就坐在老板店里磨了好几个小时，直至老板松口卖给他。还有一次，他和家人去丽江旅游，又故伎重施跑去当地大街小巷搜罗酒版，这次他得到了小荞酒、松子酒、茅粮酒三种地方酒的小酒版，虽然看上去很普通，但焦健如获至宝，"别看它们不起眼，全国只有我才有！"

痴迷者，劳其筋骨、穷尽天涯，焦健身体力行，乐在其中。

"大家都说西藏没有酒版，我不信邪，得亲眼看看才行，就赶着周末坐飞机去了西藏。"焦健徐徐说道。按道理说到了拉萨之后，当天要休息，在拉萨还不能跑，只能慢慢走，而他只有周末那点时间，他想赶紧把拉萨的大街小巷都找一遍，真是一分钟都休息不得。他说："我把拉萨转了一圈，也真没有找到，但我必须去一趟。"

悦尽，海内比邻

21世纪之初，各地收藏老酒的人不算太多，而收藏小酒版的更是少之又少，各自为阵，几乎没有交流。随着互联网逐渐进入大众生活，藏酒论坛、烧酒网等各种论坛网站逐步兴起，预示着酒类收藏与投资领域进入快速发展阶段，昭示着酒类收藏作为一种新兴文化现象的普及，也标志着酒类收藏市场逐渐成熟的进程开始。

2002年，焦健以"酒痴一个"的网名进入藏酒论坛，开始网上淘宝。有了网络相助，焦健结识了不少全国各地的酒版藏家，他们中既有家财万贯的企业家，也有普通的三轮车师父，大家经常在网络上交流分享并交换一些藏品。

在收藏酒版过程中，焦健崇尚"交换"，他提议大家每到周末和节假日都出去找，努力找到新品种，然后互相交换，弥补各自的空白。

当时，邮寄物品就只能跑到附近火车站，打一个包裹发过去，同时发货单要用传真传给对方，对方再把提货单打印出来，去当地火车站，交给库房的工作人员，由工作人员给找出来。

好几次，焦健拿着别人发过来的提货单，在成都火车站等一个小时也找不出来。因为货仓面积很大，而邮寄酒版的箱子很小，找一个小箱子往往需要翻找很长时间。

到了冬天，天气很冷，他就在库房外面露天站着，不停地跺脚搓手，还嘱咐工作人员要轻拿轻放，生怕一用力给打碎了。有时碰上下雨，打着伞也得在门口盯着，不敢有半点马虎。在焦健的心中，这些"小家伙""金樽清酒斗十千，玉盘珍羞直万钱"，丝毫马虎不得，必须"如获至宝"般小心呵护。

在收藏过程中，焦健逐渐形成了自己的收藏理念：分享、交换、共融，即便是私藏，也不是孤芳自赏。就这样依托网络交换，焦健极大地丰富了自己的藏品，有时甚至能淘到稀有的品种，弥补自己的遗憾。

三次邂逅"红楼梦"小酒版，就是精彩的故事。第一次是在1999年，宜宾红楼梦酒厂生产了一套十二金钗小酒套盒，当时每套售价488元，贵啊！遗憾错过了；第二次是在2003年，偶然间他再次遇到了这套酒，价格翻了近一倍，每套售价达800元，他再次犹豫了；第三次是在2008年，他特意在论坛上寻找，终于找到一套，美滋滋地花了2200元将其买了下来。目前，这套酒的价格已突破五万元，但焦健表示永远不会出售他的心头好。

收藏之路绝非坦途，信息特别重要。

2007年的某天，宜宾有一位朋友打来电话告诉焦健，他发现了一个1984年的五粮液麦穗瓶酒版。焦健不敢耽搁，扣下电话当天就赶到了宜宾，不料老板要价2000元，焦健一时难以接受这个价格，两手空空回家了。但他心头总是记挂着这瓶小酒，不久后又带着希望去到宜宾专门拜访老板，老板被他的真诚所感动，最终以1500元成交。此后不久，一位朋友得知焦健正在多方寻找澳门回归"百年

川酿白酒体验馆馆藏的红楼梦十二金钗酒版

孤独"酒版，千方百计从别人手里购得，直接邮寄到了焦健家中。

在此期间，随着藏友们的线上联系越来越紧密，线下见面交流的呼声越来越高。2008年，焦健牵头成立了巴蜀酒文化（收藏）研究会，志趣相投的朋友们每月最后一个周末都会带着自己的藏品相聚在宽窄巷子，寻一处茶楼、饮一壶清茶，畅谈老酒，兴致来了再找个饭馆小酌两杯。在这个过程中，本不饮酒的焦健也慢慢学会品尝白酒。他说："从收藏中，不仅能品出酒香，还能品出历史悠久的酒文化"。

宝贝，安得"广厦"！

在开始收藏的时候，焦健把酒都放置在父母家中。无奈越来越多，恨不得要堆放到父母睡觉的床上，于是大床变成了小床，随着酒越放越多，父母专门腾出一个房间来存放。

这是一间不足十平方米的小屋子，摆放着几组棕色的大酒柜，每个酒柜都密密麻麻放满了形状各异的小酒版，小屋里弥漫着酒香，让人不由得沉醉其中。

酒版的保存是很讲究的。焦健的酒柜都是特制的，比一般的柜子尺寸要宽，每层也加有一层软垫，大玻璃门上还配有锁，以确保每一瓶酒版的安全。即使是经历了"5·12"大地震，小酒版们都倒在了搁板上，也没有一瓶受损。

此外，为了保证适宜的湿度，房间里的除湿机常年都在工作；为了避光，房间的窗户也没有被打开过。

随着信息技术越来越便捷、交流越来越通畅，2007—2010年这4年间，焦健的酒版收藏迅速突破了1000种大关。紧接着快马加鞭，又用1年时间达到了2000种。

2011年以后，越来越多的小瓶酒开始出现。随着传统白酒消费人群的逐渐老龄化，酒企意识到只有抓住年轻人的市场，才能在未来的竞争中占得先机。于是面向年轻消费者的小瓶酒生产呈上升之势，成为白酒行业的一股清风。50毫升容量为主的小瓶酒，以量小、易携带、包装年轻化、价格亲民等特点，打入了年轻消费群体中。

川酿白酒体验馆二楼展厅一角

川酿白酒体验馆内景一角

时至今日，焦健的酒版收藏量已接近上万个品种。其中既有20世纪70～80年代的传统款，也有当下的创意产品，其产地遍布中国大江南北。造型涵盖方的、圆的、扁的，还有各种器型的，材质有玻璃、陶、瓷，乃至塑料，几乎包含了现在中国所有知名白酒品种，简直就是一座"微缩白酒博物馆"。

这里，仅川酒"六朵金花"就有几百种，其中有神秘的三星堆酒版、独特的麻将酒版、歼-10飞机酒版、婀娜的美女酒版……

此外，红楼梦十二金钗酒版也十分有纪念意义，它们出自"泥人张"第四代传人逯彤之手，工艺极其精美。由于作者销毁了胎瓷，现存世不多，酒瓶本身还被瓷器收藏界视为精品。

张伯，忘年知己

2010年，泸州老窖为纪念获得巴拿马太平洋万国博览会金奖95周年，厂方在广州、郑州、石家庄、济南、成都、重庆先后举行"见证中国荣耀 年份酒中国寻"活动，并寻找散落民间的泸州老窖老酒。

活动的奖赏制度很诱人，可用一瓶1990年1月1日以前出品的泸州老窖特曲老酒，换取一枚由泸州老窖集团创意、中国印钞造币总公司成都印钞公司特别出品的千足纯金纪念金牌，价值上万元。而由此换回的珍贵老酒，会被永久封存在"泸州老窖博物馆"，供世人饱览赏阅。活动吸引了全国各地的爱酒人士纷至沓来，慕名前来鉴宝赏宝。

这样别开生面的淘酒机会，自然少不了"酒痴"焦健的身影。当时的他，尚醉心于小酒版收藏，是位很有名气的酒版达人，对大瓶的老酒并没有过多的关注。然而正是在这次活动中，焦健有幸结识了一位前辈，给他的收藏带来了新的方向。

活动中，焦健得知广东一位80多岁的张姓老伯手里有一瓶20世纪70年代的"工农牌"泸州老窖特曲。87岁的张伯是当时参加活动老酒收藏者中年纪最大的，而他带来的藏品也极具代表性——1976年出厂的"工农牌"泸州老窖特曲。藏酒超过2000瓶的张伯还清晰地记得，当时用三块二毛七买回来的。出乎意料的是，这瓶泸州老窖特曲老酒，张伯却视若珍宝，在鉴定会上多次表示，这瓶酒绝

2010年,"见证中国荣耀 年份酒中国寻"广州站,时任泸州老窖股份有限公司党委书记、总经理兼集团总裁张良(左三)携泸州老窖专家鉴定组成员与知名文人梁文道(左二)和时任广东省酒类专卖局副局长朱思旭(左四)等人合影留念

2010年,本次活动年龄最大的参与者张伯(左二)接受泸州老窖股份有限公司副总经理、总工程师沈才洪(右二)对其老酒的点评

对不换！泸州老窖工作人员经过再三沟通，张伯最后还是拒绝用老酒交换价值超过万元的金牌，而这一举动却造就了"金牌不换老酒"的美谈。

是好奇心使然，抑或感受到了知音的共鸣，焦健几经周折托人联系到张伯，执意要认识这位"世外高人"。功夫不负有心人，2012年焦健终于踏上了专程前往广州拜访张伯的旅途。

交谈中了解到，张伯是20世纪60年代开始参加工作，在一家国营单位做销售，需要经常到全国各地出差，总能接触到各地名酒。自那时起，张伯每到一地就会购买当地名酒，每个品种买两瓶，一瓶收藏起来，一瓶自己品鉴，品鉴过后会揭下酒标，将酒标和买酒的故事像做手账一样记录在本子上，一坚持就是几十个春秋。

看到焦健不远万里登门拜访，张伯毫不吝啬地将他的宝贝手账拿来分享。"我看到张伯的买酒笔记那一刻，简直可以用叹为观止来形容！"焦健回忆道。张伯对于老酒的热爱让焦健大为震撼，他向张伯虚心讨教，进而对老酒的收藏品鉴产生了浓厚的兴趣。

焦健（右）与张伯（左）的合影

可以说，认识张伯，让焦健完成了从酒版到全瓶形老酒收藏的跨越。他萌生了新的想法——成为一名真正的老酒收藏家，将老酒定义为"液态文物"来收藏，努力挖掘老酒历史、传播老酒文化。

藏海，直挂云帆

收藏酒版的时期，焦健不抽烟、不喝酒、不唱歌、不跳舞、不打牌，自己所有的积蓄都投入了收藏中。

那时他在西南航空公司工作了十几年，其待遇相当优厚且非常稳定。但即便如此，仅靠固定的工资、业余的时间，要满足老酒收藏也是相当困难的，"人的精力、能力、时间都是有限的，如果你想家庭、工作、爱好、事业都照顾好，我等凡人，做全做好，很难。"焦健说。所以，他下定决心辞去航空公司的工作进入白酒行业。

这个决定遭到了家人的极力反对。为了缓和这个僵局，焦健非常认真地跟妻子说："给我一年时间，如果不能搞出个名堂，我就踏踏实实去上班。"妻子沉默了……

飞机飞过天空。

他仰起头，看着这片熟悉的天空，想起十几年前刚入职航空公司时的兴奋，想起同事间的欢乐嬉笑，想起老领导的一再挽留，想起在这里的点点滴滴……

如今，他要告别了……

这是在2012年，是焦健走到人生岔路口的时刻。即将步入不惑之年，选择和放弃从来都不是做个选择题那么简单。

做老酒收藏的前10年都是孤独的，全凭热爱和情怀在支撑。也正是因为酒，焦健最终放弃了民航的"铁饭碗"，毅然进入了"藏酒业"。

"我认为我对得起这几十年光阴，对得起行业，对得起朋友，唯一愧对的是家人。我的大部分收入都没交给家里，全部用来收藏老酒，非常感谢家人对我的支持。"

为了丰富自己对白酒的认知，从不喝酒的焦健也开始小酌品尝。十多年来的酒版收藏小有名气，让焦健有了足够的自信。毕竟众多白酒厂家、经销商和藏友都与他相识,同道同好同情愫,应该是天时地利人和。

但焦健还是低估了创业的风险,他说:"我刚刚辞职的时候,挣更多的钱,藏更多的酒,绝对是初衷。确实那时候,不少朋友发展得很好,都挣钱了。我也想啊!但我从单位里面出来后,独自创业开展事业很难。要突破,我就对兄弟们说,你们请领导、请朋友吃饭的时候把我叫上,我准备老酒,免费喝我的酒,体验酒是陈的香。"就这样过了大半年,老酒喝了不少,但也只是偶尔有几个人来办公室交流交流。

"这样喝下去,就喝破产了。"他说。

焦健感慨:"满屋子的酒和全国各地的朋友,这是我真正想要的东西。我也慢慢清楚地知道我的性格不适合做纯粹的生意,不到一年我就放弃了老酒交易的想法。"

放弃老酒交易之后,焦健变得很忙,他做了很多"服务"的工作。他开始了新的梦想途径,藏陈年白酒,交天下朋友,用热烈而性情的"圈",会真挚而执着的"人"。

2013年,焦健正式创建"成都斗酒馆",他希望为行业人士、各界精英和所有酒文化爱好者,打造一个交流合作、共同发展的平台。他协同中国四川省酿酒研究所在全国范围内举办"品酒师培训班""酿酒师培训班""营销师培训班""陈年白酒鉴定师培训班"等。

同年,焦健参加了中央电视台《一槌定音》节目,他以白酒专家的身份,从品鉴和收藏的角度对活动现场提供的各款白酒进行专业点评。"很多老百姓送来老酒要求鉴定,他们不知道哪些酒适合收藏,哪些适合饮用。更重要的是,这个节目为斗酒馆的发展打开了一扇窗户——如何做酒文化的传播。"焦健说。

焦健参加中央电视台《一槌定音》节目

川酿白酒体验馆

  这一年，焦健联合四川省酿酒研究所与《华西都市报》共同主办了"四川省首届老百姓喝得起的品质白酒"民选活动。活动在全川设了20个站点，征集"品酒达人"，然后与酿酒专家、品酒大师的盲品结果对比，最终选出5款消费者和专家评价都很高的白酒作为"老百姓喝得起的品质白酒"对外传播。

  2013年这一年时间里，焦健向所有人证明了自己，家人也逐渐接受了他的选择。

  2014年，中国酒业协会在贵阳成立了中国酒业协会名酒收藏委员会。在当中，焦健做了很多工作，他说："我们从当年的游击队成为了正规军。想想以前，我们成立的民间老酒收藏协会，没有工作人员，没有经费，请专家都是靠我的厚脸皮。第一年还有些费用，第二年亏了，都是自己贴的。"

  随着老酒行业的逐渐火爆，他的事业也走上了正轨。2017年10月1日，川酿白酒体验馆建成，是原来"成都斗酒馆"的升级版。体验馆位于武侯区清水河公园，坐落在一片古蜀风格建筑群中，上下四层，是一处集藏品展示、文化交流、科技普及、圈层交际于一体的综合性场所。环境幽雅，交通便利，全国各地的行业协会、企业、会员、学员、经销商前来交流学习，非常舒服、方便。

经过多年的探索，焦健已逐渐构建起自己的服务平台，不仅给家里人一份满意的答卷，也让大家看到，踏踏实实做服务也是做"藏酒事业"的一种商业模式。

醇芳，下自成蹊

每一瓶酒都是当时经济社会的一个缩影，记录下了一段历史岁月。

焦健在做收藏的时候，也特别关注酒背后的故事，搜集了与酒相关的历史、文化的书籍和资料，他认为，从酒版和老酒中不仅能体会到深厚的文化底蕴，还能看到酒企发展的历史。

以泸州老窖酒版为例，可以完整看到泸州老窖的品牌发展进程，也可以看到半个多世纪以来的品牌及瓶形变迁。

在泸州老窖老酒专属酒柜中，我们能看到，年代最早的是一个生产于20世纪50年代的"泸州老窖大曲酒"空瓶，瓶身酒标上印有"国营中国专卖事业公司上海市公司经销"字样。仅这个瓶子就花费了焦健数万元。

2010年以后，以泸州老窖为代表的各大名酒企业表现出老酒意识的"觉醒"。他们开始重视老酒价值，陆续举办各类展示老酒收藏价值、展示酒企文化实力的拍卖会和老酒收藏活动。

越来越多的拍卖会、老酒交易会，激发了市场上老酒投资与收藏意识的觉醒，吸引了更多老酒爱好者加入老酒收藏队伍中来。

焦健收藏的20世纪50年代泸州老窖大曲酒空瓶

2022年，泸州老窖股份有限公司副总经理、总工程师沈才洪（左）与藏家申航（右）共同鉴赏一瓶生产于20世纪50年代的"白塔牌"泸州老窖大曲酒

焦健与一瓶生产于1975年的"工农牌"泸州老窖特曲酒合影

2022年，焦健（右一）作为泸州老窖"名酒70年　荣耀鉴新篇"圆桌论坛嘉宾分享收藏心得

　　出生于1985年的年轻人申航与焦健就这样走到了一起，他们在老酒收藏网站烧酒网上互相交流老酒鉴别经验、学习老酒知识，成为圈内藏友。

　　线下，焦健会带着申航一起到泸州、宜宾等各大名酒产区，到全国各地的老街巷、白酒批发市场去寻找老酒。申航最为得意的一件藏品，是一瓶20世纪50年代的"白塔牌"泸州老窖大曲酒，这瓶酒被他珍藏在保险柜中，从不轻易示人。为了得到这瓶老酒，申航花费了十年时间。"从2012年第一次见到这瓶酒，就一直念念不忘。十年里，每次到这位朋友家里，都会专门去看一眼这瓶酒，仿佛是自己离散多年的亲人，总想着什么时候可以带它回到四川。"申航回忆道。

　　2021年，这瓶500克装的"白塔牌"泸州老窖大曲酒出现在2021全球老酒节——阿里拍卖之夜上，申航以118万元的天价收入囊中。

　　是啊，在老酒收藏家眼里，这些历经岁月、饱含历史沧桑的名优老酒，就是他们竞相追捧的"珍宝"。

　　在焦健办公室里，有一个茶桌，在主人椅的背后是一排酒柜，占据C位的是一瓶1975年生产的"工农牌"泸州老窖特曲酒。"这瓶是我的生日酒，也是幸运酒。"焦健说，他经常拿着这瓶让他自豪的酒，一起出现在媒体的镜头里。

　　在与朋友们喝茶聊天时，焦健也经常会讲起这些老酒和酒友间的故事。他看

着这些酒也像看着自己多年的老友,许多年前扫街寻酒的经历总会历历在目,好在过往的艰辛如今都化作了一种感慨和欣慰。

对于焦健来说,收藏老酒既是自己的一种志趣,也是对中国白酒文化的传承。我国白酒市场已经进入了品饮和收藏并行的时代,兼有品质、时光之美的老酒正在被越来越多的消费者所青睐。著名学者纪连海曾说:"收藏老酒就是收藏中华民族的文化与历史。"

真正的好酒,具备优秀品质、悠久品牌和深厚历史,然后经历时间的洗礼和陈放,最终成为卓越的老酒。"像泸州老窖这样的中国名优酒,兼具高水准的酿造技艺、高品质的产品和深厚的企业文化,每一瓶老酒都是其在某一时期文化、历史、经济社会价值的集中展示。"焦健表示。

悟道,厚积薄发

从巴蜀酒文化(收藏)研究会到成都斗酒馆,再到川酿白酒体验馆,焦健的藏酒事业也日积月累,不断聚焦。正如焦健所讲,不同的人对酒的需求不尽相同,酒作为大众刚需与人们的生活息息相关,下一步,他将依托川酿白酒体验馆这个平台,让老酒、老酒的文化、老酒的科技真正走进消费者。

体验馆内收藏的老酒和酒版林林总总、琳琅满目,是一座关于中国白酒及其文化的"圣殿"。在二楼的老酒文化展示区,大家可以看到20世纪50~90年代的四川名优白酒,四川大部分市县的优质白酒都可以在这里找到,每一瓶酒都是相应地区的历史见证者和醒目的文化名片。

另外,在这里大家还可以看到全国种类最多的酒版,其造型之精美,令人叹为观止。这些小家伙们辗转各地,现在终于在这里相聚,一同向世人展示着中国白酒的发展历程和文化传承。

"尽管很多酒企,还有白酒产区的政府都在兴建白酒博物馆、体验馆等,但都是站在宣传的角度各自讲自己的故事,难免造成消费者的认知混乱。"焦健说,"川酿白酒体验馆要做的就是挖掘白酒与消费者真正的联系,但这并不容易,是一个需要长期讨论的话题,甚至,很多白酒从业多年的人都未必认真思考过这个问题。"

川酿白酒体验馆馆藏的各时期泸州老窖产品

老酒的收藏是有门槛的,什么是好酒,什么是老酒,什么是好的老酒,都需要我们去学习鉴别。只有系统地、反复地训练才能掌握老酒品鉴这门技艺。

"我们很多经销商卖了很多年酒,消费者也喝了这么多年酒,但到底喝得是什么样的酒?其实大家对酒品质的差异性并不十分清楚。作为专业人员应该把这些专业知识,用大家喜闻乐见、通俗易懂的形式讲述给消费者,让大家清楚地知道,什么是固态法、液态法,什么是好酒。"焦健说得很内行。

川酿白酒体验馆在建馆之初就联合四川省酿酒研究所进行各种培训活动,也会给通过考核的人员颁发人社部国家级的专业品酒师、酿酒师职业技能证书。让焦健自豪的是,现在培训已经辐射到全国,培训学员近3万人,是业界最专业的培训机构之一,得到各界的广泛认可。

"人的生命很短暂,也很脆弱,我只想在自己的有生之年,做点有价值有意义的事情。包括希望通过我们的培训,能把中国白酒真实地告诉消费者。"

回头来看,焦健终于找到了老酒收藏这个链条中属于他自己的"经营模式",对于爱收藏、不卖酒、喜欢交朋友的他来说,帮助大家提升品鉴水平、市场态势、文化机理,然后,我为人人,人人为我,是皆大欢喜的相辅相成,对己对人,都善莫大焉。他操盘的诸多技培项目,都是可以终生提供免费复训的,成全众人的同时,"顺便"成全自己,相濡以沫,相向而行。

守望,奔流到海

焦健对现在的生活和工作很满足,很多人理解为他把爱好变成了事业,实然,"酒"已与他融为了一体。"我是一个酒痴,我的生命、生活全都交给了酒。我现在浑身上下都是释放着酒的熏陶。"焦健道。

体验馆中的藏品只是焦健收藏的很小一部分,焦健始终认为这些老酒无论再多,再值钱,都不是与生俱来的东西。"每个参与老酒的人想法都是不一样的,我现在想明白了,我有了酒,有了这些朋友还缺什么?没有了,已经很完美了。"

回首收藏历程,焦健对"认真""坚持"四个字最有感触。

不管是早期在各地"扫街",还是现在到各地参加品鉴活动,焦健都保持一个兢兢业业的态度,不敢有一点遗漏和马虎。之前资助他买"国窖1573"瓦当四尊的那位朋友,在做了一段时间收藏之后就放弃了,把手里的那套也转手给了焦健。现在两套瓦当四尊都收藏在焦健的体验馆中。

在参观体验馆酒版展示厅时,人们在过道上,都会被一面挂满五颜六色的工作证、出席证、嘉宾证的墙所吸引。这是焦健从业十余年,出席各地举办的老酒收藏、白酒品鉴、文化推广等活动的见证。"一共有三百多张吧!"焦健说,他说这话的时候,看着这面墙,神情自豪。

焦健参加各项活动保留的工作证

焦健·今朝有酒醉今朝　不负热爱的酒痴一个

历年来，焦健参加泸州老窖瓶储年份酒鉴评会活动集锦

当被问到营利模式的时候，焦健半开玩笑地说了两个字"吃亏"。他说："人的精力有限，想在自己的有生之年，要把工作、事业、爱好都做好，是不可能的，有舍才有得。"

曾有一位资深老酒藏家评价，说到中国的老酒收藏，焦健一定是绕不开的"那一位"。藏酒圈，他的身形立体多边，他的姿势合纵连横，他的关联四面八方，他的"后生"桃李天下——可以是焦秘书长，可以是焦馆长，可以是焦先生，可以是焦老师，可以是焦班长，更可以是——焦哥。

"寻9"札记

在查找资料的时候，我们看到十几年前的一则报道：2011年2月18日《四川在线-四川日报》上曾刊登一篇名为《酒版达人13年的藏酒路》的文章，开篇是这样的："我实际上不喝酒，有点酒精过敏。"焦健说。这话有点让人难以置信，因为他收藏有近2000种白酒酒版。

"喜爱藏酒和喝酒，关系不大。"这个观点我们在其他藏家那里也有听到，比如上海的李耀强先生。究其根本，仅仅是一份单纯的热爱。

而坚持一份热爱，要做出选择，便会面临放弃，遇到痛苦。痛定思痛，尤其是一个过来人再谈起它，痛苦都变得那么闪亮和义无反顾。

当时，面对父母床上那堆积如山的酒，面对妻子对婚姻的最后通牒，面对孩子期待陪伴的眼神，面对自己稳定的工作岗位……相信焦健也并非如今天酒桌上这般洒脱，这般侃侃而谈。他的心也曾彷徨，愧对家人也曾经是他无法释怀的遗憾。

今朝有酒醉今朝，是对酒痴焦健老师处世哲学最好的诠释。不论是对"六朵金花"一见钟情，还是成为圈内知名的老酒藏家，他始终珍惜当下，为热爱的酒文化倾力付出，沉醉其中，方能遇见未来。

时至今日，他依然保有那份爱好收藏、爱交朋友的初心，但同时也遇到了些许尚未破题的困惑，目前焦健斗酒只是活跃了饮酒的形式，对酒文化的提纯和享受酒的美感，尚未真正破题。

焦老师谈到的很多问题也引发了我们无数思考，也许需要年轻人同中国白酒共同成长，才能解锁这一活态遗产历久弥新的密码，感悟它历经浮沉奔赴今日的信仰。我们会带着这份好奇心，继续寻找之路，与老酒藏家们一起探索这场精彩的文化之旅。

北纬 28°的浓香

世界上有没有黄金酿酒纬度？

答案一定是有的。这并非酿酒人为了讲故事而造出来的噱头，而是科学给予白酒的禀赋。

国际烈酒专家Jürgen Deibel曾说，"影响烈酒的风味与品质的主要因素是：蒸馏技术、陈酿方式和调配技艺。"对威士忌、伏特加等烈酒而言或许如此。于白酒，却不尽然。

白酒与世界上其他烈酒的重要区别，就在于其纯粮固态的发酵方式，开放的生产方式让白酒与自然环境特别是环境中的酿酒微生物关系更为密切。

任何一点地理因素的差异，都可能导致环境中微生物的千变万化，遑论作为地球气候决定因素之一的纬度。

全球各地区所处位置纬度的不同，造成了气温的不同，而气温是影响气候的主要因素。白酒作为天地人共酿的产物，气候更是品质的先决因素。

纬度之奥秘包罗万象，它凝练地呈现地球与太阳之间的位置关系，让太阳光与不同纬线的角度标记出岁月流转。春分、夏至、秋分、冬至，四季更换皆与纬度相关。

甚至，纬度差异还影响着人的身高、肤色、五官乃至性格特点。

而纬度之于酒的神奇，汇集于北纬28°，以此为轴，形成了中国的酿酒龙脉。

何为酿酒龙脉？

在北纬28°线上，有着许多未解之谜。

其神秘与神奇，在于自然造化，在于文明遗址。而当这条纬线穿越某些特定的地方，这种神奇就演化为白酒的醇美。

在中国大地南部，沿北纬28°自西向东，宜宾、泸州、仁怀三个最佳白酒产区恰好成串相接，于是我们大可以说，这条线正是中国的酿酒龙脉。

纬度每相差1°，距离便会相差111千米左右。

当每条纬线穿越不同经线时，便会呈现出不同的风景，而每一片风景都有着截然不同的地理形貌及气候环境。

这意味着，北纬28°附近，某些特定区域可能是酿酒龙脉，而别的区域则可能是荒芜之地。

18世纪以前，南北纬30°曾被海上贸易人士称为"马纬度"。

原因是在人类尚未发明蒸汽机的时代，只能依靠风力扬帆航行于海上。一旦进入干热无风地带，帆船就只能停下来等待，运气不好的话可能会等上几十天。

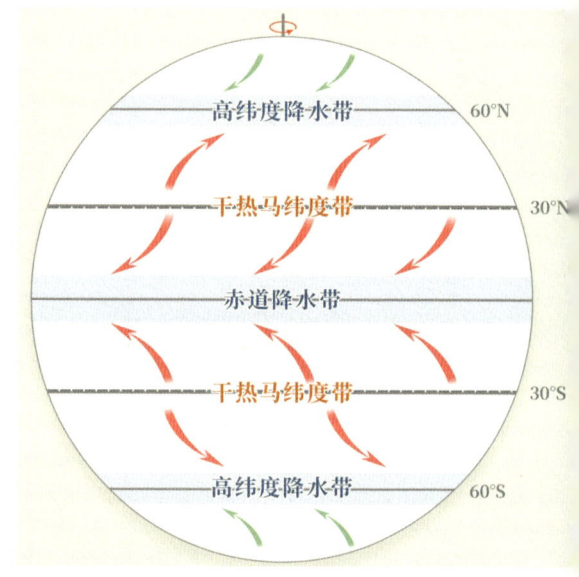

全球气候带分布图

那时，帆船除装载一般货物外，还装运许多马匹到美洲大陆，当草料和淡水耗尽，马也会相继死掉。后来，航海人士发现，可怕的无风带总是在南北纬30°附近。

从气候上看，北纬25°～35°几乎都处于干热无风带。同一纬度的世界上其他地方，如中东、北非以及北美的部分地区，基本都是干旱的荒漠和沙漠地区。

而在中国，这一区间却处于长江、淮河和黄河流域，分布着中国最好的白酒产区。

这种造化，源自青藏高原的庇佑。

作为"世界屋脊"，平均海拔在4000米以上、面积达250万平方千米的青藏高原，以极为磅礴的姿态在我国西部耸立成一道天然屏障。

夏季，当高原上的空气受热上升，周边印度洋上的西南暖湿气流、南海的越过赤道的暖湿季风气流，以及西北太平洋上的东南暖湿季风气流就会在高原东侧汇合，形成充沛的季风降雨。

而来自高原北侧的干冷气流与来自海洋的暖湿空气相遇，也会形成东西走向的气流汇合带，从而形成随季节移动的雨带。

于是在青藏高原东侧，地势呈阶梯式逐渐下降，四川盆地、长江中下游平原，

北纬28°特有的气候形成

就在得天独厚的庇佑下,享有着不同于世界上同纬度其他地区的温暖湿润。

中国的酿酒龙脉,由此醉卧于青藏高原的屏障之下。

龙脉之上,浓香名酒带

如果以水系划分酒系,中国白酒的地理布局大致可以分为长江、黄河、淮河以及赤水河名酒经济带。

北纬28°附近分布的水系,便是中国第一大名酒带——长江名酒经济带。沿着长江这条黄金水道,四川、贵州、湖南、江西等地,都广泛分布着中国的知名白酒。

作为亚洲第一大河,长江孕育出极为厚重的历史文化、农业文明和工业文明,也决定着中国的经济流向,名酒经济带的形成则是多种文明形态和经济形态交织的产物。

云雾缭绕的长江流域

由于长江支流众多、流域范围极大,其间容纳了多个白酒流派。

比如长江上的著名支流——赤水河。

赤水河蜿蜒迂回在云贵川高原崇山峻岭之中,独特的地形催生了最适合酿造酱香型白酒的酱香河谷。

自上游的仁怀,到下游的古蔺、习水,赤水河谷核心酿酒地段都不约而同处于北纬28°上。

除了旁逸斜出的赤水河沿岸形成酱香型白酒核心产地外,长江流域还广泛分布着清香、兼香等诸多香型流派的生产基地。

但在这条酿酒龙脉之上,最为香醇的仍然要数浓香。位于此间的泸州和宜宾,几乎撑起了浓香的天下,乃至占据了整个白酒产业的半壁江山。

2022年,四川白酒产量、营收、利润的全国占比分别为51.12%、52%、34%。

中国每两瓶白酒里有一瓶酿自四川,每四瓶白酒里有一瓶酿自泸州。这是川酒的荣耀,也是中国浓香的底色。

浓香之源，何以在泸州？

作为第一个受青藏高原庇佑的对象，四川盆地封而不闭，盆地内沃野千里，滋养出天府之国。

著名民族史学家任乃强曾言："若以四川盆地与黄土之黄河平原比则无亢旱之虞，与冲积之江浙平原比则无卑湿之苦，与三熟之广东平原比则无水潦之患，与肥沃之松辽平原比则无霜雪之灾。"独特的地形让这里气候恒定、温暖湿润，化身为天然的酿酒发酵池。

其中，位于四川盆地西南腹地的泸州，似乎格外受上天优待，成为浓香型白酒的发源地。

为什么是泸州？

著名白酒专家于桥曾说："在酿酒行业，科学有其尽头，地理才是关键。"泸州作为浓香之源，首先是自然选择的结果。

从地理坐标来看，泸州地处北纬27°40′~29°20′、东经105°09′~106°23′。

作为一座被大江大河浸润的城市，泸州境内有长江、沱江、赤水河、永宁河、濑溪河等众多江河，水系发达，水源充沛，雨量也丰沛。

泸州张坝桂圆林航拍图

长江与沱江交汇处

受长江、沱江等水系和四川盆地边缘山脉共同作用，泸州的气温、湿度明显高于同纬度地区。

与川内成都、宜宾、自贡等城市相比，泸州的年均气温偏高0.2～3℃，达到17.6～18.2℃，最低气温偏高10℃以上，相对湿度偏高5%左右。

据历史学者冯健考证，即使在较为寒冷的唐宋、明清时期，川南、黔北地区的气候仍然温暖湿润——今天的川南泸州地区，还生长着一大片百年以上的古桂圆林、古荔枝林。

喜热畏寒的树木，之所以能在这里繁衍千年，生生不息，原因就在于泸州的"小气候"。

中国科学院院士邓子新研究认为，酿酒微生物的最佳繁殖温度是5～25℃。泸州温暖潮湿的气候，为酿酒微生物的繁殖创造了极为适宜的生长环境。

泸州"终年不下零度"的气候特点，也意味着这里不会出现冻土带，从而让"泥窖生香"这一独特的浓香酒工艺从泸州发源。

气候、地形、植被类型的独特性和多样性，也造就了泸州丰富多彩的土壤类型，其中就有极为适宜筑窖和配制窖泥的黄泥。

泸州老窖专用的五渡溪黄泥，也是浓香鼻祖诞生的主要因素之一。

产酒的地方,往往是鱼米之乡。黄庭坚笔下曾有"江安食不足,江阳酒有余"之句,江阳正是泸州的古称。

今天名酒企业酿酒都会选择自己的专用粮。

粮食作物经历了千百年来的物竞天择,形成了自己的稳定特性,农耕时代的人们只能根据粮食的特性及当地的气候来选择酿酒的工艺。

可以说,是事关酿酒的一切——气候、地形、土壤、水质、粮食等,共同选择了泸州。

世上只有一个泸州

所谓"天之美禄,浓香圣地",浓香型白酒始诞于泸州,从来并非巧合。

若同时以地理和人文的眼光去探索,就会发现,是自然和历史的共同选择,造就了独一无二的泸州。

浓香型白酒的源起,可以从元代中期泸州"大曲酒"的出现开始追溯。

公元1324年,"制曲之父"郭怀玉以小麦为原料,通过中温发酵技术,独家研制出酿酒曲"甘醇曲",今天中国浓香型大曲酒的名称即来于此。

"甘醇曲"的发明是泸酒发展史上一个辉煌转折,同样也是浓香型白酒的重要开端。

后来,国窖始祖舒承宗于公元1573年创建1573国宝窖池群,从而奠定了浓香型白酒工艺中最为关键的要素——泥窖,开创了人类历史上首次利用土壤微生物(己酸菌等)酿酒的历史。

古人创造了浓香型白酒工艺的开端,但还不是"浓香"二字的开端。人们发现、认识香型,并为其总结、命名,却是近几十年的事。

最早,浓香型白酒也不叫浓香型,而叫"泸型"。

1979年第三届全国评酒会上,首次依据香型和曲种分类评选,将白酒香型划分为浓香型(泸型)、清香型(汾型)、酱香型(茅型)、米香型和其他香型。

作为过去这段历史的铭刻,浓香型白酒的官方英语翻译至今仍然是:Luzhou flavour Baijiu。

所谓泸型、汾型、茅型，均来自中华人民共和国成立之初的白酒"三大试点"。浓香型白酒之所以叫"泸型"，是因为浓香型白酒工艺发源于泸州，是具有泸州老窖风格特征的一类白酒。

正是这次试点，完成了浓香型白酒最初的工艺梳理。

而1959年出版发行的《泸州老窖大曲酒》，也是中华人民共和国成立以来第一次由专家规范中国白酒的酿制技艺，并向全国白酒企业推广，为后来浓香型白酒走向全国指明了技术方向。

这意味着最早的浓香型白酒标准，就是根据泸州老窖的操作规范来制定的，浓香型白酒技艺的早期推广，也是由泸州老窖推动的。

浓香的种种第一次，都在泸州老窖发生。

无论古今，不拘地理、人文，浓香的源流，都来自酒城泸州。

北纬28°的浓香，也从这里诞生、扩散、繁衍。

1959年由轻工业出版社出版的《泸州老窖大曲酒》，是中华人民共和国成立以来第一本白酒酿造专业教科书

用心做好一介匠人
场景化品饮设计师
刘健

- 重庆人。中国酒业协会名酒收藏委员会常务理事、鉴定委员会专家委员，中国酒业协会价格评估会委员，高级酿酒师、一级品酒师。

楔子

  时光,赋予了白酒生命。老酒,因岁月的沉淀而愈显醇香,并散发出不可阻挡的魅力。

  目前作为国内知名老酒藏家,虽然刘健进入老酒行业时间不长,但他的专业能力很快得到酒界的认可,他在品鉴方面已经在圈内小有名气,也结交了很多老酒爱好者。

  2012年10月,刘健应重庆酒友张进之约去贵州镇远古镇拜访一位酒友大哥,这位大哥正在古镇打造一座中国陈年名酒收藏馆。他花了三年时间从各地收购运回了上万瓶老酒,庞杂无序地堆放在三个仓库,有很多还没有拆封,以至于后来,包装箱里装的是什么酒连他自己都一无所知。

  做好老酒入驻藏馆前期的工作后,酒友大哥顺便也邀请刘健和张进两人,帮助他清点仓库,盘点老酒,并搬运至藏馆。

  两人来到仓库,这里横七竖八地摆着各种酒,还有很多是没有打开的包裹。拆封的过程中,大量以前根本没有见过的老酒层出不穷,彼此都非常兴奋,不仅热烈地讨论着每瓶酒背后的历史文化、酒体风格以及包装细节等方面,还品尝了不少以前没有喝过的老酒,如同身临其境的教学现场,收获颇丰。

  这时,刘健发现了一瓶1979年生产的"工农牌"泸州老窖特曲,想喝一口的冲动无法控制,于是他小心地把那瓶酒打开,细细品味,刘健说:"每一口酒到嘴里都是香气的爆发,前段、中段、尾段都是香的,下咽的时候暖暖的,紧接着香气翻涌而来,下降、上升、再出去,这种香气是无法用语言表达的,让人感觉整个世界都是美妙的。"也正是这次经历,他才深刻理解了"醇香浓郁、清洌甘爽、饮后尤香、回味悠长"这句经典品鉴语背后的深意。

  "品味老酒的过程就像开盲盒,知道里面总有心爱的佳酿,但只有品到的那一刹那,才会知道收获了怎样的惊喜……"

  当然,他们也会遇到那些保存不当的老酒,比如几瓶20世纪60~70年代的名酒,因为是倒立存放导致跑酒严重,大家在惋惜遗憾的同时也对老酒存放有了更深刻的认知。

  在贵州的那个千年古镇,厚重与沧桑也为杯中老酒增添了一丝醇厚香气,润物无声地渗透进刘健的心里,那一刻刘健觉得自己未来发展的方向变得越来越清晰。

入酒行

在业界,刘健是大家公认的业务能手。他从2009年入行,到2014年成为中国酒业协会名酒收藏委员会常务理事、鉴定委员会专家委员,中国酒业协会价格评估会委员,国家一级品酒师,国家高级酿酒师,只用了五年时间。进步速度之快让所有人都感到惊讶。

刘健是如何踏入老酒这个行业的?又是如何获得如此多的头衔、一步步走到今天的?

贵州镇远古镇中国陈年名酒收藏馆

那是2009年的一天，因工作需要，刘健到重庆下面的一个镇子上去拜访一位60多岁的老人。听说老人喜欢喝白酒，他就到附近寻找烟酒店买点上门礼。

刘健来到一条老街，看到一家副食店，门面已老旧不堪。进入矮仄的屋内，一排排陈旧的货柜映入眼帘，上面展示了诸多类型的白酒。一眼扫去，在众多的白酒中，刘健被一瓶没有外包装、瓶身商标都破烂不堪的老酒吸引了。

刘健之所以对这瓶白酒格外关注，是因为他人生中第一次醉酒的经历便是与这款酒有关。那是在20世纪90年代中期，这款酒刚上市，每瓶售价7元左右，在一次聚会上，大家喝的便是这个酒，当时刘健喝了一斤半，便醉倒了。虽然十几年过去，刘健依然对那个味道记忆犹新，看到了也感觉十分亲切。

刘健第一时间便想买下来，老板开价20元，这个价格让他十分意外。刘健回忆道："那时候虽然脑子里没有老酒这个概念，但却知道酒越老越好，这一瓶存放了15年左右的酒卖价竟然如此便宜，怕不是假酒吧？"

于是，他提出要品尝一下，老板很爽快地答应了，并从柜台下拿出了一个小酒杯。刘健迫不及待地拧开瓶盖，倒了一小杯。一口入喉，是熟悉又新鲜的味道，完全没有第一次时的那种辛辣感，酒体在口腔中流转，不辣嗓也不辣喉，只剩下满口的香醇。就这么一口，改变了他对"过期酒"的刻板印象。

独自收酒

为什么明明同一款酒，却和年少时喝到的那个味道大相径庭？这些年也品尝了不少美酒，但味道却远不如这瓶已"过期"的白酒。

这么好喝的酒，为什么它的价格如此便宜？

这一口佳酿引发的种种困惑抓挠着刘健的心，他通过互联网去查询，发现了烧酒网——国内陈年白酒领域较早的互联网平台，在这个网站上，很多人传授老酒知识并进行老酒交易，这瓶20世纪90年代中期生产、副食店老板开价20元的尖庄老酒，在烧酒网上能卖到100多元，而同时期生产的泸州老窖等能卖到300多元，这巨大的价格差背后是相当丰厚的利润。同时，刘健发现，买卖老酒这件事虽然还没有形成一个行业，但是各地已经有很多人在做。

基于敏锐的判断与快速的执行力，刘健认准了这一事业方向，做起了老酒生意。他围绕重庆周边及长江中游、乌江上游等地区，疯狂地寻找老酒。不出刘健所料，就像那瓶尖庄老酒一样，民间收酒的价格跟烧酒网上交易的价格差别很大。这一时期收酒也非常容易，老百姓家中一般不存酒，偶尔保存也就是三五瓶的数量，通过扫街式收酒，刘健收获颇丰。

老酒批量收回后，刘健自己留存一部分，另外通过烧酒网等网络平台卖一部分进行资金流转。就这样自然而然地发展一段时间后，他逐渐确定了自己的发展方向。当然，这个过程中他也意识到自己对于老酒是非常不专业的，尤其辨别真假老酒的经验非常匮乏。

他迫切地想要系统化地认识、学习关于老酒的所有知识。自那时起，这个渴望时刻萦绕在刘健心头。

交流学习

所谓念念不忘必有回响，机会很快就来了。

2010年在成都，刘健加入了巴蜀酒文化研究会，在这里他结识了焦健——一个对小酒版痴迷到骨子里的人，这个学习会也是由他牵头组建的。在一次聚会上，焦健讲："大家在老酒这个领域基本都是缺乏专业性的，白酒有12种香型，不同香型的酒在色差、口感、年份鉴别等方面都是既复杂又专业的。同时也要认识到，老酒这个生意一定不是单纯地倒买倒卖。"刘健被这个观点深深打动。

巴蜀酒文化研究会在每月最后一个周末举行聚会，成都周边的老酒爱好者带着自己喜欢的宝贝慕名前来，他们在宽窄巷子里找一家茶楼，聚在一起交流学习。

随着巴蜀酒文化研究会的影响力逐步扩大，一些与老酒相关的各行各业的人也参与进来。在这个过程中，刘健不仅学到了很多老酒鉴别知识，还结识了不少热爱老酒的同行。

刘健说："有时候，我们就坐在宽窄巷子路边，那时候大家都兴致很高，探讨什么是好酒，一起品尝老酒，常常引来路人的围观。"

2014年3月，成都春季糖酒交易会期间，刘健（右）与焦健（左）在活动现场合影

就这样，通过广泛的交流，刘健的品鉴能力很快提升，自我感觉良好，收酒也更加自信且大胆了。有一天，刘健照例去参加巴蜀酒文化研究会的活动，并喝了一些老酒，身处飘飘然的状态。中间休息的时间，他和酒友去一个水果店里收酒，店里灯光昏暗，店家有几瓶老酒要卖，报价2700元，而据他所知，当时那酒每瓶市场价是5000元左右。刘健心里非常激动，以为捡了大漏，迅速交了钱之后离开。后来他重新细细打量，才发觉不对，那酒是假的，酒的封膜被特意用碘酒熏成老旧的样子。

这是刘健人生中第一次买到假酒，也正是这次遭遇，让刘健深刻意识到打好专业基础的重要性。他说："天上是不会掉馅饼的，违背了市场规律的事情肯定是有问题的。而且，永远不要做认知以外的事情。"

2011年，在焦健老师的组织下，这些把玩老酒的酒友们一同去了四川酒业研究所系统学习白酒品鉴知识，以便能够更专业地进行老酒品鉴和收藏。同时，这一时期的老酒价格比较便宜，用刘健的话讲就是"白菜价"，他在学习之外也品鉴了不少好酒。就这样，在理论与实践的双重指导下，刘健受益匪浅。

这时候，一起学习的十几个酒友相约去参加国家一级品酒师考试，刘健也信心满满，跃跃欲试。经过努力复习，刘健顺利地通过了国家一级品酒师资格考试，可谁承想，过程中还出现一个小插曲。

由于差几个月的工龄，最后给刘健颁发的是二级品酒师证书。第二年刘健又重新考了一次，才如愿拿到了一级证书。同年，行业又推出了国家酿酒师资格考试，刘健趁热打铁，就顺手把国家一级酿酒师证书收入囊中。

当然，考试的作用不仅仅是为了拿证，更是系统研习的抓手。就像酿酒师考前强训的七天里，学员们学习对标的是全国所有的白酒品牌，一旦发现问题就会马上沟通，做到信息共享、深入交流，一起培训考试的学员里不仅有老酒圈的同行，还有来自泸州老窖、剑南春、五粮液等企业的学员，也能够帮助刘健进一步去了解企业的历史脉络和工艺特色等。

虽然短短一年时间，刘健就解锁了双料证书，但他知道，这只是一个开始，还有很多东西需要学习和实践。现在他每天都会品饮二两白酒，即使生病，也从不打破这一规律。

2023年，刘健参加泸州老窖年份酒尊享品鉴活动

在逐渐深入老酒行业的过程中，刘健也被老酒背后的历史文化所吸引，在收酒中还注重收集了很多关于老酒的资料，这些资料对于刘健更好地了解老酒提供了背景支持。

比如他收集到一本1951年中国土产公司编印的《中国土产综览》，里面记载到：当时"泸县曲酒，誉满全国，销路甚为广泛，内销除产区城乡及邻近各县市外，尚外销汉口、南京、上海及广州、昆明等地……"

聚精会神鉴定名酒的刘健

这些资料代表着历史的传承和可考的依据，刘健对此进一步讲述道："在书中我们可以清晰地看到，1951年泸州大曲酒就已经有标准了，而且很清晰地标明酿造泸州大曲酒粮食分两种——优质高粱和小麦，等级有六种——特等老窖红糟大曲、特等老窖大曲、头等老窖红糟大曲、头等老窖大曲、二等大曲、三等大曲，说明那个时候大曲酒已经有体系了。"

在他的收藏中，有一张1959年10月19日的《经济导报》报纸，其第14版是一个以酒为主题的专版，版面的中上部有一篇名为《泸州大曲添新装》的文章，详细介绍了泸州老窖当年出品的一款鸡冠壶瓶形的泸州老窖大曲酒，美酒配美瓶，在当时非常别致，远销香港。

另外，刘健还收藏了不少珍贵的酒标，比如，一张背面印有"1963年9月10日"生产的"白塔牌"泸州老窖大曲酒酒标保存完好，非常罕见。

从中可以看到藏家们对老酒发自内心的满满热爱，他们不仅关注品相良好、有价值的老酒，还关注着能够见证白酒历史的老资料，不管是一个老酒空瓶，还是单纯的一个商标，或者一张老报纸，抑或是一个不起眼的广告宣传页，在藏家手里都如珍宝般，被小心翼翼地呵护……

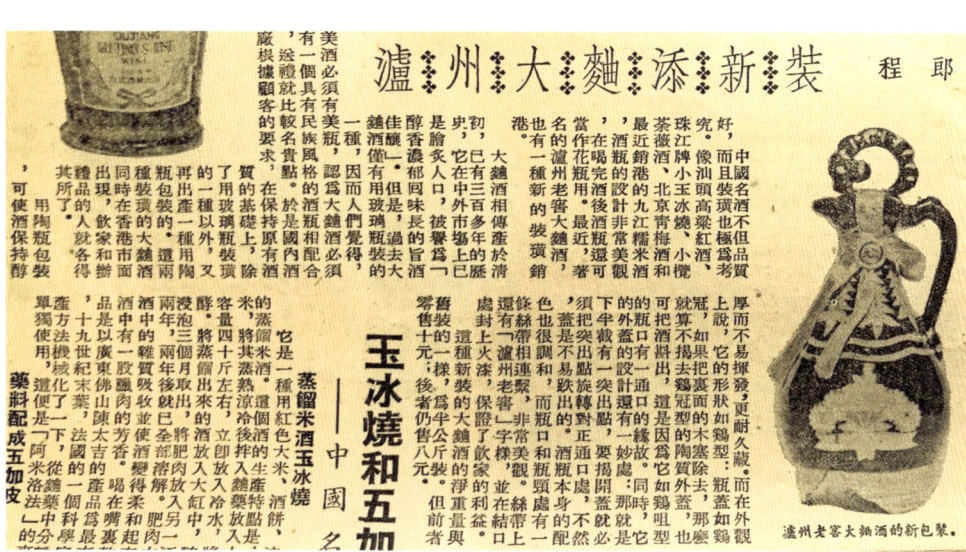

1959年,香港《经济导报》报道"泸州大曲添新装"

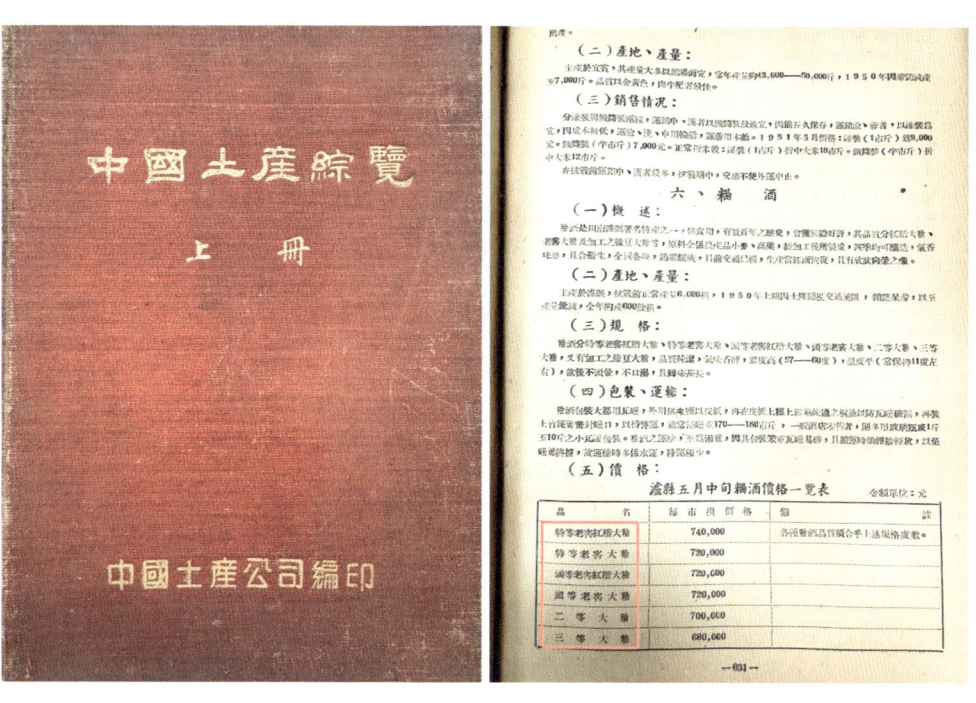

1951年出版的《中国土产综览》中关于泸州老窖的内容

刘健收藏的泸州老窖爱仁堂（爱人堂）产品商标

刘健收藏的民国时期温永盛酒厂相关商标

1959年10月19日《经济导报》第14版关于泸州老窖出品的一款鸡冠壶瓶形大曲酒的报道

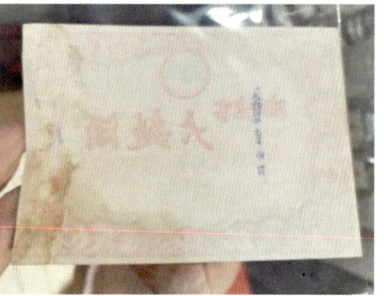

1963年9月10日生产的"白塔牌"泸州老窖大曲酒酒标（正反面）

厨师长

人生没有白走的路，每一步都算数，这句话，用在刘健身上，尤为贴切。在进入老酒领域之前，刘健还做过5年的厨师，6年的啤酒销售，每一段历程，他都尽心尽力，取得了不俗的成绩。正所谓，不会烹饪的销售不是一个好品酒师。

刘健出生在重庆市涂山镇一个农户家中，至今他仍保持勤劳质朴的作风。

刘健15岁就读于职业高中烹饪专业，17岁到北京师从正宗川菜传人系统学习烹饪技术，后又到深圳学习深造。

在学艺期间，师父不给他任何掌勺的机会，只是让他每天进行各种基本功的练习。经过六年的学习，直到21岁，刘健终于学成出师，回到重庆。由于他功底过硬，很快就成为重庆秀山一家知名饭店的厨师长。不久，他就迎来了厨师生涯的高光时刻。但师门却告诫他，做人还是要稳扎稳打，不能自己想干啥干啥。或许是对束手束脚心生厌倦，也或许是年轻气盛压抑太久，对于师门的管教，刘健不想再言听计从，经过一番挣扎后他决定放弃厨师这个职业。他说："这就相当于，我放弃了师门，自废武功了。"

当年和刘健一起在重庆秀山的师兄弟，现在已是深圳一个大酒店的餐饮部总经理。试想一下，如果刘健当初没有转行，凭借他正宗的师承、扎实的基本功和对味觉的敏锐，想必也能成为一名优秀的川菜大师。

从走出校园到正式上灶做菜，刘健足足用了五年。那枯燥的、重复的、不甘的五年岁月，刘健每每提及都感慨万千。当然，现在看来，那段苦闷的日子其实为他的职业发展打下了坚实的基础，积攒下来的经验与知识使他终生受用。

举个例子来讲，刘健接受过严格正统的川菜味型训练。大多数人对于川菜味型的印象就是麻辣，仿佛所有的川菜都是麻辣的，但实际上除麻辣味型外，还有糟香、樟茶、茄汁、咸鲜、糖醋、豉香等24个不辣的味型，每一种味型下面还有更具体的细分味型，而麻辣味型只占全部的五分之一。

这种对食材的理解与运用，对味觉的长期训练与感知，为后来刘健的老酒生涯尤其是品鉴酒体方面大有裨益。

酒类销售经理

当刘健拜别师门,离开熟悉的厨房后。他迷茫了好久,迟迟找不到目标。

大约在2003年7月,一个朋友介绍刘健一起到本地一家公司做酒类销售,这是一家家族企业,在重庆也算是明星企业了。老板对啤酒和葡萄酒情有独钟,组织了一个销售团队来开拓相关业务。

由于之前的厨师生涯过于压抑,刘健亟需在能力上证明自己,干劲满满。不到三年时间,他便从公司最基层的业务员,成长为区域销售主管。

2008年,随着酒类市场的变化以及公司战略重心的转移,刘健接手了重庆啤酒1958的品牌推广销售版块,在这个行业继续深耕。当时最大的竞争对手是百威啤酒,刘健带领团队用了一年半的时间,做地毯式销售,挨个店面进行推销,一点点扩大"地盘",最终市场销量超过了百威。

提到这段工作经历,刘健的总体印象就是太累了,从基层推销员到业务主管,再到品牌经理,虽然赚了不少钱,但是他对自己日复一日的奔忙产生了疑惑。刘健开始追问生命的意义,他说:"对于销售这个行业来讲,再努力也是为别人做嫁衣,似乎与自己没有什么关系,市场更迭,品牌切来换去,能给自己留下什么呢?"

刘健又一次陷入了迷茫,他已无法在这段旅程中获得成就感,也找不到继续做下去的意义。这时,尽管他不知如何破局,但可以明确的是,销售不能成为自己的终身事业。

直到2009年在重庆那个小镇子上,尝到了那瓶让味蕾跳舞的美妙琼浆,让他决定调转事业方向,正式进入老酒行业。

鱼和熊掌可以兼得

回顾刘健走过的路,厨师经历让他获得了系统扎实的味觉训练功底,销售经历让他积累了敢闯敢拼的实战经验。每段旅程他都进步很快,成为了行业的佼佼者。

从老酒发展历程来讲,刘健入行不算早的,但能够一年一大步地成长,足以见证他的努力与勤奋。

刘健曾很感恩地分享道："在老酒这个领域，首先要有虔诚的态度，知不足而后进，望山远而力行。再有要感谢各方朋友的帮助和关心。我刚开始的时候并没有什么系统化的知识，在跌跌撞撞摸索的过程中，朋友和前辈的指引与交流显得尤为重要。"

泸州老窖的忠实拥趸贺正修和刘健交往很多，刘健也收获了不少有益的指导，贺老评价刘健"是一个业务能力很强的人"。而刘健笑称他的秘诀就是：看得多、听得多、喝得多、交流得多。

回首往昔，刘健如此评价自己的前几段职业经历：

"当厨师时有快乐但不赚钱不自由，做酒类销售虽然赚钱快，但是人不快乐。当沉浸于老酒事业之后，他猛然发现，原来鱼和熊掌竟然可以兼得。他在老酒行业感受到了事业带给自己的成就感，感受到了朝阳产业的潜力，能够快乐地挣钱。能及时调整方向找到自己事业的归宿，即便兜兜转转，也是极大的幸运了。"

"其实老酒这个东西很有意思，一开始是个人兴趣，到后来专业来赋能，再到行业来赋能，就是这么一步步走过来了。"刘健对于自己以往的经历有很清晰的认识。对于未来，他的关注点是针对消费者的需求提供高质量的服务，做一名场景化服务设计师是他未来努力的方向。

专业服务

蓦然回首，入行已十三载。站在这个节点上，如何评价自己的老酒事业呢？刘健表示，自己就是美酒的搬运工，把各地具有本地历史文化的名酒呈现到消费者面前。老酒本身是复杂的，他要做的就是把复杂变为简单，最终为消费者做好服务。

如何基于陈年名酒，通过策划设计，满足大家多元化的消费新需求，是刘健近年来主要思考的问题。

不管是品饮、送礼或是收藏，消费者对酒的认知是有限的，需要专业的人士来帮助他们。举个例子，在可以购买一瓶新酒的价格上，如果加个百十来块钱就可以购买一瓶同品牌储存了十年左右的老酒，消费者将如何选择？

刘健讲到,自己站在专业的角度,便会推荐客户购买老酒,并告知客户新酒和老酒的口感差异以及老酒品饮的相关知识,比如开瓶后不能马上喝,要学会醒酒。如何醒酒也有技巧,放在分酒器里需要十分钟左右,放在小酒杯里仅需要两三分钟,如果放在更大的葡萄酒醒酒器里,则需要十五分钟左右。如果没有这些知识的传播,只单纯讲老酒好喝,消费者买回去后一打开很快就喝掉了,什么味道都没有尝到,这就是失职。

此外,作为消费者来讲,大家对于品牌的认知已经根深蒂固了,在这个认知基础上,他们还有更高的需求,那就是寻找性价比高且符合自己品饮喜好的酒。刘健说,最基础的方式便是酒体勾调,比如针对消费者的口味喜好,用泸州老窖生产年份较老的特曲与新生产的国窖1573进行比例勾调,就是一个非常好的玩法,消费者也在逐渐接受,也喜欢试着自己去勾调,这背后,当然需要专业的品酒师来帮助他们。

那在酒体本身品质及口感勾调到满意的基础上,客户也会产生疑惑,拿浓香举例,国窖1573和五粮液都是浓香型白酒,为什么味道会不一样,区别是什么?我们知道国窖1573讲究单粮重"窖香"、五粮液重平衡突出"喷香",把口味真正讲明白后,消费者就会明白自己想要什么风格的酒。

针对生命中不同的场景,如老人寿宴、职场升迁、高考升学、企业品酒会等,所需要的酒有什么区别,如何进行调酒,要考虑什么因素?这些场合则需要

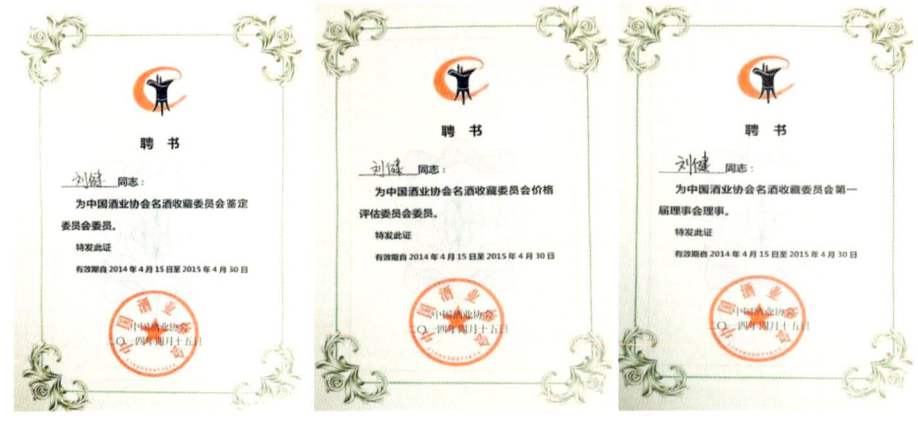

刘健被中国酒业协会名酒收藏委员会聘为鉴定委员会委员、价格评估委员会委员、第一届理事会理事

非常专业且个性化的服务。

2017年的一天,重庆万豪写字楼里,一家基金公司三百平方米的大会议室中,放置了一排方桌,铺设有白色的桌布,上面摆着20世纪的老酒、漂亮的酒杯和一些老资料。桌上的主角是三款老酒:20世纪90年代的泸州老窖、郎酒和汾酒,分别代表着浓香、酱香和清香。

这是基金公司举办的一个高端品酒会,酒会的主题是"时间的味道",副标题是"人生有四老:一位老妻、一个老友、一条老狗、一壶老酒"。

当各位来宾就座,刘健登场,向大家细细讲解了品饮老酒的正确方式,以及这些老酒背后的历史文化。在他的引领下,老酒的魅力打动了在场的所有人。其中,有两个70多岁的老太太,她们以前从不喝白酒,对白酒也有偏见,觉得喝白酒的人都是酒徒。在刘健的讲解下,她们第一次品尝到了中国老酒的醇厚、绵柔和香浓,为此她们大为震撼,说:"我们活了70多年,这是第一次喝白酒,今天在你的介绍之下,我们才真正懂得了什么叫酒文化。"

2019年,在一个私人别墅内,举办了一场品酒会,刘健一口气带了12种香型的代表性老酒,还有一些假老酒,给大家详细讲解老酒的专业知识,并现场进行勾调,让大家品尝,赢得了一致好评,在场的人用"震撼"这个词形容当时的感受。有一位女老板从来不喝白酒,刘健用一瓶1988年生产的老酒给她讲白酒风格及酒体特色,并以威士忌为参照对比,让她去感受那种特殊的味道,她人生

2017年,"时间的味道"品酒会现场

刘健品鉴泸州老窖特曲老酒

中第一次感受到了白酒的魅力，当即表示想要买一些。另外，还有一位客人对白酒非常感兴趣，又不好意思问，在刘健中途下楼的时候，他也一起到了电梯间，请刘健帮忙鉴别一些老酒。

刘健从这些经历意识到，目前大家是有需求了解这些老酒知识的，但是又不知道去哪里获得。所以，刘健有一个想法：要对这些老酒知识和专业技能进行一番梳理，形成更系统的文化价值和商业价值输出。

2023年，中国酒业协会副秘书长刘振国（左一）、泸州老窖股份有限公司党委委员、副总经理、首席质量官、食品安全总监何诚（右一）为刘健（右三）等收藏家颁发"泸州老窖名酒收藏家"证书

2019年,刘健举办的一场品酒会现场

收藏和配资

  今天的新酒就是明天的老酒。买好酒,藏新酒,喝老酒,正在成为中国白酒消费的新风尚。目前,老酒收藏领域已有一些行业标准,可以为老酒收藏提供一些指导。刘健表示,需要把这种商业化体系和市场洞察回馈给客户,比如现在酒厂做了回收老酒的相关活动,传达了收藏老酒是有意义有价值的观念,但是消费者可能并不清楚。此外,客户可能并不知道,只有高度酒才能成为老酒,具体来讲就是浓香型白酒52度、酱香型白酒53度,清香型白酒52度以上这个标准。当然,还有怎么存、存什么品类等专业内容,都是需要去科普传授的。

  老酒除了收藏属性外还具有很强的金融属性。刘健强调,在老酒领域与其说是投资老酒,不如说是老酒"配资",很多老板的资产配置中都有老酒,有很多白酒经销商也准备做这方面的探索。投资是有风险的,那投资老酒的风险在哪里?对于有一定资产的人士来讲,如何合理配置、配置多少在老酒上?这也需要专业的人进行引导,是他未来要做的服务方向之一。

老酒将是未来高端消费和长线投资的一种不错的选择。随着时间的推移，高度白酒可以做到保值，尤其是一些中国名优白酒，在酒企老酒战略的推动下，近年来升值速度很快。通过各方面系统化地传播讲解，普通消费者也将会建立"喝老藏新"的意识。

未来思考

对于未来，刘健也许没有一个明确的目标，但他清楚地知道自己的优势所在，并沿着自己的赛道走下去。

不管是过去还是未来，酒本身的滋味是消费的逻辑起点。早年间做厨师对味觉的训练，和十几年品鉴老酒的经验，他对自己的勾调技术还是有信心的。比如他调的一款对标泸州老窖的酒，里面有七八种酒体，他要考虑各种风味的综合效果，就像是做一道鱼香肉丝，取材也许并不特别，但是合在一起风味独特。他说："不管什么时候，大家还是要追求性价比的。面对即将到来的个性化服务时代，能调出一款客户喜欢的，并且价格合适的酒体，是我的一个努力方向。"目前，刘健在大学城附近新开了一家店，新酒、老酒、散酒都卖一些，生意倒也不错，正在考虑是否再开一家，将场景化服务慢慢推广出去，形成规模和品牌效应。

在问到刘健对老酒行业是否存在困惑时，他说，在探索当下及未来的商业模式时，他发现老酒在客户端的表达不太清晰。

如何将自己多年积累的老酒资源充分利用，把自身对于老酒的体系化认知转化为商业化服务，释放老酒的饮用价值、社交价值、收藏价值、投资价值、文化价值，在老酒之上，获得更多的客户认可？

未来这些问题如何解决？

刘健表示，他将带着一如既往的虔诚态度坚持探索下去。

"寻9"札记

入行十余载,初心萦满怀。

当问到刘健老师对自我的定位时,他表示,与其说是老酒专家,他更喜欢将自己定位为一个"匠人"。

在访谈中,我们还得知刘健老师特别喜欢钓鱼,当谈起钓鱼那些事,他也是滔滔不绝、如数家珍,眉飞色舞地向我们介绍各种装备和经验。他曾六天六夜在江边垂钓,乐此不疲。那股钻劲儿,可见一斑。

"要永远保持一种空杯心态,遇到不会的不懂的就积极去问,不弄明白不罢休。"刘健说:"我觉得有幸涉足这个行业,我以前做过厨师,销售过葡萄酒、啤酒,为什么被老酒给征服了?其实是发现了它的不一样,你要用心去体会时间的沉淀。"

曾几何时,刘健老师被老酒所征服,用专心一致和追求卓越的精神深耕老酒十几载;未来他也将致力于将自己所学的知识和技艺挥洒到极致,开创属于自己的那片天空。

至于最后是否会有一个辉煌的结局,他似乎并不太在意,因为他对现在的生活感到知足。

感受当下的美好,去品味一壶老酒,个中味道需要用心去体会,时间的味道会化作往昔的喜怒哀乐一幕幕向你慢慢走来,而随着浓香在嘴里散开,身体进入微醺状态,那些好的、不好的,都会在你嘴角的一丝微笑中渐渐远去……

2018年,刘健展示自己钓到的大鱼

让中国白酒的质量看得见

品质是企业的生命和灵魂。作为"浓香鼻祖,酒中泰斗",在坚守"让中国白酒的质量看得见"以及树立产业质量标准和典范方面,泸州老窖也一直走在行业之先。可以说,泸州老窖发展史就是一部中国浓香型白酒品质创新史。

早在半个多世纪以前,公私合营后的泸州市曲酒厂(泸州老窖前身)在建立之初,就从酿酒技师中遴选优秀者组建"生技科",对酿酒生产各个过程加以规范,并建成了白酒企业中的第一个化验室。泸州老窖酒传统酿制技艺第十八代传承人陈奇遇创立尝评勾调技术,并制定行业尝评勾调标准,此举大大提升并稳定了酒质。

20世纪60年代后,泸州老窖在化验室基础上成立了行业第一家科研所,以便更科学地对酿酒生产过程进行化验、分析,对产品质量进行科学管控。据科研所老职工回忆:"科研所最初没有计算机,对气相色谱仪输出的图纸数据,读取方式就是用计算尺测量,根据公式定律计算而得出。"在这种艰苦的条件下,酒中的酸、酯、醇、醛等含量被技术工人仔细测量、计算、详细记录。这些数据为酒的微量成分分析、勾调技术运用、生产辅助等提供了科学依据,也保证了酒体质量。

改革开放后,泸州老窖率先在全行业探索建立全面质量管理模式,建立起一套完善的质量管理网络、管理制度、生产技术标准等体系。1980年和1984年,泸州老窖皆荣获中华人民共和国国家质量奖。全面质量管理模式的推行成功,引来众多兄弟企业的参观学习,国家商业部等单位为此还专门委托泸州老窖开班办学,提高全行业整体质量管理水平,引领中国白酒产业由传统经验管理向现代科学管理过渡。

1987年,泸州曲酒厂与中国科学院计算机技术机构联合进行计算机管理系统的开发。技术人员在继承传统工艺的前提下,在发酵、勾调、检验等几个质量关键环节安装了计算机管理控制系统。勾调环节上,他们通过运用计算机管理系统,结合人工尝评,做到精准勾调,提高了成品酒的审批合格率,严把名酒质量关。在那个计算机尚未进入寻常百姓家、"计算机要从娃娃抓起"的声音尚未落地的年代,泸州老窖已成为白酒行业科技创新的领跑者。

1988年12月29日，泸州老窖实现以计算机提升酒质的消息——《泸州曲酒厂使用计算机控制系统》出现在《经济参考报》当中。也是这一年，泸州老窖荣获商业部质量管理奖，开创酿酒行业获得质量管理奖的先河。

泸州老窖荣获1980年和1984年国家质量奖

1988年12月29日，《经济参考报》刊发报道《泸州曲酒厂使用计算机控制系统》

泸州曲酒厂使用计算机控制系统

工效提高50%，成品酒一次交验合格率提高一倍以上

本报成都讯（记者姚军储学军）泸州曲酒厂使用计算机控制系统提高产品质量获得成功。经两个月试运行，工效提高50%，成品酒一次交验合格率提高一倍以上，得到了商业部和有关专家的高度评价，并通过商业部组织的鉴定。

四川泸州曲酒厂已有400多年生产历史，该厂生产的泸州老窖特曲被列为中国四大名酒之一。但由于勾兑凭经验，品尝感官，误差较大，优质酒率很低，过去每生产50公斤曲酒，只有5公斤可达到特曲酒的等级，经济效益不高。

1987年，泸州曲酒厂在中联企业现代化系统工程开发公司等技术部门的帮助下，联合进行计算机管理系统的开发。他们在继承传统工艺的前提下，在发酵、勾兑、检验等几个质量关键环节安装了计算机管理控制系统。

制曲车间使用计算机控制后，曲质提高，制曲时间缩减三分之一，制曲量增加一倍，曲坯更加卫生，工人的劳动强度大大减轻。勾兑工序采用计算机控制后，由原来的凭经验兑酒，变为计算机检测酒质诸项参数后勾兑，杜绝了随意性勾兑，成功率成倍提高。酒质尝计算机系统投入使用后，基本改变了品酒定等的感情用事情况和品酒员身体不适造成的误差，使品酒定等更加准确。

计算机控制系统经过两个月的试运行，名酒（特曲）率由过去的10%左右提高到30%以上，两个月创经济效益160多万元。

据了解，该厂在使用计算机等质检措施，用双管齐下的办

1988年，泸州老窖获得商业部质量管理奖

1988年7月31日，《人民日报》报道《泸州曲酒通过国家级质量认证》

20世纪80年代，泸州老窖酿酒科研所内工作场景

1992年4月14日，《人民日报》刊发文章《泸州老窖酒厂走出科技富厂新路》

可以说，半个世纪以来对质量的坚持，为泸州老窖年份酒（陈年白酒）的品质与价值提供了坚实保障！

21世纪之初，在国窖1573上市之时，泸州老窖便认识到，中国白酒要想走向世界，必须用最高、最严的标准定义质量的内涵。

2001年，泸州老窖于行业率先制定"有机高粱"的种植标准，从酿酒原粮生产环节入手，保证每一滴酒从源头开始的天然和安全，并将有机高粱基地作为白酒生产的"第一车间"。随后，泸州老窖在川南建立了中国固态酿酒第一家大型"有机生态原粮种植基地"，实现完全有机化种植，从生产原料环节保证了产品品质的纯粹、健康，毫不沾染任何的化学成分。

此后，在无行业标准和同行经验参考的情况下，泸州老窖经过8年的不断探索与创新，初步构建起涵盖"原料—酿造—残料—饲养—有机肥—种植—观光"的有机生态链。

2008年，泸州老窖有机高粱种植基地通过中绿华夏有机食品认证中心的有机认证，成为业内第一个获得有机食品认证的浓香型白酒企业。

随后，泸州老窖首创了"全产业链网格化首席质量官制度"，着手建立和完善从田间到舌尖360°的全产业链、全溯源、全生命周期的质量安全管理体系和质量安全信息化系统。依托强大的科研平台，

全国报刊报道的泸州老窖名酒生产情况

2008年9月14日，《经理日报》刊发报道《泸州老窖入选白酒业中唯一"国家级农业龙头企业"》

泸州老窖很快建立起涵盖原粮种植、酒曲生产、酿酒生产、基酒储存、灌装储运和质量检验等环节的数百项技术标准,并将质量管理延伸至供应商、物流运输合作方及经销商,形成了从农田到餐桌的全流程质量管理体系。同时,泸州老窖运用现代科技手段加强了产品的标识标志管理,提升鉴识产品参数的直观性和可追溯性。

2010年7月24日,《工人日报》刊发了一篇报道《把荣誉当做动力的"中国酿酒大师"》,记录了泸州老窖酒传统酿制技艺第22代传承人沈才洪在创新酿酒理论、挖掘酿酒文化、培养人才等方面,为提升企业产品质量、增加知名度和经济效益做出了突出贡献。

2016年,泸州老窖联合多家权威机构创建酒类质量安全联合研究基地,并确立了特有的质量管理模式——基于HWM模式的产业链全程风险管理[HWM模式是指"大质量观(High Quality View)理念、全产业链(Whole Industry Chain)体系和多层次面(Multi Level)监管"],取得了良好绩效。

2022年，泸州老窖股份有限公司党委委员、副总经理、首席质量官、食品安全总监何诚（右一）带队深入泸州老窖金龙有机高粱种植基地开展有机生产检查

2022年，泸州老窖股份有限公司党委委员、副总经理、首席质量官、食品安全总监何诚（前排左三）带队到泸州老窖有机高粱种植基地进行现场验收

  该项目也被授予2017年度全国工业企业质量标杆，再一次强有力地证明了泸州老窖在质量管理方面所达到的领先水平。也是从这一年开始，泸州老窖坚持每年发布产品质量安全报告，体现了对产品质量与安全的庄严承诺和责任担当，展示了持续践行"让中国白酒的质量看得见"的坚定信念。

  除此以外，泸州老窖还建成了全国首个以白酒生产加工为枢纽、完整匹配白酒产业供应链节点的"中国白酒金三角酒业园区"。利用产业集群化发展模式，泸州老窖将质量安全管理向"田间"及"舌尖"两端延伸。

  至此，"泸州老窖产业链全程风险管理"质量战略基本完成。

  此时，泸州老窖前瞻性地看到，随着现代科技和智能化技术的不断进步，酿酒生产向自动化、智能化升级已成为整个行业发展的必然趋势，并做了大量工作。

  2020年，由泸州老窖承担的首批国家级消费品标准化试点项目《泸州老窖股份有限公司食品及相关产品标准化试点》，在北京顺利通过国家市场监督管理总局标准技术司组织的专家组验收，成为四川省内唯一一家获评国家级消费品标准化试点项目的企业，也是行业内唯一一家入选该项目的企业。

通过此试点项目，泸州老窖将引领构建白酒全产业链标准体系，并以智能制造为抓手带动传统产业转型升级，广泛开展智能制造标准化技术研究和成果应用。

于是，"十四五"时期，泸州老窖以"打造进攻型质量体系，构建竞争性质量指标，实施跨边界质量管理，提升产业链质量水平"为原则，倾力打造以信息化、数字化为支撑的"泸州老窖智能酿造4.0"质量战略。

长久以来，无论市场如何变化，泸州老窖始终将"质量"放在首位，坚持"让中国白酒的质量看得见"。当前，中国白酒行业已进入深度调整转型、高质量发展的新阶段，泸州老窖将继续以创新恪守"品质"基本盘，在品质创新的道路上，为业内做出标杆榜样。

泸州老窖荣获"全国'质量标杆'"（2017年度）称号

《泸州老窖股份有限公司产品质量与安全白皮书（2021）》

老酒陈香的科学密码
与微生物打交道的博导

许正宏

寻味老酒
码上相逢

- 江苏泰州人。四川大学先进酿造科技创新中心主任、教授、博士生导师。

楔子

我叫老窖梭菌,通俗讲我就是一种细菌。

不要紧张,我可不是容易让人类生病的那种,我很"宅",不喜欢到人类的生活区域凑热闹。

与其他大多数喜欢氧气的细菌不同,我们家族属于厌氧菌。

我今年452岁,对于你们人类来说,我可是老前辈了。但在我们细菌王国,生命可以存活的时间范围是几小时到几世纪不等,我的年龄不足为奇。

1573年,我出生在中国四川泸州的一口泥窖中,泥窖中除了我们细菌族群,还有少量古菌和真菌共同生活于此。

繁殖与社交就是我们每天的生活日常。

我出生那年,有一位叫舒承宗的人投喂给我们一种叫酒醅的东西,很是好吃。自那之后,他们就会定期给我们投喂酒醅,据说这是用高粱、小麦等粮食发酵而成的。它所富含的营养物质,会让我们生成一些特殊的香味物质。

自从有了酒醅的加持,数百年来在人类不间断地对我家乡的供养过程中,我们菌落社会文明大有长进。泥窖中微生物的社交活动,从散乱无序的状态逐渐变得清晰有序,"微民"素质大有提升。菌群结构逐步稳定下来,再也没有出现几大"菌族"间的大规模战争。

周边的生存环境越来越适宜我们梭菌家族的繁衍,时至今日,我们可是大家族了,产生的香味也越来越浓郁。

更值得骄傲的是,从我们家乡走出去很多优质代表团,它们是最稳定最和谐的微生物群体。尽管成员来自各个菌群,但不存在种族歧视,我们梭菌大量活跃在各个优质代表团中,与其他成员协同产香、良性循环。

人类将这种优质代表团酿造的酒称为"泸型酒",它们将泸型酒的发展经验推广到全国各地,甚至让我们的浓香秘籍漂洋过海,威名远扬。

1996年,人类将我家的泥窖评为了国宝"活文物",并冠以一个响亮的名字——"国窖"。

2008年,我结识了一位戴眼镜的人类科学家,他每天都会来关注我们的生活,并把我们日常社交和文明发展的奥秘,讲给了更多人听……

泥窖生香

坐标，中国江苏无锡，江南大学，生物工程学院实验室。

一位戴眼镜的研究工作者正在与老窖梭菌进行着跨物种间的交流。只见他时而用显微镜观察，时而在电脑键盘前敲打。他就是江南大学生物工程学院原院长，现为四川大学轻工科学与工程学院教授、博士生导师许正宏。

寒来暑往，像这样周而复始的科学工作，许正宏怀揣着对泥窖酿酒的好奇心，已从事了十余载，逐步为公众揭开了浓香鼻祖的奥秘。

微生物是大自然的重要造物者，也与我们的生活息息相关，它们在食品、药品、能源、环境、农业等多领域发挥着重大作用。近年来，随着大众对健康饮食的关注，发酵食品受到了越来越多人的喜爱。

传统发酵食品，比如酒、醋、酱油、腐乳、豆豉、泡菜等，都有一个共同点，它们都具有一种芳香浓郁的特殊风味。这种味道是人与微生物携手贡献的结果，许正宏就是这个过程中的研究者之一。

人类的酿酒技术历史悠久。2004年，考古学家在河南贾湖遗址发现由水稻、

正在实验室工作的许正宏

蜂蜜和水果混合发酵而成的含酒精饮料距今约9000年；2021年，古人类学家在浙江义乌桥头遗址发现了墓葬中有存储含酒精饮料的陶器距今约9000年……这些都诉说着我国悠久的酿酒历史。

微生物在白酒酿造过程中非常重要，不同的发酵方式，会酿造出不同的香型和口味。泥窖发酵是浓香型白酒生香的关键。

泸型酒的酿造过程，就是使酒醅与窖泥亲密接触的过程。酒醅，就是粮食蒸煮过后用于发酵的糟醅，从微生物生成浓香型白酒主体有机酸的角度来讲，是一个以乳酸杆菌等为优势菌主要代谢产乳酸和乙酸的酿造体系。而泥窖中的窖泥，是一个以梭菌等为优势菌主要代谢产己酸和丁酸的酿造体系。将二者充分融合，酒醅与窖泥的菌群之间通过黄水进行物质交流。

在这个过程中，许正宏需要做的是，通过系统研究酿造过程中窖泥微生物菌群的演替规律，以及岁月流逝间从不间断的酿酒操作对窖泥微生物菌群结构与功能的影响，科学揭示"老窖生香出好酒"的微生物学基础，并在生产实践中加以理性应用。通过研究发现，泥窖在经过多年不间断的白酒酿造后逐渐驯化形成了有利于浓香型白酒主体香物质形成的以梭菌和产甲烷菌为优势菌群的良好微生态

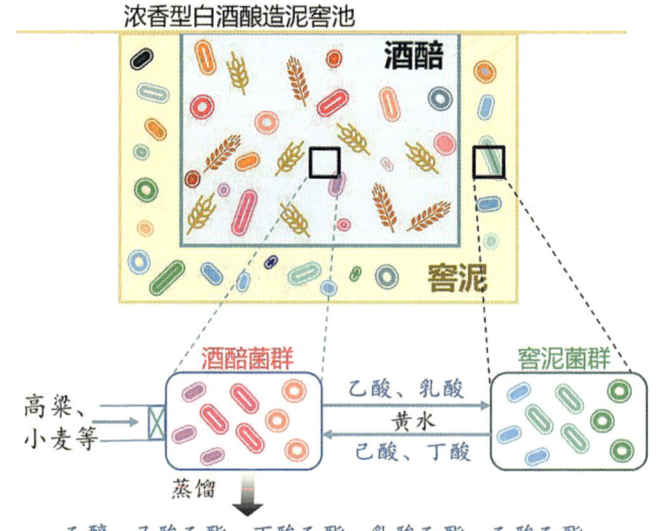

酒醅与窖泥菌群的"分工合作，协同产香"机制示意图

系统。从而使窖泥和酒醅的菌群达到"分区共酵，协同产香"的状态，形成以泸型酒为代表的浓香型白酒的典型风格。

许正宏指出，白酒品质的多样化和复杂性是由所使用的原料、酒曲以及酿造、蒸馏工艺等诸多因素共同作用的结果，其中最为主要的环节是高度多样性和鲜明区域特色酿造微生物菌群的演替和代谢的酿造过程。在不同酿造工艺的控制下，酿造微生物菌群结构发生着有序而又剧烈的时空变化，产生了丰富多样的代谢产物，赋予了白酒芬芳四溢的不同风味和口感。除乙醇这一主要成分外，白酒中其余1%～2%的微量成分高达数千种。这些风味物质的组成和含量决定了白酒的口感和香气，其细微的变化则可能导致迥异的风味特征。

老窖出好酒

长期不间断的酿酒生产驱动着窖泥菌群的进化，窖泥微生物逐渐由"散乱无序"演变成"模块清晰，功能协同"的稳定菌群结构。

经许正宏及其团队多年反复实验研究发现，窖泥微生物以细菌为主，其次是古菌和真菌。不同年代窖泥微生物群落结构具有明显差异，窖泥中梭菌和产甲烷菌是产生香味物质的主要微生物。在长期不间断酿酒的驱动下，窖泥菌群的大分子水解功能降低，老窖泥中互营脂肪酸氧化菌和产甲烷菌的功能增强，它们与梭菌等产酸菌协作促进呈香脂肪酸的积累。也就是说，长期不间断酿酒生产驱动了窖泥微生物之间的基因转移，提升了梭菌对酿酒环境的生态适应性，显著促进了己酸乙酯等浓香型白酒典型风味物质的形成，所产酒的窖香浓郁，味甜净爽。

这一研究用科学语言证明了"老窖出好酒"，而连续不间断使用是维持窖泥功能菌群活力的重要保障。一旦泥窖由于种种原因被中断生产，那么再优良的窖池也会变成不可复活的"遗址"，就丧失了自然科学研究和生产使用的价值。只有"活着的"老窖才具有真正的文物、自然科学和使用价值。

1996年，国务院颁布"国发［1996］47号"文，将"泸州大曲老窖池"（即"1573国宝窖池群"）认定为"全国重点文物保护单位"，泸州老窖"活文物"酿酒窖池有了"国窖"的美誉。

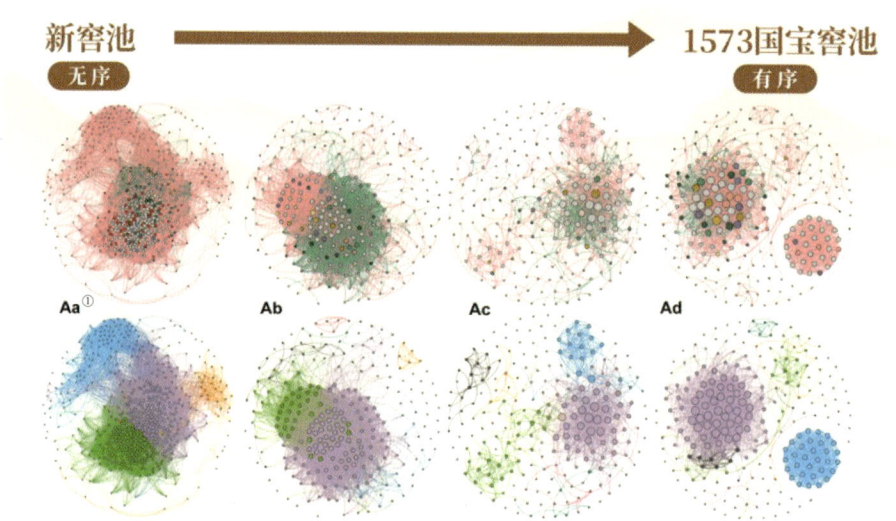

酿酒生产驱动着窖泥菌群的进化过程

1996年,泸州大曲老窖池喜获"国宝"单位新闻通报暨庆祝会

---

① 图中字母用来分组,具体代表的是窖龄,也就是窖池的年龄。具体是——Aa:<10年;Ab:10~50年;Ac:约100年;Ad>400年。

酒是陈的香

从东西方藏酒方式来看，陈酿在东西方酒品质提升方面可谓不谋而合。

许正宏表示，中国白酒受长期农耕文明的影响，大多采取纯粮固态生产，以甑桶蒸馏、陶坛贮存等方式生产、陈放。而西方烈酒原料除了谷物以外，还有葡萄等水果，或甘蔗糖蜜等植物性原料。它们在酿造蒸馏后，通常采用橡木桶存放的方式进行陈酿。西方酒在陈放过程中会伴随着大量外源性橡木物质的溶出，并与酒体发生反应，促进酒体的老熟。这些物质可以成为表征西方酒陈酿年份的特征性物质；而中国白酒由于储存容器的稳定性，虽然也有一定的溶出作用，但是更多为内源性改变，因此其陈酿机制独具特色。

需要强调的是，受到不同区域和香型的基酒品质、酒度、存储容器、环境条件等诸多因素的影响，加之白酒的陈酿是一个相对动态的变化过程，很难用某一种陈酿机制来概述白酒老熟的变化，这给白酒陈酿规律的总结带来了困难。此外，白酒中的风味物质间复杂的互作关系，使它们之间存在着多层次的掩蔽、协同、加成等效应，更是进一步导致了白酒陈酿后的品质特征难以准确预测。通过现代科技系统剖析并完善白酒陈酿机制中的证据链条，夯实时间、物质变化与老熟程度之间的量效关系，解析白酒陈酿的复杂网络体系，是科学理解白酒陈酿的必由之路。

多位学者相继报道了几大香型白酒在陈酿过程中酒体内化合物含量的变化规律，目前除了"酸增酯减"稍取得较为一致的共性认识外（个别研究呈现相反规律），并未得出其他较为一致的共识，这也充分体现出了中国白酒的复杂性。

白酒在陈酿过程中的改变可以归因于化学反应或物理反应。目前业内普遍认为的陈酿理论主要包括：（1）挥发说：新酒通过贮存，使其中硫醇、硫醚、少量的丙烯醛、丁烯醛、游离氨等杂味物质，以及其他一些不愉快的挥发性物质得以挥发，也包括少量水溶性较差、不易形成醇-水氢键的高级醇的挥发；（2）溶出说：在贮存过程中，容器中各种金属元素溶于酒中形成胶体溶液，使白酒香气醇和丰满、圆润净爽；（3）缔合说：水分子与乙醇分子通过氢键缔合生成大分子团，约束了乙醇分子的自由度，使酒体柔和、绵软，减少饮用的刺激性；（4）酯化说：认为白酒在存放过程中，醇氧化成醛、醛再氧化成酸，酸与醇可结合成酯，使酒质变好；（5）氧化说：认为白酒中乙醇等物质的缓慢氧化促成其中乙酸以及一些酯类物质含量增加。陈酿过程中上述多重反应共同作用的综合效应导致

白酒酒体风格发生了变化,并促成了"水-酒-风味物质"体系趋于稳定。

总体说来,陈酿后的优质白酒,刺激性醛等"上头"成分有所降低。白酒中较合适的醇酯比,可以加速乙醇的代谢速率,降低肝脏负担,减轻宿醉、头疼等饮后不适感,因此饮后不易出现严重的醉酒反应;而陈酿后更为稳定的酒体微观结构又可以在一定程度上减弱老酒对消化道的刺激。因此,高品质的老酒可以显著提高饮后舒适度,减轻人体代谢负担。

尽管"酒是陈的香"成为消费者的基本共识,但在长期的消费和收藏实践中,消费者发现"老酒并不都等于好酒,好酒也不等于都是可以收藏的酒"。很多老酒随着时间的流逝,往往会把酒中原有的一些缺陷放大出来,比如曲霉味、异臭味等,也就使其失去了品饮的价值。还有一些高品质的低度白酒,尽管在酒龄较短的时候品饮性很好,但随着时间的延长,会变得寡淡,品饮性能大为下降。虽然它们仍然具有收藏和研究价值,但是失去了品饮的价值,这类老酒在收藏市场上往往表现不佳。

因此,高品质、高度白酒具备更高的收藏和品饮价值。持续研究并总结出更适合于收藏和品饮的年份老酒品质特征,是助力老酒行业可持续发展的根本所在。这需要白酒生产企业、科技界和收藏界三方联手,从科学的角度去发掘和定义值得收藏的白酒标准。积极利用科学信息向消费者宣传老酒品质的表达,真正实现"老酒/好酒品质看得见",让白酒收藏趋于理性和科学,才能真正推动老酒行业良性发展。

鉴别有依据

一般说来,收藏界通常通过外观鉴别的方法去甄别瓶储年份酒的真伪。近年来,随着分析测试手段的日新月异,科技界也纷纷开展了一系列关于白酒的香型、产地、真伪等鉴别方法的研发。他们主要采用GC-FID、电子鼻、GC-MS、拉曼光谱、荧光光谱、核磁共振、电导率等技术,再结合多元统计分析,总结差异特征,探索老酒酒龄鉴别的可行方法。

进一步解析白酒风味分子甚至原子水平的陈酿机制,并总结共性规律,是科学认识白酒老熟的关键。通过充分解析各类型陈酿反应机制,明确物质含量与白酒老熟之间的陈酿效应关系，才能总结出不同品质、不同类型的白酒较普适的陈酿规律，明确能够表征老酒储存时间的物质基础，从而在复杂的白酒数据信息中，剔除与陈酿无关的干扰变量，建立较为科学可靠的年份酒鉴定方法。

近年来，许正宏教授带领团队，利用顶空固相微萃取-气相色谱/质谱联用的方法追踪了基酒在陈放过程中挥发性成分的动态变化规律，通过多种数学分析方法，得到系列表征储存时间的标志化合物，发现长链脂肪酸乙酯类物质与储藏时间存在相关性。与全数据集对比，采用标志性化合物归类，对不同储存时间白酒样品的区分度显著提高。

继而，团队通过化学计量学结合化学动力学研究，发现随着陈放时间的增加，白酒风味物质结构的均匀度指数增加。通过对比12年间各年份白酒乙酯化反应的反应浓度商（Q_c），发现其随陈酿时间趋向于热力学平衡常数（K_c），从而使体系的自由能最小化，这是陈酿过程中风味化合物之间发生转化的重要驱动力。这种变化趋势使得陈酿白酒风味更加协调和丰富。研究发现的均匀度以及Q_c与K_c的量比关系对储藏时间具有重要指示作用，并且具有不同类型白酒的普遍适用性。最后，利用41个特征，成功建立了基于神经网络的白酒年份鉴别方法，使得其年份鉴别的准确度大幅提升。

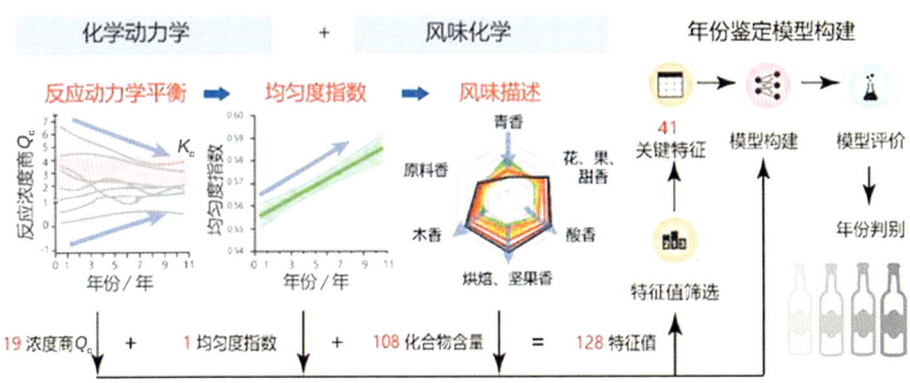

基于化学动力学、化学计量学解析白酒陈酿机制，进而利用机器学习建立白酒年份判别方法的研究思路（发表于 *Food Research International*，2023年①）

---

① Liu QR, Zhang XJ, Zheng L, Meng LJ, Liu GQ, Yang T, Lu ZM, Chai LJ, Wang ST, Shi JS, Shen CH. Machine learning based age-authentication assisted by chemo-kinetics: Case study of strong-flavor Chinese Baijiu. Food Research International. 2023, 167:112594.

上述研究深化了对中国白酒陈酿机制的理解，获得了一系列具有一定普适性的年份鉴别标志指标，并建立了预测白酒陈酿后风味化合物组成的化学计量学方法。今后，更进一步的分子或原子层面物理化学动力学解析，并兼顾风味物质在风味感知以及分子动力学方面互作关系的研究，也许是攻克白酒年份鉴定这一行业难题的希望所在。

仿生科学

中国白酒发展的方向到底是保持老祖宗几千年留下的东西不变，还是科技推动发展？

白酒到底是"离开了北纬28度就产不出好酒"的玄学？还是一门"模拟封闭空间便可技术量产"的科学？

这不仅是科研人员探索的方向，也是普通大众对于白酒的困惑。我们喝到的究竟是传统手工纯粮酿造的产物？还是不明觉厉的科技"狠活"？到底哪个是真的好呢？

2022年初，国家发改委、科技部、财政部、海关总署和税务总局联合下发的2021年新认定及全部国家企业技术中心名单的通知里，有些酒企技术中心均因打分不及格被撤销资格。这无疑进一步加深了公众的困惑，对于一瓶好酒，"科技含量"是必要的吗？

许正宏做出解释，我们现有的科技助力白酒生产的机械化智能化改造，只是发生了物理上的改造。实际上也还是遵循原来传统酿造的原理，让机器替代了劳动集中型的劳作，我们做的是仿生过程。

清华大学前副校长、中国科学院院士施一公教授曾发表主题为《生命科学认知的极限》的演讲，从浩渺宇宙讲到了人体内的微生物，提出了我们"科学认知的极限""我们对世界认知的不客观"，以及"时间根本不存在"等精彩的观点。他说："科技发展到今天，我们看到的世界，仅仅是整个世界的5%。这和1000年前人类不知道有空气，不知道有电场、磁场，不认识元素，以为天圆地方相比，我们的未知世界还要多得多，多到难以想象。"我们现在实际上对自然科学的规律还有95%是没掌握的，而且现实还在不断发生非常复杂的变化，我们不能盲目地自大。

许正宏表示:"我不太赞同所谓的智能化、机械化改造就是彻头彻尾的变革,首先要通过科研,对传统酿造机理,尤其是复杂多样的微生物功能有充分的了解,在此基础之上去进行改造。我们在机械化生产的过程中,切勿将传统中好的东西丢掉。传统的酿造无法纯粹用现代化的机器生产去替代,它同时是一项充满以人文为主的艺术创作的过程,所获得的优秀品质的酒体实际上是一种味觉艺术的体现。"

一方面,要守住传统工艺的精华,守住喝酒的文化感觉、生理感觉和感官感觉。坚持传统工艺,坚持泥窖生香。

另一方面,要创新实现方法,剔除掉其中原始、落后的纯人力环节。比如以前女性不允许进入酿酒作坊,这些毫无根据的文化糟粕,需要用科技创新来替代提升。诸如用技术解决抬重物、运输粮食、实时监测等环节的人工劳动。

2024年,已建成启用的中国白酒行业首家"灯塔工厂"——泸州老窖智能包装中心内景

守正创新，是白酒未来的科技之路。从我国白酒发展至今的产业研究与实践来看，科学是有边界的，传统工艺不能完全被科技替代。

泸州老窖坚持"传承古法、纯粮酿造、守正创新、数智驱动"，以智慧生产强本固基，建成中国白酒行业首家"灯塔工厂"，加快建设泸州老窖"智慧工厂"，全力打造固态酿造行业自动化和智能化规模第一、水平第一、酒曲产能第一、综合保障能力第一的智能化有机生态酿酒产业集群。

科技赋能

白酒的生化本质不仅仅是水和乙醇，还有大量的风味物质，1%~2%的这些微量的成分，赋予了白酒丰富口感和风味的一个非常重要的方面，而这些物质都是靠各种各样的微生物在慢酿的过程中形成的。

酿酒工艺，是无数劳动人民用几百年时光流传下来的智慧。科技赋能是一个无限接近真相的过程。

传统白酒酿造中讲究"前缓，中挺，后缓落"，这是对低温缓慢发酵规律的概括。在前缓的过程当中，乙醇在缓慢积累，各种各样微生物在生长，生成多样化的风味物质，它们之间要达到一个有效的平衡。如果在实行量产的过程中，一味追求速度，或者某个环节在实施人为干预时没有把握好"度"，反而影响了酒质。比如，乙醇生成过快，其他很多微生物的生长就会受到抑制，独特的风味物质就出不来了。

虽然科技不能完全代替传统，但还是要承认人的创造力是无限的。现代科技给我们提供了很多辅助的手段，让酒的质量越来越好。

现在社会上有这样一种声音，认为纯手工酿造的才是传统，20世纪90年代中期以前的才叫老酒。他们认为90年代中期以后酒企普遍机械化之后酒质不如以前。

许正宏表示："这是不明就里的心理因素，实际情况是现在大厂的酒质是普遍比以前好的。有些老酒尝到之后，能明显感觉到当年酒体设计的缺陷，这是因为那个时候大家缺乏这方面的认知。我们要承认科技进步对整个社会经济发展是有巨大推动作用的。"

20世纪50~60年代，很多科学家研究老窖泥，发现里面有一些不利于发酵的有害物质，那个时候想要去除彻底是很难的事。因为那个时候的信息和技术手段是有限的，现在我们用分子生物学的手段，就可以准确检测出来，进而有效解决。随着人们对风味的认知越来越强，现在做酒体设计与勾调也愈发全面细致。酒体设计时，会把一些大师的经验用现代科学的方法进行分析、总结、提炼，进而达到干预和复制，避免人为误差的影响。

许正宏的老窖情缘

许正宏出生于1971年的江苏泰州，在记忆中，很小的时候，家里老人给他尝过一点点白酒，当时只记得他乐了，全家都笑了。随着许正宏慢慢长大，他对酒颇具好感，长大后时常兴起小酌，走上研究白酒酿造专业，也许正是冥冥之中的一种缘分。

1989年，许正宏面临上大学选专业的时候，家中长辈不愿他到离家太远的地方去求学，就报了无锡轻工业学院发酵工程专业，在当时属于同类专业中唯一的一个全国重点学科。

许正宏工作最初的研究方向是传统食醋酿造微生物学，转做白酒的研究正是和泸州老窖合作以后才开始的。2008年，泸州老窖牵头申报了国家固态酿造工程技术研究中心（原名叫固体生物转化国家工程技术研究中心）。机缘巧合，许正宏作为业内专家参与了泸州老窖申报国家固态酿造工程技术研究中心的工作，并与大家一起凝练了"固态酿造"这一建设主题。2009年，中华人民共和国科学技术部正式立项启动中心的建设。此后，许正宏一直作为外聘专家全程参与了工程中心的建设并担任副主任至今。2014年1月，"国家固态酿造工程技术研究中心"通过科技部验收，成为国内固态酿造行业唯一专门从事固态酿造工程技术研究与开发的国家级科技创新平台。依托这个平台，许正宏教授团队与国家固态酿造工程技术研究中心主任、泸州老窖股份有限公司副总经理、总工程师沈才洪教授级高工团队强强联合，走上了白酒酿造的科研之路。

"泸州老窖的窖池是国宝窖池，能够一起合作是一个非常难得的机会。"许正宏对泸州老窖泥窖酿酒的原理十分感兴趣："站在前辈的肩膀上，通过我们这么

国家固态酿造工程技术研究中心

2020年，许正宏在"传统酿造食品现代化生产技术创新"论坛上讲话

多年的努力，借助现代科技手段，把泥窖生香、老窖出好酒这个产业事实的道理基本上讲清楚了。对于时间赋予老窖的价值，我们有了更多的科学依据，在这一点上我还是比较自豪的。"

2021年9月，泸州老窖1573国宝窖池群登上AEM杂志封面，AEM杂志被Special Libraries Association评选为"过去100年中最有影响力的100个杂志"之一。而这并不是许正宏教授团队联合泸州老窖首次在国际刊物上发表文章。

近年来，依托国家固态酿造工程技术研究中心等科技创新平台，许正宏教授团队围绕"从泥窖酿造生态系统到关键功能微生物"开展了基于"结构、功能与调控"的多层次多体系的研究，并先后在Applied and Environmental Microbiology、mSystems、Food Microbiology、Food Research International等国际知名期刊发表论文20余篇，在《微生物学报》《生物工程学报》《微生物学通

2021年9月，1573国宝窖池群登上AEM杂志封面

泸州老窖"传统浓香型白酒精准酿造关键技术与应用"成果荣获2022年四川省科学技术进步奖一等奖

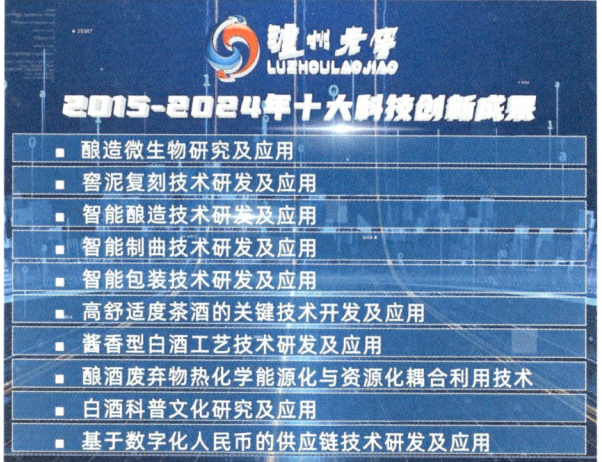

2024年，泸州老窖发布2015—2024年十大科技创新成果

报》等国内重要期刊发表论文近30篇，申请专利16项，授权8项。

许正宏教授团队不断加深了对泥窖酿造微生物的时空结构与演替规律的认识，筛选获得了一系列窖泥新物种和关键功能微生物，解析了其酿造性能。在此基础上，他们开展了人工菌群设计以及泥窖微生态系统功能调控的科技创新，为深刻阐述"泥窖生香、老窖出好酒"以及"新窖老熟"等奠定了坚实的理论和实践基础。

在与泸州老窖的多年合作中，许正宏也收获良多。

首先，深耕于白酒领域，成为了行业专家。通过与泸州老窖酒传统酿制技艺传承人沈才洪和张宿义等酿酒大师的密切交流，许正宏所带领的团队也在慢慢成长扩大，现在有大曲、酒醅、窖泥、酒体等各个研究方向，向更加细分专业的方面纵深发展。

其次，保持了对酒体的高品味。许正宏从与泸州老窖合作那天起，就与国窖1573结下了不解之缘。的确，要想对白酒风味有高标准的把控，最初的样本不能选错。酒是个嗜好品，嗜好品的口味是会被驯化的。比如，一个人不擅长吃辣，

2023年，泸州老窖年份酒尊享品鉴活动期间，许正宏从科技角度分享老酒品鉴感悟

到了四川可能就慢慢喜欢吃辣了。所以一旦熟稔了高品质酒体的特征，会形成味觉的记忆。再去尝一些有瑕疵的酒的时候，就能立刻反应出来。

许正宏说："我一直接触高品质的白酒，当我尝到一些不好的酒的时候，立马能感觉到这种差距。"

更为重要的收获是，从研究成果中体悟到人生哲学。由于常年做微生物菌群的研究，许正宏觉得人的心胸也慢慢开阔。他表示，由于研究的是一个群体、一个系统、一个生态，所以看人、看事、看物往往会从系统观和大局观出发，会逐渐认识到，很多事情能够做成依靠的是一致的目标和集体的力量。

他说："虽然每个个体都很重要，但是一杯好的酒，一定是一群优秀的微生物共同作用的结果，绝对不是哪一个微生物的作用，这就像一个团队或者社会一样。"

所谓美好人生，不过是有一份喜欢的事业，常有美食美酒相伴，遇事能够看开，夫复何求。

"寻9"札记

对科研工作者的想象，大多来自屏幕或者书籍中，高冷而神秘。

与许正宏教授交流是迄今为止与科研工作者距离最近的一次，浓郁的学者气质，和气的笑容，一交流便将我们对科研人员高高在上的想象拉回日常。

与常人无异，谈起酒，就像每个人说起自己喜欢的事物时一样，他津津乐道、乐于分享。

只是他爱酒的方式与众不同，他从一个微观的维度认识酒、感知酒、研究酒。他虽然不收藏老酒，但他掌握老酒由来的秘密。

如今他对白酒的研究入木三分，起初就是源于一个简简单单的好奇——"挖个泥坑，把粮食扔进去，酒出来了就变得这么香，这个道理是什么？为什么还能出现这样一种奇妙的反应？"

他从对泥窖酿酒的第一个质疑开始，坚持追问15载，仍然乐在其中，永无止境。也许执着钻研才是一位科研工作者真正的"天赋"。

人生最大的幸运之一，就是把兴趣做成事业，许正宏教授无疑是幸运的。

老窖浓香的科学验证

在访谈贺正修老师时，他提到，"美酒飘香专列"事件（详见本书第一篇）之后，他一直都很好奇，泸州老窖为什么这么香？五十余年的收藏时间，他欣赏过数万瓶泸州老窖酒，也品饮过不同年代的老酒，系统地研究过泸州老窖，他觉得这个问题逐渐有了答案。首先，最核心的原因就在于泸州老窖由百年以上的窖池酝酿而成；其次，泸州老窖酒的发酵周期较长，少则三个月，多则半年，而从投粮酿造到出厂销售至少八年时间，国窖1573更甚；此外，酿造工艺至今已历经24代传承人，保证精工细作、品质如一。

访谈完许正宏教授后，他也从科学角度给出了答案——泥窖发酵是浓香型白酒生香的关键：泸州老窖令人惊艳的酒香，是由泸州老窖百年窖池独有的微生物菌群缔造出的香味，其蕴含了窖香、曲香、糟香、粮香、陈香五种香气。简言之，"老窖出好酒"是窖池长期不间断使用过程中微生物结构与功能进化的必然结果。

此外，回顾整个访谈过程，在采访各位藏家时，大家都表达了这样一个观点："老酒比新酒好喝""年份酒口感更好"，这已逐步变成消费者共识，喝年份酒（老酒）成为越来越多人的选择。但也有人会好奇，"好喝"究竟是主观臆断还是客观评断？喝"过期"的酒真的会更有益于健康吗？年份酒（老酒）的香气是否具有科学依据？

为了进一步科学观察年份酒（老酒）酒体的口感香气等变化，由泸州老窖企业文化中心牵头，选取了20世纪70年代中期、80年代初期、80年代中期、80年代末期、90年代初期等不同生产时期的7款泸州老窖特曲酒，委托江南大学系统发酵工程实验室进行科学研究。研究过程中，许正宏团队采用气相色谱-质谱联用技术，对风味物质进行了定量分析，结果如下：

老窖浓香的科学验证 **延伸阅读**

泸州老窖联合江南大学进行科学研究的7款泸州老窖特曲酒

  泸州老窖特曲老酒瓶储存放28~46年（2021年分析检测数值），骨架成分含量相对稳定，其他风味化合物具有一些细节差异；大多数风味化合物呈花果甜香，此外呈现酸香、烘焙香、陈香的化合物含量亦较多。

  其后，邀请数名国家级白酒评委团队进行感官品评。通过向酒杯中注入酒液，静置3分钟后，倒掉白酒，常温静置后嗅闻空杯香。设置5分钟、0.5小时、4小时及空杯静置24小时后闻香等不同间隔时间的空杯闻香，考察香气类型、香气浓郁度的变化速率及变化情况确定样品空杯香气的变化规律。

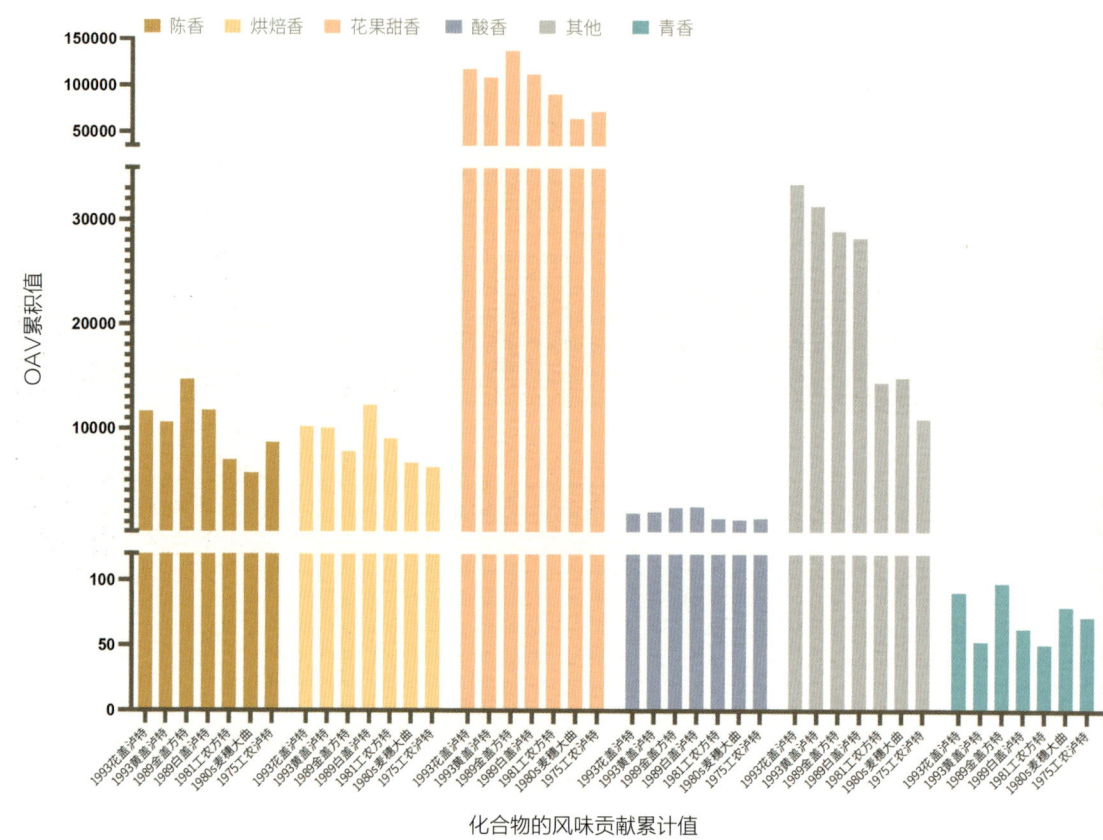

化合物的风味贡献累计值

通过实验得出以下结论：

①陈年白酒在空杯留香的前30分钟，香气稳定，特征香气未发生明显变化，仅在香气浓度上表现出减弱的趋势，但是依然具有明显的香气层次感；在空杯放置2小时的时间内，1～7号酒样主要香气无明显变化，次要香气明显减弱；在空杯放置4小时以后，陈年老酒的主要香气呈缓慢下降趋势，次要香气强度降幅大于主要香气，但整体空杯香气的持久性依然表现较好。

②根据图表可知，陈年时间越长的白酒，空杯香气的表现不仅仅是浓郁的窖香，同时伴随着陈木香、陶坛香气、烘焙香气、陈酸香、曲香和粮食香气等，且在一定时间后，香气类型因香味成分挥发系数的不同、香味成分之间的复合变迁作用和氧化反应等形成药香复合香，香气细致具有较为明显的层次感。在24小时以后，1989年、1993年的陈年白酒香气最为持久且空杯香气的主要表现为窖香。

③在不同的空杯香气类型中，陈香、窖香最为持久，其中陈香的类型中，陈酸香相较于陈木香的持久性更好。另外在空杯留香中，粮香香气的挥发速度稍快于烘焙香以及曲香香气。

实验情况如下表所示。

5分钟间隔时间空杯留香结果

序号	年份	时间					
		5分钟	10分钟	15分钟	20分钟	25分钟	30分钟
1号	1975年	醇香浓郁，陈酸香典型，粮香复合香明显，窖香淡雅	醇香浓郁，陈酸香典型，粮香复合香明显，窖香淡雅	醇香浓郁，陈酸香典型，粮香复合香明显，窖香淡雅	醇香浓郁，陈酸香典型，粮香复合香明显，窖香淡雅	醇香浓郁，陈酸香较典型，粮香复合香明显，窖香淡雅	醇香浓郁，陈酸香较典型，粮香复合香明显，窖香淡雅
2号	1981年	醇香浓郁，陈香和老窖香典型，窖香较突出，曲香和烘焙香明显	醇香浓郁，陈香和老窖香典型，窖香较突出，曲香和烘焙香明显	醇香浓郁，陈香和老窖香典型，窖香较突出，曲香和烘焙香明显	醇香浓郁，陈香和老窖香典型，窖香较突出，曲香和烘焙香明显	醇香浓郁，陈香和老窖香较典型，窖香较突出，曲香明显，烘焙香减弱	醇香浓郁，陈香和老窖香较典型，窖香较突出，曲香明显，烘焙香减弱
3号	80年代出口	沉香木香气典型，窖香较突出，粮香明显，油陈香舒适	沉香木香气典型，窖香较突出，粮香明显，油陈香舒适	沉香木香气典型，窖香较突出，粮香明显，油陈香舒适	沉香木香气典型，窖香较突出，粮香明显，油陈香舒适	沉香木香气典型，窖香较突出，油陈香舒适，粮香减弱	沉香木香气典型，窖香较突出，油陈香舒适，粮香减弱
4号	1989年	窖香浓郁，陈酸香幽雅，粮香明显，曲香舒适	窖香浓郁，陈酸香幽雅，粮香明显，曲香舒适	窖香浓郁，陈酸香幽雅，粮香明显，曲香舒适	窖香浓郁，陈酸香幽雅，粮香明显，曲香舒适	窖香浓郁，陈酸香幽雅，粮香明显，曲香舒适	窖香浓郁，陈酸香幽雅，曲香舒适，粮香减弱

续表

序号	年份	时间					
		5分钟	10分钟	15分钟	20分钟	25分钟	30分钟
5号	1989年	陈香和窖香典型，烘焙香明显，粮香舒适	陈香和窖香典型，烘焙香明显，粮香舒适	陈香和窖香典型，烘焙香明显，粮香舒适	陈香和窖香典型，烘焙香明显，粮香舒适	陈香和窖香典型，烘焙香较明显，粮香减弱	陈香和窖香典型，烘焙香较明显，粮香减弱
6号	1993年	陈香和焦香典型，窖香较突出，粮香明显，酒香浓郁	陈香和焦香典型，窖香较突出，粮香明显，酒香浓郁	陈香和焦香典型，窖香较突出，粮香明显，酒香浓郁	陈香和焦香典型，窖香较突出，粮香明显，酒香浓郁	陈香和焦香典型，窖香较突出，粮香减弱，酒香浓郁	陈香和焦香典型，窖香较突出，粮香减弱，酒香浓郁
7号	1993年	陈香幽雅，窖香突出，粮香明显，酒香浓郁	陈香幽雅，窖香突出，粮香明显，酒香浓郁	陈香幽雅，窖香突出，粮香明显，酒香浓郁	陈香幽雅，窖香突出，粮香明显，酒香浓郁	陈香幽雅，窖香突出，粮香减弱，酒香浓郁	陈香幽雅，窖香突出，粮香减弱，酒香浓郁

30分钟间隔时间空杯留香结果

序号	年份	时间			
		0.5小时（第一次）	1小时（第二次）	1.5小时（第三次）	2小时（第四次）
1号	1975年	醇香浓郁，陈酸香较典型，粮香复合香明显，窖香减弱	醇香浓郁，陈酸香较典型，复合香明显，粮香减弱，窖香较淡	醇香浓郁，陈酸香较典型，复合香明显，粮香和窖香较淡	醇香浓郁，陈酸香较典型，复合香较明显，窖香较淡，粮香消失，整体香气浓度下降
2号	1981年	醇香浓郁，陈香较典型，窖香较突出，曲香较明显，烘焙香减弱	醇香浓郁，陈香较典型，窖香较突出，曲香减弱，烘焙香减弱	醇香浓郁，陈香较典型，窖香较突出，曲香减弱，烘焙香消失	醇香浓郁，陈香较典型，窖香较突出，曲香较淡，整体香气浓度下降
3号	80年代出口	沉香木香气典型，窖香较突出，油陈香舒适，粮香减弱	沉香木香气典型，窖香较突出，油陈香舒适，粮香淡	沉香木香气典型，窖香较突出，油陈香舒适，粮香消失	沉香木香气典型，窖香较突出，油陈香减弱，整体香气浓度下降
4号	1989年	窖香浓郁，陈酸香幽雅，曲香舒适，粮香减弱	窖香浓郁，陈酸香幽雅，曲香减弱，粮香减弱	窖香浓郁，陈酸香幽雅，曲香较淡，粮香消失	窖香浓郁，陈酸香幽雅，曲香淡，整体香气浓度下降

续表

序号	年份	时间			
		0.5小时（第一次）	1小时（第二次）	1.5小时（第三次）	2小时（第四次）
5号	1989年	陈香和窖香典型，烘焙香较明显，粮香减弱	陈香和窖香典型，烘焙香减弱，粮香较淡	陈香和窖香典型，烘焙香减弱，粮香消失	陈香和窖香典型，烘焙香较淡，整体香气浓度下降
6号	1993年	陈香和焦香典型，窖香较突出，粮香减弱，酒香浓郁	陈香典型，窖香和焦香较突出，粮香淡，酒香浓郁	陈香典型，窖香和焦香较突出，粮香消失，酒香浓郁	陈香典型，窖香较突出，焦香减弱，酒香较浓郁，整体香气浓度下降
7号	1993年	陈香幽雅，窖香突出，粮香减弱，酒香浓郁	陈香幽雅，窖香突出，粮香淡，酒香浓郁	陈香幽雅，窖香突出，粮香消失，酒香浓郁	陈香幽雅，窖香突出，粮香消失，酒香浓郁，整体香气浓度下降

4小时间隔时间空杯留香结果

序号	年份	时间			
		4小时	8小时	16小时	24小时
1号	1975年	醇香较浓郁，陈酸香较典型，复合香较淡，窖香消失，整体香气浓度下降	醇香减弱，药香淡雅，陈酸香较淡，整体香气浓度下降明显	醇香和药香减弱，陈酸香较淡，整体香气较淡	略有醇香和酸香，香气淡
2号	1981年	醇香较明显，陈香和窖香较突出，曲香消失，整体香气浓度下降较明显	窖香较突出，陈香和醇香减弱，整体香气浓度下降明显	窖香较突出，陈香和醇香减弱，整体香气浓度下降明显	略有醇香和窖香，香气淡
3号	80年代出口	沉香木香气较明显，窖香较突出，油陈香减弱，整体香气浓度下降	沉香木香气较明显，窖香减弱，油陈香较淡，整体香气浓度下降明显	沉香木香气较淡，油陈香淡，整体香气较淡	略有沉香木香气，香气淡
4号	1989年	窖香较浓郁，陈酸香减弱，曲香消失，整体香气浓度下降较明显	窖香较明显，陈酸香较淡，整体香气浓度下降明显	窖香较淡，陈酸香淡，整体香气较淡	有窖香和酸香，香气较淡
5号	1989年	窖香较典型，陈香较明显，烘焙香消失，整体香气浓度下降	窖香明显，陈香减弱，整体香气浓度下降明显	窖香较淡，略有陈香，整体香气较淡	略有窖香，香气淡
6号	1993年	陈香和窖香较突出，焦香较淡，整体香气浓度下降	陈香较明显，窖香减弱，焦香消失，整体香气浓度下降较明显	陈香较明显，窖香淡，整体香气较淡	陈香淡，微有窖香，香气淡
7号	1993年	窖香明显，陈香减弱，酒香较浓郁，整体香气浓度下降较明显	窖香较明显，陈香减弱，整体香气浓度下降明显	窖香较淡，陈香淡，整体香气较淡	略有窖香，香气淡

后记

泸州,这座古老而低调的巴蜀城市,两条江穿城而过,道路细长弯曲,房屋层层叠叠,空气中常年飘散着沁人酒香,编写团队不自觉地迈出活佛济公的步伐,有幸在这里过了一段当地人"喝香吃辣"的生活,也对酒有了更深刻、更直观的感悟。

在泸州老窖企业文化中心相关同事的指导和帮助下,在各位藏家的大力支持下,编写团队同仁团结协作,先后确定并访谈了十三位老酒藏家,通过线上或线下等方式,对每位藏家进行了至少两轮正式访谈以及微信无数次沟通,经过一稿、二稿、三稿……直至七稿的不断迭代完善,这些藏家的人物画像逐渐清晰起来,我们也在不断深入的过程中,进入他们曾经历过的世界,进行了一次文化酒旅。

"二月二,龙抬头;祭先祖,酿春酒"。

2023年3月23日,农历(闰)二月初二这一天,酒城泸州正在举行一场盛大的传统文化典礼——泸州老窖·国窖1573封藏大典。上千人亲临现场参加了这次盛典,其中,有我们,也有本书中的几位老酒藏家。

这便是"寻9"之路的首站,首次访谈的工作便是在封藏大典的间隙进行的。

冬去春来,我们仍清晰记得访谈伊始的局促与茫然。本书前期只是确立了创作思路与方向,但不论是老酒藏家,还是我们,都无法预料到究竟能寻到什么?究竟能呈现给读者什么?

在编写团队紧锣密鼓的访谈和撰写工作中,根据实际情况逐步明确了十步工作法。首先,在访谈前做足准备功课,通过网络检索对访谈对象的各种资料做到"一网打尽",形成资料库,并理出访谈提纲;其次,在访谈中至少使用两支录音笔,以防设备发生故障;访谈后的录音及时整理出文字,然后再按照时间顺序,将网络资料及访谈信息重新打散、整合到访谈者的每一个生命阶段,努力整

后记

2023年,"寻9"编委会(部分成员)于北京留影

理出人生重大阶段的精彩故事,理顺能够解释其言行的逻辑链条,并提取出关键信息及重要观点。这版资料内容多达几万到十几万字、数倍于最后的成稿;经过不断去粗取精、去伪存真、由此及彼、由表及里,将感官材料进行筛选、加工和整合,形成初稿,进入下一步推倒重来、精雕细琢的阶段。

形成全书初稿已是8月下旬,我们来到泸州,用将近一个月时间与泸州老窖企业文化中心进行深度交流。沉下心来细细打磨每一篇稿件。

一路走来,即便预先有很多准备和设想,结果仍是有些仓促和遗憾。

同时,我们也有一些意外收获,可以说,恰恰是目标之外的沿途风景让我们有了新的思考。老酒,由一开始仅仅是散落各地的爱好者们的自发兴趣,到目前成为一个朝气蓬勃、具有无限可能的产业和生态,其背后是产学研资等各界的努力与开拓。如果说本书所采访的老酒藏家代表的是感悟时间之美,那么,持续探索酿酒微生物及泥窖生香的科研学者则代表了感悟科技与微生物之美,敬业的酿酒老职工则代表了匠人传承之美……

我们愈发感受到，老酒行业如果想成为良性发展、持续繁荣的产业，则需要更多的话语去阐述，需要从更系统、更公立的角度去研究、去发声，才能逐渐寻求到破解目前行业发展的种种问题。

因此，本书对老酒之美的探索仅仅是开始，我们将带着一如既往的热忱继续前行，将《寻找岁月陈酿的酒》做成一个系列、一个发声栏目，继续从不同角度、不同维度去探索更多老酒之美。

最后，对泸州老窖各位领导的支持和各位访谈嘉宾的全力配合表示衷心感谢！受限于团队的学术水平和实践经验，难免挂一漏万，存在不足之处，恳请各位老师批评指正。

本书编委会